THE PASS

대한민국
고객만족지수
1위

BIM
베스트

BIM전문가 토목 2급자격 대비
BIM
필기

BIM전문가 토목연구회

김성욱, 채재현, 서현우, 박형순, 심준기, 전민욱, 정지원, 고종찬, 황준기, 김민지

BIM기반 토목 프로젝트 수행을 위한 BIM전문가 양성 이론학습

1. BIM의 이론과 원리를 체계적으로 다루며, 토목분야에 적용하는 방법을 상세히 설명
2. 현장에서의 실제 경험을 반영하여 BIM의 응용 가능성과 효과를 강조
3. 실무에 바로 적용 가능한 BIM의 활용 학습 및 시험대비 과년도 문제해설

한솔아카데미 H/A/N/S/O/L/A/C/A/D/E/M/Y

BIM전문가 토목 2급자격 대비 필기

초판인쇄 2024년 5월 16일
초판발행 2024년 5월 22일

발행처 (주)한솔아카데미
지은이 BIM전문가 토목연구회
　　　　김성욱, 채재현, 서현우, 박형순, 심준기
　　　　전민욱, 정지원, 고종찬, 황준기, 김민지
발행인 이종권

홈페이지 www.inup.co.kr / www.bestbook.co.kr
대표전화 02)575-6144
　　주소 서울시 서초구 마방로10길 25 A동 20층 2002호
　　등록 1998년 2월 19일(제16-1608호)

　　ISBN 979-11-6654-530-6 13530
　정 가 32,000원

(전)한국BIM학회 회장
(현)중앙대학교 사회기반시스템공학부 교수 심창수

BIM을 교육에 활용하기 시작한 것이 벌써 15년이 지나고 있습니다. 설계 결과를 2차원 도면으로 작성하던 것을 3차원 모델을 담은 PDF 파일로 줬을 때 학생들이 느끼는 놀라움에 주목해서 BIM을 교육에 적극 활용해야겠다는 생각을 가지게 되었습니다. 그 후로 많은 BIM 관련 서적이 출판되었고 BIM 자격증도 도입했지만 교재를 출판하는 것이 쉽지 않았습니다. 열 분의 실무 전문가분들이 준비하신 이 교재를 보고 내용도 잘 정리되었지만 BIM을 처음 접하고 이 분야의 전문가의 길을 걷고자 하는 분들에게 좋은 시작점이 될 것이라는 생각이 들었습니다. BIM이 단순한 소프트웨어 사용 기술이 아닌 우리가 일하고 서로 소통하는 방식을 혁신하는 것이기 때문에 배경 지식과 함께 절차의 변화가 잘 설명되어 있다고 생각합니다.

국내에서는 전면BIM 사업의 확대가 주요 발주처에서 지방자치단체로 확대되고 있고 이에 따른 인력 수요가 빠르게 늘고 있습니다. 해외에서는 선진국 뿐 아니라 개발도상국에서 BIM을 의무적으로 채택하는 국가가 늘고 있기 때문에 BIM 엔지니어의 양성이 시급한 과제가 되고 있습니다.

BIM기술이 단순히 개별 엔지니어의 경쟁력일 뿐 아니라 기업이나 국가의 기술 경쟁력의 지표가 되고 있습니다. BIM이 스마트건설기술이나 로보틱스, 인공지능을 위한 데이터 플랫폼으로 중요한 역할을 할 것이기 때문에 건설 엔지니어링 콘텐츠를 이해하는 BIM 기술자가 필요합니다. 이 책에서 다루고 있는 발주방식의 변화나 그에 따른 데이터 표준의 이해, 전반적인 BIM 기술환경의 이해가 그래서 더욱 중요하게 다가옵니다.

BIM은 빠르게 변화하는 소프트웨어 기술 기반이어서 현재 기술과 업무 현황을 반영한 교재를 찾기는 어려운데 시기적절하고 국내 BIM 기술자 양성에 많은 도움이 될 것이라 생각됩니다. 향후에도 지속적으로 이 교재를 업데이트해서 기술교육의 좋은 표본이 되기를 바랍니다. 엔지니어링 콘텐츠가 중심이 되는 기술로 자리 잡고 소프트웨어가 주도하기보다는 이를 활용한 엔지니어가 주체가 되는 환경이 만들어지기를 기대합니다. 실무에서도 열성적인 저자 분들의 수고에 감사드리고 많은 신규 BIM 엔지니어들에게 향후에도 도움이 되는 활동을 하시기를 바랍니다.

▌머리말

최근 정부의 디지털 전환 정책과 더불어 건설산업에서 스마트건설기술의 바람이 거세지고 있습니다. 2022년 국토교통부에서 발표한 스마트건설 활성화 방안에서는 1,000억원 이상 사업에 BIM 도입이 빠른 도로분야를 우선도입('22.下)하고 철도·건축은 '23년, 하천·항만은 '24년을 시작으로 2030년에는 총사업비 100억원 이상인 토목건설사업에 BIM을 적용하겠다고 공표하였습니다. 이러한 정부 정책에 따라 한국도로공사는 2019년 국내 최초 BIM 전면설계 발주를 시작으로 2021년부터 신규사업 100%를 BIM 전면설계로 발주하여 이제는 설계사들도 3차원 모델기반의 설계가 가능한 전문인력 양성에 심혈을 기울이는 등 BIM(Building Information Modeling; 건설정보모델링)은 건설분야에서 지속적인 혁신과 변화를 가져오고 있습니다.

본 교재는 BIM전문가 자격증을 대비한 이론교재이나 스마트건설기술의 기초가 되는 핵심 개념과 실무적인 측면을 종합적으로 다루어, 우리나라의 토목분야에 효과적인 BIM 활용을 지원하는데 주안점을 두었습니다. 또한, 이 교재는 토목 BIM에 대한 폭 넓은 이해를 제공하며, 그중 도입이 빠른 도로분야의 발주, 설계, 시공 등의 실제 실무적용 방법을 집중구성하여 독자들이 현장에서 직면하는 다양한 도전에 대처할 수 있도록 구성하였습니다.

- **1장**에서는 BIM의 핵심 개념과 원리를 상세하게 다루어, BIM의 본질을 이해하는 데 중점을 두어 이를 통해 독자들은 BIM이 제공하는 혜택과 토목분야에서의 전략적 중요성을 명확히 파악할 수 있습니다.
- **2장**과 **3장**에서는 BIM이 발주 및 요구사항 정의서 단계에서 어떻게 효과적으로 활용될 수 있는지에 대한 통찰력을 제공하여, 프로젝트 초기 단계부터 BIM을 통한 체계적이고 효율적인 프로세스를 구축하는 방법을 다룹니다.
- **4장**에서는 정보교환의 핵심적인 역할을 강조하며, **5장**에서는 BIM 플랫폼의 다양성을 살펴보고, 다양한 이해관계자 간의 원활한 협업을 돕기 위한 전략과 도구를 소개합니다.
- **6장**과 **7장**에서는 설계와 시공 단계에서의 BIM 활용 방법에 대한 구체적인 지침을 제하여, 프로젝트의 품질과 생산성을 향상시키는 실제 전략과 케이스 스터디를 수록하였습니다.
- **8장**은 다양한 BIM 소프트웨어의 특징과 활용법에 대한 심층적인 이해를 제공하고, 독자들이 프로젝트의 목적과 요구에 맞는 최적의 도구를 선택하는 데 도움을 줍니다.
- **9장**에서는 BIM 분야에서 사용되는 용어들을 체계적으로 이해할 수 있도록 구성된 BIM 용어집을 제시합니다.

본 교재는 이론과 실무를 균형 있게 다루어, 독자들이 이론을 이해하고 실제 프로젝트에서 적용하는 데에 도움이 될 수 있도록 구성되었으며, 이 교재를 통해 BIM의 세계에 한 걸음 더 나아가, 미래의 토목분야에서 빛나는 전문가로 거듭나기를 기대합니다.

마지막으로 바쁜 회사 업무에도 불구하고 이 책이 출판되도록 불철주야 수고해주신 한국BIM 학회 소속의 집필진, 한솔아카데미 관계자 여러분과 추천의 글을 작성해주신 여러분에게 깊은 감사의 인사를 드립니다.

집필진 일동

집필위원회

김성욱	• 중앙대학교 건설BIM전공 석사 • (주)다산컨설턴트 BIM팀 전무이사 • 도로및공항기술사, BIM전문가 1급(토목) 외 • 한국BIM학회 실무지침편찬위원회 위원장 외
채재현	• 서울시립대학교 공간정보공학전공 박사 • (주)한국종합기술 기술연구소 BIM팀 팀장 • BIM전문가 1급(토목), 토목기사 • 토목 BIM 실무활용서(초, 중급편) 공저 외
서현우	• 명지대학교 스마트사회인프라유지관리학과 박사과정 • (주)동명기술공단 부설연구소 BIM설계팀 팀장 • BIM전문가 1급(토목), 토목기사 • 제14기 고속도로 기술자문위원회(한국도로공사) 외
박형순	• 세종대학교 도로공학전공 석사 • (주)도화엔지니어링 기술개발연구원 BIM팀 팀장 • BIM전문가 1급(토목), BIM Project Information Professional 외 • 토목 BIM 설계활용서(고급편) 공저
심준기	• 고려대학교 사회환경시스템공학과 박사 • (주)유신 연구개발실 • BIM전문가(토목), 건설재료시험기사, 전산응용토목제도기능사 외 • 한국BIM학회 기술자문단 위원 외
전민욱	• (주)삼현비앤이 스마트팀 팀장 • BIM전문가 1급(토목), 정보처리기사, MCP 외 • 한국BIM학회 기술자문단 위원 • 교량 구조 해석 등 프로그램 개발 및 저작권 다수
정지원	• 수원대학교 토목공학 학사 • (주)다산컨설턴트 BIM팀 부장 • BIM전문가 1급(토목) 외 • 한국BIM학회 설계분과 위원회 위원 외
황준기	• 고려대학교 건축사회환경공학과 석사 • (주)대우건설 토목기술팀 대리 • BIM전문가 1급(토목), 건설안전기사 외 • 한국BIM학회 기술자문단 위원
고종찬	• 중앙대학교 구조및건설BIM전공 석사과정 • (주)한울씨앤비 BIM설계팀 과장 • BIM전문가 1급(토목) 외 • 한국BIM학회 기술자문단 위원
김민지	• 고려대학교 건축사회환경공학과 석사과정 • (주)동명기술공단 부설연구소 BIM설계팀 과장 • BIM전문가 1급(토목), 토목기사 외 • 한국BIM학회 기술자문단 위원

응시자격
시험정보

- **직무내용**

  토목 프로젝트의 BIM 업무 수행 계획에 따라 단계별, 분야별 업무 프로세스에 따른 BIM Model 구축 및 활용과 관련된 실무를 담당한다. 이를 통해 협업 및 커뮤니케이션 등 참여자 간 조율을 지원하는 실무를 수행한다.

- **검정기준**

  'BIM전문가(토목) 2급'은 토목 프로젝트의 BIM 업무 수행 계획에 따라 단계별, 분야별 업무 프로세스에 따른 BIM Model 구축 및 활용이 가능하며, 이를 통해 협업 및 커뮤니케이션 등 참여자 간 조율 지원이 가능한 기본 역량을 갖춘 자

- **응시자격 기준**

  2급 응시자격은 다음 각 호의 어느 하나에 해당된 자로 한다.
  ① 2년제 또는 3년제의 전문대학 관련학과 졸업자
  ② 4년제 이상의 대학 관련학과 졸업자 및 졸업예정자
  ③ 동일 및 유사 직무 분야의 2년 이상 실무 종사한 자
  ④ 외국에서 동일한 종목에 해당하는 자격을 취득한 자
  ⑤ 학회 또는 아카데미에서 인증하는 BIM전문가 2급 관련 교육을 수료한 자

- **검정방법 및 합격기준**

자격등급	검정방법	검정시험형태	합격기준
2급	필기시험	객관식	100점 만점 중에 60점 이상
	실기시험 (작업형)	작업형	100점 만점 중에 60점 이상

- **시험정보**

자격등급	검정방법	시험시간	검정과목	합격기준	응시료
2급	필기시험 (50문항)	60분	1. 토목 BIM 일반사항 2. BIM 모델링 구축 및 활용 3. BIM 가이드 및 관리사항	60% 득점	25,000원
	실기시험 (작업형)	120분	1. BIM 모델 구축 및 운용 (토목)		60,000원

• 검정과목 및 세부과목

[필기시험]

검정과목	검정세부과목
토목 BIM 일반사항	BIM 일반사항
	BIM 프로세스 및 발주방식
	BIM 모델 수준 LOD 정의
	BIM 프로젝트의 실행계획서
BIM 모델링 구축 및 활용	BIM 저작도구 인터페이스 및 운용
	BIM 모델 구축
	BIM 활용
BIM 가이드 및 관리 사항	BIM 관리
	공공기관 BIM 지침서 및 가이드
	공통정보관리환경(CDE)

[실기시험]

검정과목	검정세부과목
BIM 모델 구축 및 운용	BIM 모델링
	주요 수량 산출 보고서
	도면 추출
	간섭 검토 보고서 4D 시뮬레이션

• 원서접수

자세한 시험일정 및 합격자 발표는 한국BIM평가원(www.bimkorea.or.kr) 홈페이지를 참조하시기 바랍니다.

차례

3

BIM 요구사항
정의서 이해

4
BIM
정보 관리

5
BIM
플랫폼

6
설계
BIM 활용

7
시공 BIM
활용

8
BIM 소프트웨어

9
BIM 용어

BIM 개요

01 BIM 정의 및 현황

1   BIM 정의

70년대 후반, 미국 조지아 공과대학교 건축학과의 Charles M. Eastman 교수가 'Building Product Model'이란 용어를 사용하기 시작한 것이 'BIM'이란 용어 탄생의 계기가 되어 지금까지 사용되고 있으며 이후 Jerry Laiserin에 의해 각종 정보를 디지털 포맷으로 교환하고 공유하는 디지털 표현기법의 일반적인 명칭으로 널리 쓰이게 되었다.

BIM은 Building Information Modeling의 약어로 직역하면 '건설정보모델링'으로 기존의 CAD 등을 이용한 도면 설계에서 발전하여 시설물을 모형화한 3D 모델에 '정보'를 넣어 활용하는 프로세스이며 시설물의 설계 단계부터 시공, 유지보수 및 철거 등 시설물의 전체 생애주기에서 작성된 설계 정보를 통합 관리하는 시스템이다.

표 1-1 해외 BIM의 정의

구 분	BIM 정의
GSA	건축물 설계를 문서화하고, 신규자본 또는 재투자 자본 시설물의 시공과 운용을 모의 실험하기 위한 다양한 소프트웨어 데이터 모델의 개발 및 활용
NIBS	시설물 생애주기 동안 협업을 위한 공유된 정보저장소로서 생애주기 정보의 물리적, 기능적 특징을 갖는 가상의 컴퓨팅 표현
NBS	건물의 초기 디자인부터 재생 이용까지 건물의 생애주기를 거쳐 유지되고, 모든 이해관계자들과 공유될 수 있는 다중 데이터 소스로 구성된 풍부한 정보 모델
AIA	통합된 2D와 3D 통합 모델 기반 기술을 이용한 단일 정보 모델에서의 정보의 사용, 재사용, 교환

- GSA : General Services Administration(미국 연방 총무처)
- NIBS : National Institute of Building Science(미국 국립건축과학원)
- NBS : National Building Specification(영국 국가 표준지침)
- AIA : American Institute of Architects(미국건축가 협회)

국내외 BIM 정의는 의미상에 다소 차이가 있으나, 현재 국토교통부가 추진하는 BIM 상위 지침상의 정의는 시설물의 생애주기 동안 발생하는 모든 정보를 3차원 모델 기반으로 통합하여 건설 정보와 절차를 표준화된 방식으로 상호 연계하고 디지털 협업이 가능하도록 하는 디지털 전환(Digital Transformation) 체계를 의미한다.

표 1-2 국내 BIM의 정의

구 분	BIM 정의
제5차 건설기술 진흥기본계획 (2012.12.)	시설물 생애주기에 생성·관계되는 정보의 활용이 쉽도록 구현한 디지털 모델
건설엔지니어링 발전방안 (2020.9.3.)	3차원 입체 모델과 속성정보(자재, 공정, 공사비, 제원 등)가 결합되어 건설 全 과정의 정보를 통합 관리하는 3D 모델설계 기술
건설산업BIM 기본지침 (2020.12.)	시설물의 생애주기 동안 발생하는 모든 정보를 3차원 모델 기반으로 통합하여 건설 정보와 절차를 표준화된 방식으로 상호 연계하고 디지털 협업이 가능하도록 하는 디지털 전환(Digital Transformation) 체계를 의미
스마트건설 활성화 방안 (2022.7.20.)	자재·제원정보 등 공사정보를 포함한 3차원 입체 모델로, 건설 全 단계에 걸쳐 디지털화된 정보를 통합 관리하는 기술
건설산업BIM 시행지침 (2022.7.)	시설물의 생애주기 동안 발생하는 모든 정보를 3차원 모델 기반으로 통합하여 건설 정보와 절차를 표준화된 방식으로 상호 연계하고 디지털 협업이 가능하도록 하는 디지털 전환(Digital Transformation) 체계를 의미

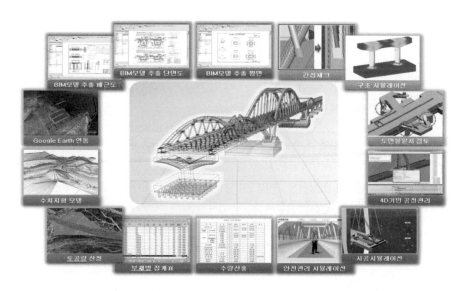

[출처] 보도자료 2017.7.10. 국토교통부

2 | 국내 · 외 BIM 도입 현황

(1) 국내 BIM 도입 현황

① 공공사업 인프라분야 BIM 도입 전략 수립 현황(국토교통부)

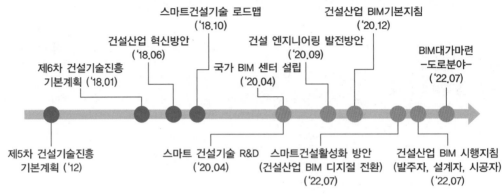

그림 1-1 국가 BIM 도입 현황

② 주요 기관별 BIM 도입 현황 및 계획

표 1-3 주요 기관별 BIM 도입 현황 및 계획

기관명		도입 현황	실행 / 계획
국토교통부		• 제5차 건설기술진흥 기본계획 발표 • 18년 스마트건설기술 로드맵 발표 • 20년 건축 BIM 활성화 로드맵 • 20년 건설산업 BIM 기본지침 발표	• 22년 시행지침 발표 • 24년 공공분야 BIM 전면설계 의무화 • 25년 BIM기반 제작·조립·시공 디지털화 기반 구축
조달청		• 17년 BIM 전담팀 구성 BIM 업무절차 및 기준 마련 • 21년 시설사업 BIM 적용 기본 지침서 (V2.0) • 200~500억원 규모에 따라 기본설계, 실시설계로 구분	• 맞춤형 서비스 관련 사업 BIM 적용 확대, 기술형입찰 대상 공사 및 심의 절차 내 BIM 항목 신설 • 100~200억원 미만, 건축부문, 계획 단계 적용
건축	LH	• 18년 LH BIM활용 가이드 수립 • 20년 LH 공동주택 BIM활성화 전략 수립	• 신규 설계공모지구에 20년25%, 22년 50%, 24년 100% 확대적용 계획
	SH (서울)	• 1차 시범사업 적용 및 BIM 확대 도입 • 2차 시범사업 추진 / BIM 적용지침 개발	• 22년 SH BIM 적용지침 마련 • 23년부터 모든 공동주택 전면 시행
	GICO (경기)	• 경기 용인 플랫폼시티 조성사업으로 시범 사업 추진	• 22년부터 공사비 300억원이상 적용 • 23년 전 사업지구 신규 발주 전면 시행

기관명		도입 현황	실행 / 계획
도로	EX	• 11년 전환 BIM 도입후, 19년 국내 최초 BIM 전면설계 발주	• 20년 스마트설계지침 및 기준 수립 • 21년부터 100% BIM 설계 발주
철도	KR	• 12년 BIM 추진단 조직 구성 • 18년 철도 BIM 2030 로드맵 수립	• 21년 BIM 설계 및 시공관리 수립 • 22년부터 신규발주 전면 시행

(2) 해외 BIM 도입 현황

① 해외 BIM 도입 현황

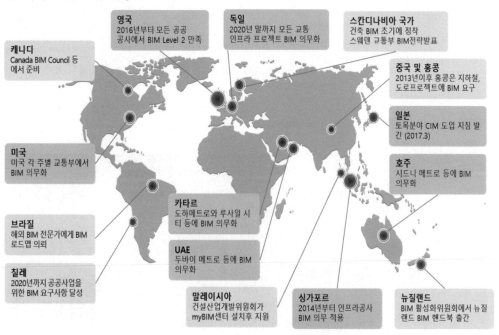

그림 1-2 해외 BIM 의무화 정책 현황

[출처] 건설산업의 BIM 기반 디지털 전환 전략 2021.11.10. 한국건설기술연구원

- 정부주도형(공공시설은 정부발주 및 관리)인 영국, 싱가포르, 일본은 건설생산성 향상 수단으로 BIM 도입을 적극적으로 장려
- 민간 확산을 위해 BIM납품을 의무화하고(코드, 정보, 포맷 등), 지침(설계, 시공 등), 교육 등 지원책과 펀드, 인센티브 등 유인책 병행이 특징

② 해외 BIM 추진 전략 및 목표

표 1-4 해외 BIM 추진 전략 및 목표

국 가	DT [1] 전략	최종목표
미국 (2006)	• 디지털 업무자동화 구축	• 건설 전 생애주기에 대한 자동화
영국 (2011)	• Construction 2025 전략 → 건설 디지털 혁신	• 클라우드 기반 통합 BIM 허브 구축
싱가포르 (2011)	• 디지털 트윈 도시 구축	• BIM과 DfMA[2]를 통한 IDD(Integrated Digital Delivery) 목표
아일랜드 (2015)	• 건설사업 디지털 전환 로드맵	• BIM 기반 디지털 전환
독 일 (2015)	• 건설 산업 디지털화 센터(20') 설립	• 개방형 BIM 접근 방식의 표준화

[출처] BIM 기반 건설산업 디지털 전환 로드맵 2021.6. 국토교통부

[출처] http://bsiblog.co.kr/archives/11165

---

1) 디지털 트윈(digital twin) : 실제와 동일한 3차원 모델을 만들고, 현실 세계와 가상의 디지털 세계를 데이터를 기반으로 연결하여 현실과 가상이 마치 쌍둥이처럼 상호 작용하는 기술
2) DfMA(Design for Manufacturing and Assembly) : 시설의 부재 및 부품을 쉽게 제조·생산하기 위해 시설물을 공장 제작 및 현장에서 조립할 수 있도록 설계하는 기술

02 국가 BIM 정책

1 국가 BIM 활성화 정책

(1) 건설기술진흥 기본계획 ('17.12)

 - BIM 활용한 가상 시공을 통해 '25년까지 스마트건설 자동화 기술 개발 추진
 • pre-construction : 발주자 설계자 시공자가 함께 가상시공을 통해 설계적정성, 공정성, 안전성, 공사비 등을 종합적으로 검토하여 설계 시공 최적화하는 방법

(2) 스마트건설기술 로드맵 ('18. 9)

① 스마트건설 로드맵 단계별 주요 목표

단 계	현재	2025년	2030년
설 계	• 현장측량 • 2D 설계	• 드론측량 • BIM 설계 정착	• 설계 자동화
시 공	• 수동 장비, 검측 • 현장타설 • 현장 안전관리	• 자동시공·검측 • 공장제작조립, 정밀제어 • 가상시공 → 리스크 관리	• AI기반 통합관제 • 로봇 활용 자동시공 • 예방적 통합 안전관리
유 지 관 리	• 육안점검 • 개별시스템 운영	• 드론·로봇 활용 점검 • 빅데이터 구축	• 로보틱 드론 자율진단 • 디지털트윈 기반 관리

② 주요내용 : 건설사업의 기획, 설계, 조달, 시공 및 유지관리의 전과정을 IT혁신기술인 사물인터넷(IoT), 클라우드(Cloud), 빅데이터(Big Data), 모바일(Mobile)과 융합, 공기단축과 비용 절감으로 고객수요에 대응한 시설물을 구축

(3) 건설엔지니어링 발전 방안 ('20. 9)

① 비전 : "시공에서 건설eng. 중심으로 건설산업 패러다임 전환"
② 추진과제
 • 칸막이 제거로 통합융합 산업 육성
 • 가격위주에서 기술중심 산업으로 전환
 • 시공사 중심에서 eng. 통합 해외수주 지원

(4) 스마트건설 활성화 방안 ('22. 7)

① 배경
- 건설산업을 기존의 종이도면 인력중심에서 첨단기술 중심으로 전환하여 디지털화 자동화하기 위해 발표
- 건설 전 과정에 스마트 기술 환경을 구축하여 스마트 건설시장에서 우리 기업들의 경쟁력 확보를 지원하기 위해 마련

② 추진과제
- 2030 건설 전과정 디지털화·자동화를 목표로 3대 중점과제 아래 10개 기본 과제, 46개 세부 과제 마련

(5) BIM 클러스터 (舊 국가 BIM 센터) ('20. 4~)

① 국토교통부가 추구하는 BIM의 국가적 기본 방향

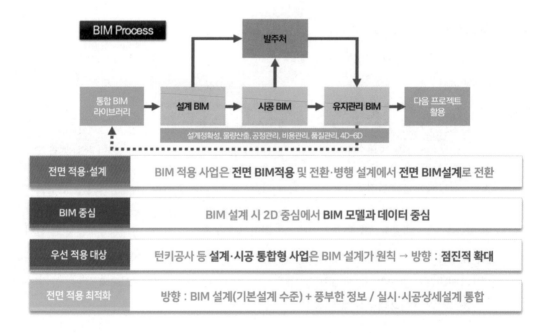

② 프로세스 관점 : 자체 디지털 전환(Digital Transformation) 전략 마련
③ 디지털 트랜스포메이션 : 디지털 기술을 사회 전반에 적용하여 전통적인 사회구조를 혁신시키는 것으로 즉, 전통적인 방식을 전산화 단계와 디지털화 단계를 거치는 변화(건설분야는 아날로그의 건설 방식을 디지털, 지능화, 자동화 방식으로 전환)
④ 건설산업의 통합, 공유 체계 등의 변화에 따라 주체, 프로세스, 데이터 등을 디지털화 된 방식으로 혁신적으로 전환

참고 건설산업 디지털 전환 3단계 수준

1단계	• 정보 디지털화 (Digitization)	• 기존 아날로그 자료와 콘텐츠를 디지털화하는 것 • 단순 디지털화 : 종이 기반의 도면을 CAD로 디지털화 • 분석 가능 디지털화 : BIM과 같이 도면의 형상뿐만 아니라 구현하고자 하는 시설물의 정보까지 디지털화
2단계	• 업무 디지털화 (Digitalization)	• 자료나 정보를 디지털화함에 따라 기존의 업무 체계가 달라져서 새로운 업무 범위와 조직, 프로세스가 적용되는 디지털화 단계
3단계	• 디지털 전환(Digital Transformation)	• 디지털화를 통해서 기존 사업 영역을 벗어난 새로운 비즈니스 모델을 구현하는 단계

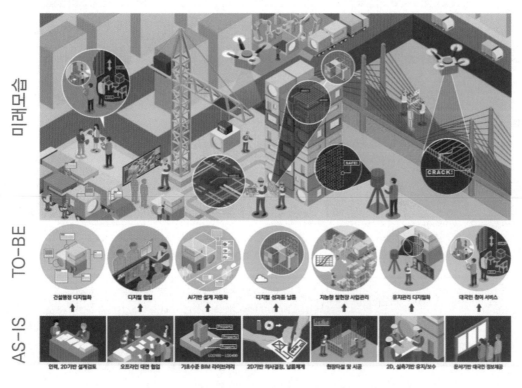

[출처] 건설산업의 BIM 기반 디지털 전환 전략 2021.11.10. 한국건설기술연구원

2 건설산업 디지털 전환 전략

(1) BIM 기반 건설산업 디지털 전환 로드맵 ('21. 6)

① 정책 추진 방향

메타버스 구현으로 공기 · 공사비 30% 절감, 안전사고 40% 감소

현 재	'25년	'30년
일부 사업 BIM 활용	대규모 공공사업 활용	전분야 활용
설계 자동화율 5%	설계 자동화율 30%↑	설계 자동화율 100%
DX 전환율 6%	DX 전환율 30%↑	DX 전환율 80%

추진 전략	추진 과제
디지털 전환을 위한 정책 및 제도 정비	① BIM 전면 도입을 위한 지침 · 기준 개정 ② BIM 사업성과 평가를 통한 환류 체계 구축
BIM 기반의 기술개발 촉진	① 참여주체간 협업체계 구축 및 설계 자동화 ② BIM 기반 제작 · 조립 · 시공 디지털화 기반 구축 ③ 빅데이터 기반 유지 및 자산 관리 체계 구축
디지털 건설인력 양성	① BIM 교육 표준 커리큘럼 개발 · 보급 · 관리 ② BIM 전문 인력관리체계 구축 ③ 발주청 직원 대상 컨설팅 시행
산업 활성화를 위한 기반 강화	① 디지털 전환촉진을 위한 거버넌스 구축 ② 국산 BIM 소프트웨어 개발 및 확산 ③ BIM 기반 메타버스 대국민 서비스 개발 · 보급

② 주요 내용

- 디지털 전환을 위한 제도 개혁 및 규제 혁신
- 데이터 기반 지식화·지능화 기술 융·복합 산업 육성
- 건설 디지털 산업 활성화 및 글로벌 경쟁력 강화

(2) 스마트건설 활성화 방안 ('22. 7)

① 목표 및 추진과제

비 전	디지털 기반으로 전환하여 글로벌 건설시장 선도

목 표	2030 건설 전 과정 디지털화 · 자동화

추 진 과 제	건설산업 디지털화	① BIM 전면 도입을 위한 제도 정비 ② 공공 중심으로 건설 전 과정 BIM 도입 ③ BIM 전문인력 양성 ④ 민간부문 확산을 위한 지원 강화
	생산시스템 선진화 (인력·현장 → 장비·공장)	① 건설기계 자동화 및 로봇 도입(인력→장비) ② 탈현장 건설(OSC) 활성화(현장→공장) ③ 스마트 안전장비 확산
	스마트건설 산업 육성	① 기업성장 지원 ② 기술 중심의 평가 강화 ③ 민·관 협력 강화 등 거버넌스 구축

② 추진과제 주요 내용

제도 정비	• 기준 등 표준을 규정한 BIM 시행지침을 제정 • BIM 설계에 소요되는 대가기준을 SOC 분야별로 마련하고, 적정 대가가 지급될 수 있도록 예산편성 지침에 반영 추진 • 설계기준, 시공기준 등의 건설기준을 컴퓨터가 이해하고 처리할 수 있는 형식(온톨로지)으로 디지털화하여 BIM 작업의 생산성 강화

공공중심 BIM 도입 확대

• 신규 공공사업을 대상으로 공사비 규모, 분야별로 건설 전 과정에 걸쳐 BIM 도입을 순차적으로 의무화

'22.下	'23	'24	'25
도로			
지침·기준 정비	철도, 건축		
지침·기준 정비		하천, 항만 등	

민간 확산 지원	• 종심제 평가항목에 BIM 역량평가 신설 • 국제표준 인증(ISO 19650)을 획득할 수 있도록 컨설팅 등 지원 • 협의회(설계사, 시공사, S/W 개발사 등 참여)를 통해 업계 요구사항 반영
건설기계 자동화 및 로봇 도입	• 건설기계 자동화 장비부터 품질 안전 등에 관한 시공기준 제정 • 원격조종 등 무인운전에 대한 특례인정 근거 마련 추진 • (기술개발 지원) 기업들이 개발한 스마트 기술을 자유롭게 실 검증하여 성능을 확인 보완할 수 있도록 SOC 성능시험장 구축
스마트 안전장비 확산	(시공 부문) • IoT·AI 등이 접목되어 위험을 사전에 알리는 안전장비를 민간에 무상으로 대여하고, 안전에 취약한 현장을 중심으로 지원대상 확대 (유지관리 부문) • 드론·로봇 등 첨단장비를 안전점검에 사용 시, 기존인력 중심의 방식을 일부 갈음할 수 있도록 관련기준 정비 • 실제 적용사례에 대한 분석 등을 거쳐, 첨단장비 활용을 위한 대가기준 및 업체의 기술능력 평가기준 마련
기업성장 지원	• 스타트업의 창의적인 아이디어의 구현을 위해 기술개발을 지원하는 인프라를 확대하여 인큐베이팅 체계 구축 ⇒ 기업지원센터 운영 • 국토교통 혁신펀드를 활용하여 우수한 스마트 건설기술의 개발, 사업화에 필요한 투자금 지원 • 스마트건설 엑스포를 국제행사로 개최(매년 9월)
기술 중심의 평가 강화	• 턴키 등 기술형 입찰 심의 시, 스마트 기술에 관한 최소배점 도입 • 비턴키 사업에도, 설계 단계부터 스마트 기술이 반영되도록 엔지니어링 종심제 평가항목에 '스마트 기술' 신설
거버넌스 구축	• 산학연관 법적기구 구성으로 민·관 협의 강화 ⇒ 스마트 건설에 관한 정책, 기술 이슈 등에 대한 컨센서스 도출 • 국토부 내 '스마트건설 규제혁신센터'를 설치하여 기업의 애로사항에 대해 해결 방안을 도출하는 원스톱 서비스 지원

03 건설산업 BIM 관련 지침

1 주요 기관별 건설산업 BIM 관련 지침 현황

표 1-5 각종 BIM 지침 및 실무요령 운영 현황

No.	기관	발간년도	관련기준 및 지침	비고
1	국토교통부	2016.12	• 도로분야 발주자 BIM 가이드라인	
		2019.12	• 도로 및 하천분야 BIM 성과품 작성·납품지침	Level 2-2
		2019.12	• 도로 및 하천분야 BIM 실무 매뉴얼	Level 2-2
		2020.12	• 건설산업 BIM 기본지침	Level 1-1
		2022.07	• 건설산업 BIM 시행지침(발주자, 설계자, 시공자)	Level 2-1
2	한국 도로공사	2016.06	• EX-BIM 가이드라인	ver 1.0
		2018.05	• 전산설계도서 BIM표준지침서(안)	ver 0.9
		2018.12	• 시공단계 Ex-BIM 매뉴얼	
		2020.09	• 고속도로 스마트 설계지침	
		2020.12	• 고속도로 BIM 데이터 작성기준	
		2021.12	• 고속도로 BIM 안전설계 메뉴얼	
		2021.12	• BIM기반 고속도로 건설공사 공정 및 기성관리 실무매뉴얼	
		2022.08	• 고속도로분야 BIM 정보체계 표준 지침서 v2.0	
		2023.09	• 고속도로 BIM 적용지침(설계자편)	
		2023.12	• 고속도로 BIM 적용지침(시공자편)	
3	한국 토지 주택 공사	2018.07	• LH BIM 활용 가이드 (공공주택)	ver 1.0
		2018.06	• LH Civil-BIM 업무지침서(가이드라인)	ver 1.0
		2022.12	• 건설산업 BIM 적용지침(단지분야 토목부문)	
4	국가 철도공단	2021.03	• BIM 설계 및 시공관리	
		2023.12	• 철도인프라 BIM 적용지침	ver 1.0
5	조달청	2010.12	• 시설사업 BIM적용 기본지침서(최초)	ver 1.0
		2022.12	• 시설사업 BIM적용 기본지침서	ver 2.1
6	기타 발주처	2020.12	• 경기주택도시공사 BIM 가이드라인(v1.0)	경기주택 도시공사
		2021.11	• GH Civil-BIM 적용지침	

(1) 지침의 구성 및 체계

① Level 1 : 국토교통부 마련
- 1-1 : "건설산업 BIM 기본지침"으로 건설산업 전반의 BIM 관련 국가 최상위지침
- 1-2 : "건설산업 BIM 시행지침"으로 기본지침을 반영하여 건설산업 공통의 BIM 성과품 작성·납품·활용 및 정보관리 등의 공통 실행지침

② Level 2 : 각 발주처가 마련
- 2-1 : "분야별 BIM 적용지침"으로 기본지침 및 시행지침을 반영하여 분야별 특성에 따라 실제 건설사업 수행을 위해 발주자별로 실무 수준의 BIM 세부 업무 지침과 이의 실행에 필요한 관련 참조문서를 필수적으로 마련
- 2-2 : "분야별 BIM 실무요령"으로 적용지침의 실행을 위해 실무자들이 참고해야 하는 BIM 업무절차 및 방법 등을 다루며, 발주자가 필요에 따라 선택적으로 마련(필요시 적용 지침과 실무요령은 통합하여 운영 가능)

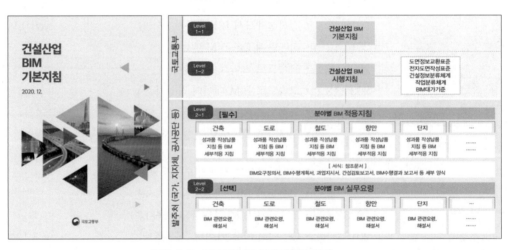

그림 1-3 기본지침 및 하위지침의 위계

(2) 지침의 주요내용

① 기본지침(Level 1-1)과 시행지침(Level 1-2)은 국토교통부가 마련하고, 한국건설기술 연구원 BIM 클러스터가 지원
② 시행지침은 기본지침의 기준 및 원칙에 따라 건설산업 공통의 전(全) 생애주기에 걸쳐 BIM 성과품 발주·작성·납품·활용에 대한 방법과 절차 등의 세부 공통 기준을 마련하여 활용 주체에 따라 총 3권(발주자, 설계자, 시공자)으로 구성

3 건설산업 BIM 시행지침

(1) 시행지침의 구성원칙

① 기본지침에서 정의한 선언적 BIM 적용원칙과 방향 준용
② 시행지침 및 적용지침의 적용 우선순위 반영
③ 각 주체별(발주자, 설계자, 시공자) 특성에 맞는 시행지침으로 구분
④ 토목, 건축 등 특정분야가 아닌 건설산업 전반에 활용토록 공통기준 수립
⑤ 향후 스마트 건설의 도입을 고려한 방향 설정
⑥ 각 주제별로 절차적 활용방안을 고려
⑦ 각 발주처의 적용지침에 해당하는 상세내용은 미반영

(2) 주제별 시행지침 구성 현황

주제별 단계	주요내용	발주자편	설계자편	시공자편
총론(개요)	• 건설산업 BIM 기본지침과 본 지침의 관계 및 위계, 활용 범위, 주체 및 대상 등에 대한 지침 세부 내용 정의	○	○	○
BIM 발주 절차	• BIM 조직, 발주절차, 수행계획 평가 등 계약에 이르는 세부 절차 및 방안	○		
BIM 발주 요구사항	• BIM 발주시과업지시서, 입찰안내서, 수행계획서 등 작성을 위한 세부 요구사항, 모델상세수준, BIM모델, 도면, 수량 및 데이터 교환요구 사항 등 정의	○		
BIM 데이터 작성 기준	• 설계 및 시공단계의 BIM 모델링(좌표, 치수, 속성, 모델 통합)과 공정·공사비 등 사업관리에 관한 As–Built BIM 모델 작성에 관한 세부 절차 및 방안		○	○
BIM 성과품 작성	• BIM to 도면 및 수량산출, 보고서 작성 등에 대한 세부 절차 및 방안		○	○
BIM 성과품 납품	• 납품목록, 포맷, 폴더 구조, 납품절차 등에 대한 세부 절차 및 방안		○	○
BIM 성과품 품질검토	• BIM 성과품에 대한 물리적, 논리적 품질검토에 대한 세부 절차 및 방안	○	○	○
BIM 성과품 관리	• 납품 BIM성과품 통합관리를 위한 성과품 관리·시스템 등에 대한 세부 절차 및 방안	○		
BIM 성과품 활용	• 단계별 BIM 성과품 활용 사례 제시하여 각 각의 적용 방안, 도입효과, 절차 등을 제시		○	○
BIM 관련 양식	• BIM 발주 시 첨부될 과업지시서, 수행계획서, 결과보고서 양식 및 샘플 제시	○		

(3) 주제별 시행지침 주요 내용

① 발주자편

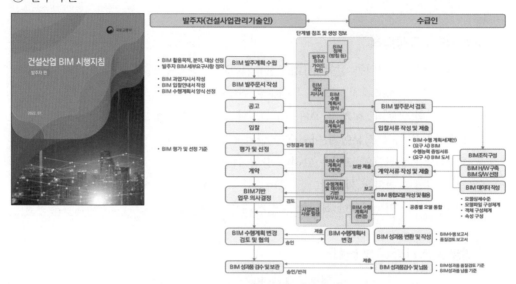

그림 1-4 발주자 – 수급인 BIM 수행 공통절차

구분	정 의
BIM과업지시서 가이드	• 발주자가 BIM 사업 발주문서(BIM 과업지시서 또는 특별과업지시서) 작성 시 참고할 수 있도록 목차와 작성사례를 제공
BIM수행계획서 양식	• 설계자 또는 시공사가 BIM 모델 및 데이터를 작성하거나 활용하기 위한 업무를 수행할 때, 각 단계별로 담당자와 역할을 설정하고 BIM 성과물과 그 절차를 계획하여 발주자에게 제공 문서
BIM결과보고서 양식	• 설계자 또는 시공사가 설계 및 시공단계 후 업데이트된 수행계획서와 함께 제출 되는 모델 및 데이터 작성과 활용 결과를 정리하여 발주자에게 성과품으로 제출 하는 문서

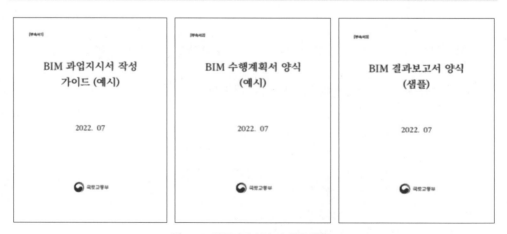

그림 1-5 발주자편 부속서 주요내용

• 시행지침(발주자편)구성 주요내용

목차구성		주요내용
제1장 개요	1.1 일반사항	• 지침의 개요(비전, 목표, 도입효과), 각 단계별 시행지침 활용의 의의
	1.2 지침의 구성	• 지침의 기본 체계(구성 및 위계), 관련 근거, 발주자편 구성 및 기본 원칙, 세부 구성 및 시행지침 우선 적용 원칙
	1.3 지침의 사용주체 및 역할	• 지침의 사용주체 명시하고 주체별역할
	1.4 BIM 데이터 책임과 권한	• BIM 데이터 책임(성과품, 데이터, 납품포맷변환 책임), 데이터 권한 및 보안, 공개 등
	1.5 용어	• 시행지침 발주자편 용어 및 약어 정리
제2장 발주절차	2.1 BIM 발주절차 개요	• 발주자 BIM 수행절차, 업무범위
	2.2 사업 착수 전 단계	• 발주계획 수립, 사업발주 방식 선정
	2.3 사업준비 단계	• 조직구성, 평가계획 수립, 요구사항 정의, 대가마련
	2.4 발주서류 준비 및 작성 단계	• 발주문서 작성, 수행계획서 준비
	2.5 사업 공고 단계	• 사업공고 준비및 공고
	2.6 제안 평가 및 선정 단계	• 제안 평가 및 선정
	2.7 계약 및 보완 단계	• 계약 및 보완 유의사항
	2.8 사업수행 및 관리 단계	• 사업수행 관리, 추가 과업의 사후 정산
	2.9 납품 성과품품질검토 단계	• 납품 성과품품질 검토 준비 및 유의사항
	2.10 성과품관리 단계	• 성과품관리 방안
제3장 발주자 BIM 요구사항	3.1 발주자 BIM 요구사항 정의	• 발주자 BIM 요구사항 정의 개요
	3.2 BIM 조직 및 인프라 구성	• BIM 조직과 수행 인프라(H/W, S/W) 마련 기준
	3.3 BIM 상세수준	• 상세수준 설정, 구현, 적용 방안
	3.4 BIM 모델	• BIM 구성 기준, 대상, 범위, 분류체계활용 등
	3.5 BIM 속성	• BIM 속성 입력 기준, 속성 구성체계
	3.6 BIM 성과품작성 및 납품	• 성과품구성 기준, 폴더체계, 파일 포맷 등
	3.7 BIM 성과품품질 검토	• 물리, 논리, 데이터 품질검토 방법, 주체별역할
부속서	[부속서1] 과업지시서 가이드	• 작성 예시 제공
	[부속서2] 수행계획서 양식	• 작성 예시 제공
	[부속서3] 결과보고서 양식	• 작성 예시 제공

② 설계자편

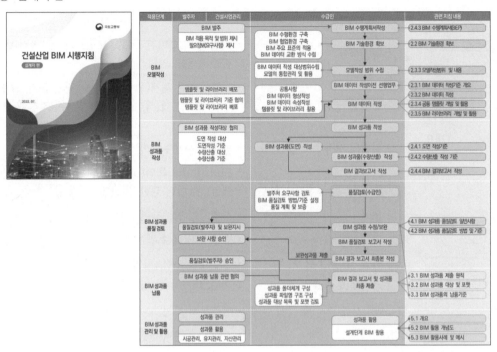

그림 1-6 설계자편 구성 및 절차

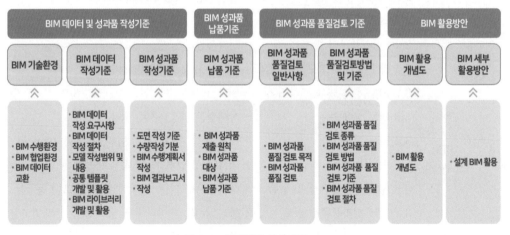

그림 1-7 설계자편 주요내용

• 시행지침(설계자편)구성 주요내용

목차구성		주요내용
제1장 개요	1.1 일반사항	• 지침의 구성 목적, 활용대상, 구성 방향 등 개요, 지침의 위계, 지침 작성 주체
	1.2 시행지침의 구성 및 기본원칙	• 시행지침 구성체계, 내용의 구성 범위, 적용 대상, 적용 수준 및 우선 적용 대상에 대한 원칙
	1.3 주요내용 및 주체별 역할	• 설계자편 주요 목차별구성 내용, 주체별역할
	1.4 용어	• 시행지침 설계자편 용어 및 약어 정리
제2장 BIM데이터 및 성과품 작성기준	2.1 BIM 적용절차 개요	• 설계자편의 BIM 적용 절차 구성, 절차별 주체별 역할
	2.2 BIM 기술환경 확보	• 주체별BIM 업무 조직 편성, 업무수행, 저작도구 선정, 협업 환경 구축, 적용 표준, 데이터 교환 방안
	2.3 BIM 데이터 작성기준	• BIM 데이터 작성 원칙, 및 세부 절차, 단위/축척, 좌표계, 치수 표현, 건축 및 토목분야 BIM 모델 작성 기준, 작성 범위, 상세수준, 모델 구성체계, 속성, 라이브러리 개발 및 활용
	2.4 BIM 성과품 작성기준	• 도면 작성 기준 및 절차, 수량산출 작성 기준 및 절차, 수행계획서(업데이트), 결과보고서 작성
제3장 BIM성과품 납품기준	3.1 성과품제출 원칙	• 기본원칙, 폴더체계, 파일명 구조 등
	3.2 성과품대상 및 포맷	• 필수성과품 및 선택성과품 목록과 포맷
	3.3 성과품납품 기준	• 성과품제출 방법, 납품 절차, 조건, 책임, 권한, 보안
제4장 BIM성과품 납품 검토 기준	4.1 일반사항	• 품질검토 목적, 원칙, 절차
	4.2 방법 및 기준	• 품질검토 종류, 방법, 기준 및 세부 절차
제5장 BIM 활용방안	5.1 개요	• BIM 활용 목적, 원칙
	5.2 BIM 활용 개념도	• BIM 활용 개념 및 단계별 적용 기술, 분야별 활용
	5.3 BIM 활용사례 및 예시	• 설계단계 BIM 활용 사례 및 예시 설명

③ 시공자편

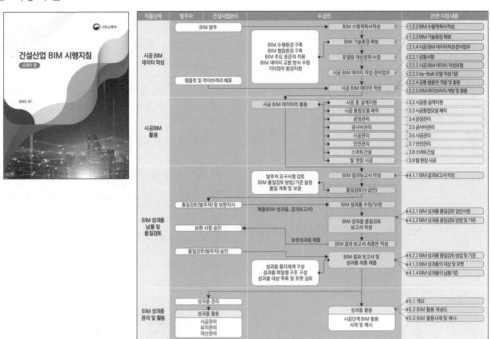

그림 1-8 시공자편 구성 및 절차

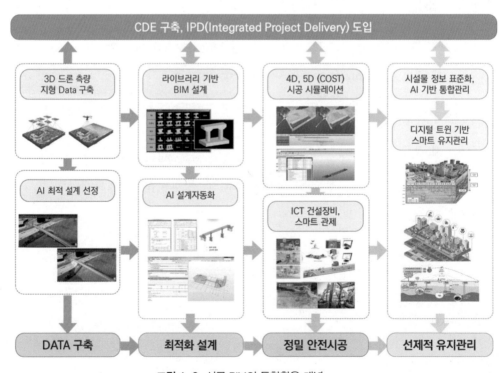

그림 1-9 시공 BIM의 통합활용 개념

• 시행지침(시공자편)구성 주요내용

목차구성		주요내용
제1장 개요	1.1 시행지침 일반사항	• 개요, 구성 및 기본원칙, 주체별역할, 내용 및 용어
	1.2 공통기준	• 적용절차 개요, 수행계획서 작성, 기술환경 확보
제2장 시공 BIM 데이터 작성기준	2.1 시공 BIM 데이터 작성 개요	• 목적, 작성원칙, 데이터 작성 절차와 준비 업무
	2.2 시공 BIM 데이터 작성	• 작성유형, As-Built 작성 기준, 템플릿, 라이브러리 등
제3장 시공 BIM 활용기준	3.1 활용기준 개요	• 활용 목적 및 원칙
	3.2 시공중 설계지원	• 대안검토, 설계변경지원, 시공상세도 활용, 제작도면 활용
	3.3 시공통합모델	• 개요 및 시공통합모델 작성 방안
	3.4 공정관리	• 공정계획 및 진도관리 방안
	3.5 공사비 관리	• 수량산출 및 기성관리 방안
	3.6 시공관리	• 간섭 및 설계오류 확인, 장비배치 및 운영, 공법, 검측, 자재운송
	3.7 안전관리	• 안전관리 개요 및 교육
	3.8 스마트건설 연계 및 적용	• MC/MG 활용, 드론기반토공사진도관리, 안전관리, XR
	3.9 탈현장 시공	• 프리팹, 모듈러사전제작 활용
제4장 BIM 성과품 납품 및 품질검토 기준	4.1 성과품 납품기준	• 결과보고서 작성, 제출원칙, 대상 및 포맷, 납품 기준
	4.2 BIM 성과품 품질검토 기준	• 일반사항, 품질검토 방법 및 기준
제5장 BIM 활용방안	5.1 개요	• BIM 활용 목적, 원칙
	5.2 BIM 활용 개념도	• BIM 활용 개념 및 단계별 적용 기술, 분야별 활용
	5.3 BIM 활용사례 및 예시	• 설계단계 BIM 활용 사례 및 예시 설명

• 주요 발주처별 BIM 관련 가이드라인 및 적용지침구성 주요 내용

구분	지침명	목적	구성
조달청	• 시설사업 BIM 적용 기본 지침서 v2.1 ('22)	• 설계 단계에 BIM 기술 적용을 위한 최소 요건 정의 • 시공/유지관리 단계에 사용 가능한 BIM 업무 기준 제공	• 개요 및 용역자업무 수행지침 • 설계/시공 적용지침 • 부속서(입력기준, 표현수준, 업무수행 계획서/ 결과보고서 템플릿 등)
한국 도로 공사	• EX_BIM 가이드라인 v1.0 /도로분야 발주자BIM 가이 드라인 ('16) • 고속도로 스마트 설계지침 ('20) • 고속도로분야 BIM 정보 체계 표준지침서 v2.0('22)	• BIM 발주, 입찰 및 계약 절차 정의 • 설계, 시공 및 유지관리 단계 적용을 위한 요건 정의	• 명칭 및 분류체계 • 활용공종 및 모델 수준정의 • 설계/시공/유지관리 단계 적용 • 부록(과업내용서, WBS코드집, 결과보고서 등)
한국 토지 주택 공사	• LH Civil−BIM 업무지침서 ('18) • LH BIM 활용가이드 v1.0 ('18) • 건설산업 BIM 적용지침 (단지분야 토목부문)('22)	• 단지·도시분야 BIM 활용 • 발주기준 및 관리지침 수립 • BIM 작성 및 납품 기준 수립	• 일반사항 및 발주기준 • 작성 및 납품 기준 • 성과품검수 및 활용방안 • 실행양식(과업내용서, 수행계획서, 검토보고서, 도면, 수량 산출기준 등)
국가 철도 공단	• 철도인프라 BIM 가이드 라인 v1.0 ('18) • KR BIM 기반 설계도면/ 수량산출 기준('21)	• BIM 발주, 입찰 및 계약 절차 정의 • 설계 및 시공 단계 적용 을 위한 요건 정의	• 일반사항 및 발주 가이드 • 수행계획 및 품질검토 가이드 • 모델작성 및 성과품제출 가이드 • 부속서(과업지시서, 수행 계획서, 모델 LOD 계획 등)
한국 공항 공사	• 한국공항공사 발주자용 BIM 지침서('20) • 한국공항공사 용역사용 BIM 지침서('20)	• BIM 발주, 입찰 및 계약 절차 정의 • 설계, 시공 및 유지관리 단계 적용을 위한 요건 정의	• 일반사항 및 기본사항 • 업무수행절차 • 설계/시공/유지관리 가이드라인 • 부속서(정보입력기준, 정보표 현수준, 수행계획서, 결과보고 서 등)

04 BIM 대가 기준

부처별 대가 운영 현황 및 BIM 대가 산정 사례

(1) 부처별 대가 기준 관리 및 운영 현황

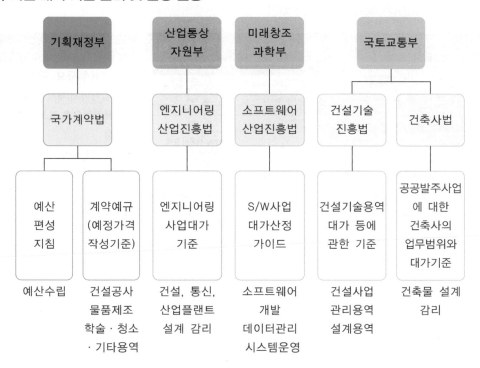

(2) 기존 BIM 서비스 용역대가 산정 사례 (2021년 기준)

① (건축사 대가기준) 공사비 요율 적용, BIM 설계업무는 추가과업이며 실비정액가산식으로 산정 명시 [국토교통부 고시]

② (엔지니어링 대가기준) BIM(추가 성과품 제출의 경우)이 설계업무 외 추가업무에 포함되며 실비정액가산식으로 산정[국토교통부 고시]

③ (건설사업 시행지침) 국토교통부 BIM 대가기준 마련 전까지 발주자가 제시한 기준을 적용, 추가성과품에 대해서는 '엔지니어링 대가기준' 적용

구 분	BIM 대가 산정 방식
조 달 청	BIM 적용시 계획, 중간, 실시 설계 단계별 설계비 약 1.5~10% 증가 (인력투입 사후정산서 제출, 기관별 예산에 따라 유동적 반영)
SH 공사	BIM 추가성과품을 정의하고 각 성과품 제출시 설계비 가산(최대 10% 한도, 기본설계 3.7%, 실시설계 7.3%)
한국도로공사 토목(도로)	건설엔지니어링 대가기준(국토교통부 고시) 보정 반영(BIM 적용 보정으로 설계비 약 8~10% 증가)
LH 토목(단지조성)	LH BIM 단지조성 설계 엔지니어링 대가 기준 마련 중(용역)

(3) 해외 BIM 서비스 용역대가 산정 사례

싱가포르

Project Stage	% change from non-BIM to BIM payment
Preliminary Design	+2.5
Planning Approval	0
Design Development	+2.5
Tender and Award	0
DESIGN STAGES *	+5
Construction Administration	-5
Post construction	0
CONSTRUCTION STAGES*	-5
Percentage change in total fees	0

◆시공단계에서 설계단계로 5% 전환을 권장(BIM 운영위원회)
◆BIM 관련한 추가 서비스 업무 수행시 발주자와 대가 협상 권장

캐나다 (RAIC, 왕립건축가협회)

PHASE	PERCENTAGE OF TOTAL FEE
Schematic Design	12 - 25% (25%)
Design Development	12 - 25% (25%)
Construction Documents	35 - 45% (25%)
Bidding and Negotiation	2.5 - 6.5%
Construction Phase (Contract Administration)	25 - 35%

NOTE:
In new forms of project design and documentation such as Building Information Modeling or BIM, more documentation and design is done in the early phase. Typical allocation of the fee in BIM projects is Schematic Design 25%, Design Development 25% and Construction Documents 25%.

◆BIM 적용시 총액 변경이 아닌 단계별 투입비용 (Schematic Design 25%, Design Development 25%, Construction Document 25%)이 변경될 수 있음을 명시

일 본

◆사업현황(규모, 금액) 공고 후 업체에서 제시한 금액의 평균가격으로 기초금액 책정
◆수년간의 BIM 기반 대가관련 데이터 구축 후 실비정액방식의 대가기준 마련 예정

참고 기존도면 및 BIM 설계도면 작성 예시

기존도면	BIM 도면

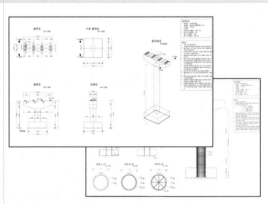

2 국토교통부

(1) 대가기준

「건설엔지니어링 대가 등에 관한 기준」 제2023-580호 개정 * 고시 (2023.10.17.)

: 도로분야, 철도분야(노반, 궤도)의 설계 발주방식 5가지[3] 중에 기본설계, 실시설계, 기본 및 실시설계에 대해 BIM 대가 적용

국토교통부 고시 제2023-580호

「건설엔지니어링 대가 등에 관한 기준(국토교통부 고시 제2023-188호, 2023.4.7.)」 중 일부를 다음과 같이 개정 고시합니다.

2023년 10월 17일
국토교통부장관

건설엔지니어링 대가 등에 관한 기준

국토교통부 고시 제2015-472호(2015. 6.30. 제정)
국토교통부 고시 제2017-414호(2017. 6.20. 개정)
국토교통부 고시 제2020-496호(2020. 7. 2. 개정)
국토교통부 고시 제2020-707호(2020.10. 6. 개정)
국토교통부 고시 제2021-961호(2021. 7.14. 개정)
국토교통부 고시 제2023-188호(2023. 4. 7. 개정)
국토교통부 고시 제2023-580호(2023.10.17. 개정)

제1장 총칙

제1조(목적) 이 기준은 「건설기술진흥법」(이하 "법"이라 한다) 제37조 제1항에 따라 발주청이 건설엔지니어링사업자에게 실비정액가산방식으로 지급하는 건설엔지니어링 대가의 산정기준 및 「건설기술진흥법 시행령」(이하 "영"이라 한다) 제52조제8항에 따라 낙찰자로 결정되지 아니한 건설엔지니어링사업자에 대해서 사업수행능력평가에 소요된 비용의 일부를 보상하기 위한 기준을 정하는 것을 목적으로 한다.

제2조(용어의 정의) 이 기준에서 사용되는 용어의 정의는 다음 각 호와

1-2 기본설계

가. 투입인원수 산정기준

구분	업무구분	단위	기준인원수(인·일) 기술사	특급	고급	중급	초급	환산계수	보정계수 도로등급	공사성격	지역	차로수
조사	1. 과업착수준비	식	2.0	5.1	5.8	4.6	2.5	②				
	BIM설계 적용시		2.4	6.1	7.0	5.5	3.0					
	2. 관련계획조사 및 검토	km	0.2	1.3	2.9	3.8	3.5	①		●	●	
	3. 현지조사 및 답사	km	0.9	3.1	4.8	5.1	4.5	①		●	●	●
	4. 교통량 및 교통시설 조사	km	4.8	9.9	12.5	13.9	15.5	①			●	
	5. 수자원 1) 수리·수문조사	km	0.3	1.3	2.0	2.3	1.5	①			●	
	5. 수자원 2) 기상·해상조사	km	0.3	1.3	2.0	2.3	1.5	①			●	
	5. 수자원 3) 선박운항조사	km(해상구간)	0.2	0.7	1.0	1.0	0.8	①				
	6. 환경영향조사(문화재조사)	km	0.2	0.8	1.0	1.3	1.0	①			●	
	7. 측량 성과검토	km	0.2	0.7	1.3	1.1	0.8	①		●	●	
	BIM설계 적용시		0.5	1.6	3.1	2.6	1.9					
	8. 지질 및 지반조사 성과검토	km	0.2	0.6	1.1	1.1	0.3	①		●	●	
	9. 지장물 및 구조물조사	km(터널제외)	0.0	2.3	4.1	5.4	4.5	①		●	●	●
	10. 토취장·골재원·사토장 조사	km	0.3	1.2	2.4	3.3	2.2	①			●	
	11. 용지조사	km(터널제외)	0.0	0.6	0.7	0.7	2.2	①		●	●	
계획	1. 전 단계 성과검토	km	1.6	2.8	3.6	3.4	1.8	①	●		●	
	2. 교통분석 및 평가	km	5.8	10.7	13.8	13.2	5.5	①	●		●	
	3. 사전환경성 검토	km	0.2	0.2	0.5	0.5	0.5	①			●	
	4. 해상교통안전진단 검토	km(해상구간)	0.2	0.5	1.0	1.0	0.5	①				
	5. 사전재해영향성평가 성과 검토	km(터널제외)	0.3	0.4	1.4	1.2	1.4	①			●	
	6. 경제성 및 재무분석	km	2.5	4.0	5.0	7.0	4.0	①	●			
	7. 노선선정	km	26.0	40.7	49.7	37.1	22.2	①	●	●	●	
	BIM설계 적용시		26.7	41.8	51.0	38.1	22.8					
	8. 수리·수문검토	개소(하천)	1.4	1.4	5.8	4.6	4.5					
	9. 관련규정의 적용	식	2.2	5.4	5.4	4.0	0.2	②	●		●	●
	10. 구조물계획 1) 교량	개소	8.4	10.4	10.0	9.3	7.1	⑥	●	●		●
	BIM설계		8.9	11.0	10.6	9.8	7.5					
	10. 구조물계획 2) 터널	개소	9.2	13.3	13.4	13.2	5.6	⑦	●	●		●
	BIM설계		9.6	13.9	14.0	13.8	5.8					
	10. 구조물계획 3) 기타 구조물	km(도로연장)	1.2	1.5	4.0	5.0	3.0	⑥	●	●		
	BIM설계		1.3	1.6	4.4	5.5	3.3					
	11. 설계기준 작성	식	4.3	6.2	6.8	5.9	1.7	②	●		●	●
	12. 관계기관 협의 및 민원검토	Km	4.0	7.2	8.3	7.1	4.2	①	●	●	●	
	13. 단계별 자문 및 발췌자료작성	회	4.6	8.7	9.7	8.7	7.0	①	●			
	14. BIM기반 각종 사전평가 성과검토	km	1.9	3.3	4.5	4.2	2.4	①	●		●	
설계	1. 선형설계	Km	10.0	16.0	16.0	15.4	10.8	①	●	●	●	
	BIM설계 적용시		10.7	17.1	17.1	16.4	11.5					
	2. 토공설계	km(도로연장)	5.6	10.0	12.5	12.8	11.2	⑤		●	●	●
	BIM설계 적용시		6.2	11.0	13.7	14.1	12.3					
	3. 배수공 설계	km(도로연장)	2.9	3.9	5.8	5.2	2.7	⑤		●	●	●
	BIM설계 적용시		3.5	4.6	6.9	6.2	3.2					
	4. 포장공설계	식	6.1	6.3	9.4	7.9	2.9	②	●	●		●
	BIM설계 적용시		7.6	7.8	11.7	9.8	3.6					
	5. 출입시설설계 1)평면교차	개소	2.0	2.9	3.6	3.9	3.3			●		
	BIM설계		2.4	3.4	4.3	4.6	3.9					

2-3 기본설계

가. 투입인원수 산정기준

구분	업무구분	단위	기준인원수(인·일) 기술사	특급	고급	중급	초급	환산계수	보정계수 철도유형	공사성격	지역
조사	1. 과업착수준비	식	3.9	8.4	10.4	6.9	4.2	②	●		
	BIM 설계 적용시		5.8	12.7	15.5	10.4	6.2				
	2. 관련계획 조사 및 검토	km	0.3	1.2	1.5	1.7	1.9	①			●
	3. 현지 조사 및 답사	km	0.8	1.5	2.1	3.7	2.9	①		●	●
	4. 수리·수문조사 1) 수리·수문조사	km	1.3	1.4	3.7	2.4	2.1	①			●
	4. 수리·수문조사 2) 기상조사	km	0.0	0.1	0.1	0.2	0.2	①			●
	4. 수리·수문조사 3) 해상·선박운행조사	km(해상구간)	0.0	0.1	0.2	0.2	0.2	①			
	5. 교통량 및 교통시설조사	km	0.1	0.4	0.8	0.4	0.3	①			●
	6. 환경영향조사(문화재조사) 성과 검토	km	0.4	0.4	0.4	1.5	1.0	①			●
	7. 측량·지질 및 지반조사 성과검토	km	0.2	0.5	0.9	1.0	0.7	①			
	BIM 설계 적용시		0.2	0.7	1.2	1.4	0.9				
	8. 지장물 및 구조물조사	km(터널제외)	0.1	0.4	1.6	1.9	1.6	①			
	BIM 설계 적용시		0.1	0.4	1.8	2.1	1.8				
	9. 토취장·골재원·사토장 조사	km	0.5	0.7	1.3	1.7	1.2	①			
	10. 용지조사	km(터널제외)	0.1	0.1	0.3	0.3	0.3	①			
계획	1. 전 단계 성과검토	km	2.5	4.0	7.1	6.1	2.8	①			
	BIM 설계 적용시		2.6	4.2	7.4	6.4	2.9				
	2. 철도시스템 검토	식	0.2	0.4	0.7	0.5	0.3				
	BIM 설계 적용시		0.2	0.4	0.8	0.5	0.3				
	3. 설계기준 검토	식	4.7	6.8	12.8	9.7	1.4	②	●		
	4. 노선선정 1) 노선대안	km	0.7	3.6	6.0	6.9	8.7	①	●	●	●
	BIM 설계 적용시		0.7	3.7	6.2	7.1	9.1				
	4. 노선선정 2) 최적노선 선정	km	5.6	18.0	23.3	22.5	23.8	①	●	●	●
	BIM 설계 적용시		5.6	18.8	24.3	23.5	24.9				
	5. 정거장 선정	개소	1.8	2.4	3	3.8	3.9		●		
	BIM 설계 적용시		1.9	2.5	3.2	4.1	4.1				
	6. 주요 구조물계획 1) 교량	100m	1.6	3.2	5.2	5.2	0.7	③	●		
	BIM 설계 적용시		1.6	3.3	5.4	5.4	0.7				
	6. 주요 구조물계획 2) 터널	km	10.0	14.4	28.8	36.0	12.9	④	●		
	BIM 설계 적용시		10.5	15.2	30.4	38	13.6				
	6. 주요 구조물계획 3) 기타구조물	개소	2.8	5.7	7.9	8.6	5.0		●		
	BIM 설계 적용시		2.9	6.0	8.3	9.0	5.2				
	7. 열차운행 계획 검토 1) 기초열차운행(TPS)	식	0.4	1.2	1.6	1.6	1.6	②	●		
	7. 열차운행 계획 검토 2) 기본열차운행	km	1.4	2.6	3.2	3.4	3.4	①	●		
	7. 열차운행 계획 검토 3) 종합열차운행	km	3.3	4.7	5	5.5	6	①	●		
	8. 경제성 및 재무분석	km	0.7	1.5	2.3	2.4	2.0	①			
	9. 환경 및 교통영향성 결과 검토	km	0.8	1.4	2.8	0.8	0.3	①			●
	10. 재해영향평가 검토	km(터널제외)	0.3	0.4	1.4	1.2	1.4	①			
	11. 수리, 수문검토	개소(하천)	1.4	1.4	5.8	4.6	4.5				
	12. 관계기관 협의 및 민원검토	km	4.2	12.2	18.6	20.1	12.9	①			
	13. 단계별 자문 및 발췌자료작성	회	3.5	8.2	13.5	11.7	9.6				
	14. BIM 기반 각종 사전평가 성과 검토	km	1.9	3.3	4.5	4.2	2.4	①			
설계	1. 철도설계	식	2.3	3.5	6.5	5.0	4.5	②	●		
	BIM 설계 적용시		2.4	3.6	6.8	5.2	4.7				
	2. 노선설계	km	0.6	2.0	2.8	2.7	2.9	①	●		
	BIM 설계 적용시		0.6	2.2	3	2.9	3.2				

제3장 철도궤도분야 설계 투입인원수 산정기준

3-1 기본설계

가. 투입인원수 산정기준

구분	업무구분	단위	기준인원수(인·일) 기술사	특급	고급	중급	초급	환산계수	보정계수 철도유형	공사성격	지역특성
조사	1. 과업착수준비	식	3.0	4.4	7.2	4.5	3.6	②	●		
	BIM 설계 적용시		3.2	4.7	7.6	4.7	3.8				
	2. 관련자료 조사	km	0.4	0.5	1.0	1.4	1.8	①		●	●
	3. 현지조사 및 답사	km	0.5	0.6	1.1	1.4	1.8	①		●	●
계획	1. 전단계성과 검토	km	0.2	0.3	1.1	2.1	1.5	①			
	BIM 설계 적용시		0.2	0.3	1.1	2.1	1.6				
	2. 선형계획 검토	km	0.2	0.2	1.3	3.0	4.5	①	●		
	BIM 설계 적용시		0.2	0.2	1.3	3	4.6				
	3. 정거장 배선 계획 검토 정거장배선계획	개소	1.3	2.2	4.5	6.7	9.1	⑥	●	●	
	BIM 설계 적용시		1.3	2.3	4.6	6.9	9.2				
	3. 정거장 배선 계획 검토 시종착배선계획	개소	6.8	11.3	22.7	34.1	45.5	⑦	●	●	
	BIM 설계 적용시		7.0	11.8	23.4	34.9	46.7				
	4. 궤도구조계획 자갈궤도	km	0.1	0.1	0.3	0.4	0.7	③	●	●	●
	BIM 설계 적용시		0.1	0.1	0.3	0.4	0.8				
	4. 궤도구조계획 콘크리트궤도	km	0.3	0.4	0.9	1.4	2.0	④	●	●	●
	BIM 설계 적용시		0.3	0.4	0.9	1.5	2.0				
	5. 관계기관 협의	km	0.1	0.2	0.4	0.8	0.8	②			
	6. 단계별 자문 및 발췌자료 작성	회	1.0	2.3	4.6	5.8	5.8				
설계	1. 설계기준 설정	식	3.1	3.6	6.4	8.2	8.6	②	●		
	BIM 설계 적용시		3.1	3.6	6.5	8.3	8.7				
	2. 궤도선형 설계	km	0.2	0.3	0.5	0.9	0.9	①	●		
	BIM 설계 적용시		0.2	0.3	0.5	0.9	1.0				
	3. 자갈궤도 구조설계	km	0.0	0.2	0.5	0.7	0.8	③	●		
	BIM 설계 적용시		0.0	0.2	0.5	0.7	0.9				
	4. 콘크리트궤도 구조설계	km	1.1	1.2	2.3	3.5	3.8	④	●		
	BIM 설계 적용시		1.1	1.2	2.4	3.6	3.8				
	5. 레일장대화 설계 장대레일화 해석 등	km	0.1	0.5	1.0	1.1	1.2	①	●		
	BIM 설계 적용시		0.1	0.5	1.0	1.1	1.3				
	5. 레일장대화 설계 자갈궤도 해석	km	0.0	0.0	0.1	0.2	0.2	③	●		
	BIM 설계 적용시		0.0	0.0	0.1	0.2	0.3				
	5. 레일장대화 설계 콘크리트궤도 해석	km	0.1	0.1	0.3	0.3	0.3	④	●		
	BIM 설계 적용시		0.1	0.1	0.3	0.3	0.4				
	6. 궤도자재 설계	km	0.2	0.3	0.5	0.7	0.7	①	●	●	●
	BIM 설계 적용시		0.2	0.3	0.5	0.8	0.8				
	7. 궤도시공 설계 궤도부설설계 등	km	0.0	0.1	0.2	0.4	0.4	①	●	●	●
	BIM 설계 적용시		0.0	0.1	0.2	0.4	0.5				
	7. 궤도시공 설계 자갈도상궤도 시공	km	0.0	0.0	0.0	0.1	0.1	②	●	●	●
	BIM 설계 적용시		0.0	0.0	0.0	0.1	0.2				
	7. 궤도시공 설계 콘크리트도상궤도 시공	km	0.0	0.1	0.1	0.2	0.2	④	●	●	●
	BIM 설계 적용시		0.0	0.1	0.1	0.2	0.3				
	7. 궤도시공 설계 궤도철거설계	km	0.0	0.1	0.3	0.4	0.4	⑤	●	●	●
	BIM 설계 적용시		0.0	0.1	0.3	0.4	0.5				
	8. 궤도안전 및 부대시설 설계	km	0.1	0.1	0.3	0.3	0.4	①	●		
	BIM 설계 적용시		0.1	0.1	0.3	0.3	0.5				
	9. 인터페이스 설계	km	0.3	0.3	0.5	0.6	0.7	①	●	●	
	BIM 설계 적용시		0.3	0.3	0.5	0.6	0.8				
설계성과작성	1. 기본설계보고서	km	0.2	0.8	1.3	1.3	2.1	①		●	
	BIM 설계 적용시		0.2	0.8	1.4	1.4	2.2				
	2. 기본설계도면	km	0.2	0.3	0.7	0.9	1.2	①		●	
	BIM 설계 적용시		0.1	0.2	0.5	0.8	0.8				
	3. 설계예산서	식	1.6	2.2	2.6	3.0	4.6	②			
	4. 단가산출서	km	0.2	0.2	0.3	0.4	0.7	①			

그림 1-10 건설엔지니어링 대가 기준

3) 설계발주방식 : 타당성조사, 기본설계, 타당성 및 기본설계, 실시설계, 기본 및 실시설계

(2) 엔지니어링 BIM 대가 구성 및 적용

대가 구성	적용

대가 구성

구분	업무구분		단위	기준인원수(인·일)					환산계수	보정계수			
				기술사	특급	고급	중급	초급		도로등급	공사성격	지역특성	차로수
설계	1. 설계 조건		식	5.2	9.3	9.7	9.0	1.3	②				●
	2. 선형설계		km	4.4	5.3	7.6	9.0	5.2	①	●	●	●	
		BIM 설계 적용시		5.1	6.2	8.8	10.5	6					
	3. 비탈면 안정공		km(도로연장)	0.8	1.8	2.9	4.1	3.4	⑥	●	●	●	
		BIM 설계 적용시		0.9	2.1	3.5	4.9	4.1					
	4. 토공설계		km(도로연장)	3.3	8.9	16.6	21.8	22.6	⑥	●	●	●	
		BIM 설계 적용시		3.7	10	18.7	24.6	25.5					
		연약지반설계	km	3.2	6.9	8.4	13.5	14.5	⑤			●	
	5. 배수공 설계		km(도로연장)	5.0	10.6	16.6	24.2	21.9	⑥	●	●	●	
		BIM 설계 적용시		5.4	11.5	18	26.2	23.7					
	6. 소구조물공 설계		km(도로연장)	0.3	0.7	1.4	1.7	2.0	⑥	●	●	●	
		BIM 설계 적용시		0.4	0.9	1.8	2.1	2.5					
	7. 포장공 설계		식	4.7	4.0	8.8	8.3	2.3	②	●		●	●
		BIM 설계 적용시		5.8	5.0	11.0	10.3	2.8					
	8. 출입시설설계	1)평면교차	개소	5.4	10.4	12.8	13.4	12.0			●		
		BIM 설계 적용시		6.4	12.5	15.3	16.1	14.4					
		2)입체교차		11.0	20.8	25.8	27.0	24.0					
		BIM 설계 적용시		13.8	26.1	32.3	33.8	30.1					
		3)인터체인지	※별도산정(실시설계단계 출입시설 산정기준 적용)										
	9. 부대시설 설계		km	0.8	2.5	3.0	4.5	6.3		●	●		●
		BIM 설계 적용시		0.9	2.9	3.4	5.2	7.3					
	10. 교량설계		개소	3.5	5.9	12.9	11.4	17.3	⑦	●			●
			100m	4.5	8.9	15.5	19.5	16.8	③	●			●
		BIM 설계 적용시	개소	3.7	6.4	13.9	12.3	18.7	⑦	●			●
			100m	4.8	9.6	16.7	21.0	18.1	③	●			●
	11. 터널설계		개소	24.7	61.6	108.3	127.3	127.7	⑧	●			●
			km	5.9	9.7	24.9	26.9	41.1	④	●			●
		BIM 설계 적용시	개소	25.7	64.2	112.9	132.7	133.1	⑧	●			●
			km	6.4	10.5	27.0	29.1	44.5	④	●			●
	12. 지반설계		km	8.7	7.0	11.2	14.7	16.1	①	●	●		
		BIM 설계 적용시		9.0	7.3	11.6	15.3	16.7					
		연약지반개량설계	km(연약지반)	3.2	3.3	4.5	4.3	3.4	⑤			●	
	13. 하천설계(이설)		개소	2.6	3.9	7.3	8.2	7.4					
		BIM 설계 적용시		3.4	5.2	9.7	10.9	9.9					
	14. 계측계획 및 기타		Km	0.8	4.5	1.1	1.7	1.0	①		●		
	15. 지하차도 설계		개소	20.2	45.6	86.8	94.3	100.7		●	●	●	
			100m	7.1	13	24.5	28.9	31.2					
성과품작성	1. 기본 및 실시설계 보고서		km	10.0	20.5	30.8	20.0	12.0	①				
		BIM 설계 적용시		15.2	31.3	47.0	30.5	18.3					
	2. 지질 및 지반조사 보고서		km	0.0	3.8	5.3	5.4	0.0	①				
		BIM 설계 적용시		0.0	4.9	6.8	6.9	0.0					
	3. 구조 및 수리계산서		개소교량/터널지하차도	0.5	4.0	8.0	16.5	0.0	⑦⑧				●
	4. 터널해석보고서		개소	0.0	1.8	4.4	12.6	0.0	⑧				●
	5. 설계예산서		식	2.1	9.8	17.5	21.0	1.6	②	●		●	
	6. 단가 산출서		km	0.9	5.4	8.0	8.6	2.5	①				
	7. 수량 산출서		Km	2.2	8.8	17.2	27.5	30.0	①	●		●	
		BIM 설계 적용시		1.5	6.2	12.0	19.3	21.0					
	8. 기본 및 실시설계도면		Km	5.5	6.0	10.0	22.0	20.5	①	●	●		●
		BIM 설계 적용시		4.4	4.8	8.0	17.6	16.4					

적용

• 기본 및 실시설계 엔지니어링 대가에 대하여 BIM 설계시 각 항목에 해당하는 BIM 적용 기준인원 및 보정계수를 적용하여 BIM 대가 산정

제12조(제경비) 제경비는 직접비(직접인건비 및 직접경비를 말한다)에 포함되지 아니하는 비용으로 임원, 서무, 경리직원의 급여, 사무실비(현장사무실을 제외한다), 광열수도비, 사무용 소모품비, 비품비, 기계기구의 수선 및 상각비, 통신운반비, 회의비, 공과금, 영업활동비용, 시스템 구축비, 소프트웨어 라이센스비 등을 포함한 것으로서, 직접인건비의 110~120%로 한다.

• BIM 설계시 시스템 구축비, 소프트웨어 라이센스비 등을 포함하여 직접인건비의 110~120%로 산정

제13조(기술료) 기술료는 법인인 건설엔지니어링사업자가 개발·보유한 기술의 사용 및 기술축적을 위한 대가로 조사연구비, 기술개발비, 기술훈련비 및 이윤, 디지털 시각화 기술 등을 포함한 것으로써, 직접인건비에 제경비를 합한 금액의 20~40%로 한다.

• BIM 설계시 시뮬레이션 작성 등을 포함하여 기술료를 20~40%로 산정

3 산업통상자원부

(1) 대가기준

「BIM 기반 도로 표준품셈」 제정 * 공표 (2021.01.)

: 도로분야의 설계 발주방식 5가지[4])에 대해 BIM 대가를 적용토록 구성

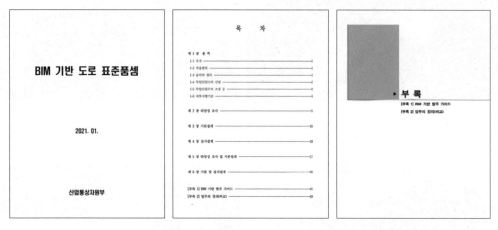

그림 1-11 BIM 기반 도로 표준품셈

(2) BIM 기반 시뮬레이션 활용 대가

도로분야에서 활용 가능한 배수검토, 교통분석 검토, 주행검토, 경관검토 일조영향 검토 5가지 항목에 대해 BIM 대가 적용

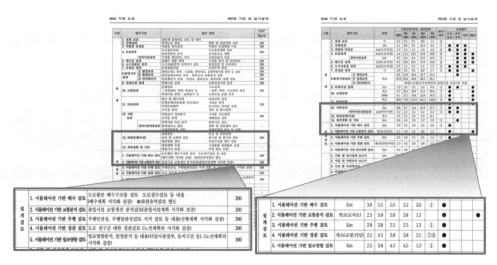

그림 1-12 BIM 기반 시뮬레이션 활용 대가

---

4) 설계발주방식 : 타당성조사, 기본설계, 타당성 및 기본설계, 실시설계, 기본 및 실시설계

참고 BIM 기반 시뮬레이션 예시

배수 시뮬레이션	주행 시뮬레이션
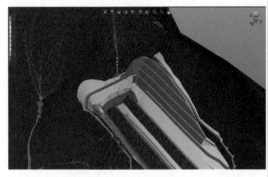	
경관성 검토 시뮬레이션	시공성 검토 시뮬레이션

교통분석 시뮬레이션	일조/일영 검토 시뮬레이션
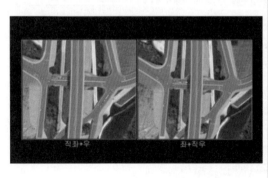	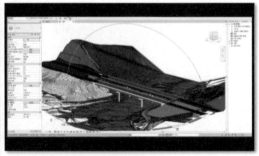

[출처] 고속도로 BIM 적용지침(설계자편) 2023.09. 한국도로공사
대산~당진 고속도로 건설공사 기본 및 실시설계(제4공구) 시뮬레이션 성과품 2022. 다산컨설턴트

01 BIM의 정의를 보면 "시설물의 생애주기 동안 발생하는 모든 정보를 3차원 모델 기반으로 통합하여 건설 정보와 절차를 표준화된 방식으로 상호 연계하고 디지털 협업이 가능하도록 하는 (　) 체계를 의미한다"에서 다음 보기 중 (　) 안에 들어갈 적절한 단어는 무엇인가?

① 협업
② 디지털 전환(Digital Transformation)
③ CDE
④ 시공정보통합관리시스템

> 우리나라의 BIM의 정의는 디지털 전환 체계를 의미한다.

02 다음 중 국토교통부에서 제시하고 있는 건설 산업의 BIM 지침 구성(위계) 및 순서가 올바른 것은?

① 기본지침 – 시행지침 – 적용지침 – 실무요령
② 기본지침 – 시행지침 – 적용지침 – 실무지침
③ 시행지침 – 기본지침 – 적용지침 – 실무지침
④ 시행지침 – 기본지침 – 적용지침 – 실무요령

> Level 1은 건설산업에 대한 BIM 적용을 위해 마련하는 기본지침(Level 1-1)과 시행지침(Level 1-2)이 해당하며, Level 2는 각 발주처가 해당 사업유형이나 발주처의 특성에 맞추어 분야별로 마련하는 적용지침(Level 2-1)과 실무요령(Level 2-2)이 해당한다.

03 다음 보기 중 국·내외 BIM 도입현황 내용이 잘못 연결된 것은 무엇인가?

① 싱가포르 – 2014년 인프라공사 BIM 의무 적용
② 미국 – 각 주별 교통부에서 BIM 의무화
③ 한국 – 2012년 공공인프라 전분야에 BIM 의무화 적용
④ 영국 – 2016년부터 모든 공공공사에서 BIM Level2 만족

> 국토교통부는 스마트건설 활성화 방안을 발표하면서 2022년부터 도로분야를 시작으로 철도, 하천 등 BIM 도입을 순차적으로 의무화하는 것으로 BIM 도입을 확대하고자 한다.

04 다음 중 BIM 수행계획서(BEP)의 내용으로 올바르지 않은 것은?

① BIM 수행계획서는 BIM 과업수행 초기에 작성한다.
② BIM 수행계획서에는 BIM 수행환경, 협업환경, 데이터 교환 방식을 정의한다.
③ BIM 수행계획서는 과업 중 변경사항 발생 시 수시로 발주자의 승인받아야 한다.
④ BIM 수행계획서는 발주자가 수급인에게 한 번만 요구하는 사항이다.

> 수급인이 작성하는 BIM 수행계획서에 대하여 발주자의 요청을 분석하고, 이에 대하여 수급인이 작성하여 제출하는 것으로 변경사항 발생 시 수시로 발주자의 승인을 받아야 한다.

05 스마트건설기술 로드맵의 단계별 주요목표에 대해 아래 표에 A~C에 해당하는 각 적용단계 순서를 순서대로 알맞게 나열한 것은? (A–B–C 순)

단 계	현재	2025년	2030년
(A)	• 현장측량 • 2D 설계	• 드론측량 • BIM 설계 정착	• 설계 자동화
(B)	• 수동 장비, 검측 • 현장타설 • 현장 안전관리	• 자동시공·검측 • 공장 제작조립, 정밀제어 • 가상시공 → 리스크 관리	• AI기반 통합 관제 • 로봇 활용 자동시공 • 예방적 통합 안전관리
(C)	• 육안점검 • 개별시스템 운영	• 드론·로봇 활용 점검 • 빅데이터 구축	• 로보틱 드론 자율진단 • 디지털트윈 기반 관리

① 설계 – 시공 – 유지관리
② 기획 – 설계 – 시공
③ 유지관리 – 설계 – 시공
④ 측량 – 시공 – 점검

국토교통부는 스마트건설기술 로드맵은 설계 – 시공 – 유지관리단계의 단계별 주요목표에 대해 발표하였다.

06 다음 보기 중에서 한국토지주택공사에서 발간한 BIM 관련 지침 및 가이드라인이 맞는 것은 무엇인가?

① BIM 설계 및 시공관리
② BIM기반 고속도로 건설공사 공정 및 기성관리 실무매뉴얼
③ 건설산업 BIM 적용지침(단지분야 토목부문)
④ 도로분야 발주자 BIM 가이드라인

건설산업 BIM 적용지침(단지분야 토목부문)은 한국토지주택공사가 2022.12에 발간하였다.

07 다음 보기 중에서 국토교통부가 발표한 스마트건설 활성화 방안(2022.07)에서 추진하는 과제가 아닌 것은 무엇인가?

① 건설산업 디지털화
② 생산시스템 선진화
③ 스마트 건설산업 육성
④ BIM 클러스터(舊 국가 BIM 센터) 설립

국가 BIM 센터는 2020년 4월에 설립되었다. 스마트건설 활성화 방안의 3대 추진과제는 건설산업 디지털화, 생산시스템 선진화, 스마트 건설산업 육성이다.

08 다음 보기 중에서 국토교통부가 발표한 스마트건설 활성화 방안(2022.07)에서 추진하는 건설산업 디지털화 과제가 아닌 것은 무엇인가?

① BIM 전면 도입을 위한 제도 정비
② 공공 중심으로 건설 전 과정 BIM 도입
③ BIM 전문인력 양성
④ 탈현장 건설(OSC) 활성화

탈현장 건설(OSC) 활성화는 생산시스템 선진화 과제 중 하나이다.

09 다음 보기 중에서 한국도로공사에서 발간한 BIM 관련 지침 및 가이드라인이 아닌 것은 무엇인가?

① 고속도로분야 BIM 정보체계 표준 지침서
② BIM기반 고속도로 건설공사 공정 및 기성관리 실무매뉴얼
③ 고속도로 BIM 안전설계 메뉴얼
④ 도로분야 발주자 BIM 가이드라인

도로분야 발주자 BIM 가이드라인은 국토교통부가 2016.12에 발간하였다.

정답 05 ① 06 ③ 07 ④ 08 ④ 09 ④

10 BIM의 정의를 보면 "BIM은 Building Information Modeling의 약어로 직역하면 ( )으로 기존의 CAD 등을 이용한 도면 설계에서 발전하여 건물을 모형화한 3D 모델에 "정보"를 넣어 활용하는 프로세스이다"라고 명시되어 있다 다음 보기 중 ( ) 안에 들어갈 적절한 단어는 무엇인가?

① 건설정보모델링
② 빌딩데이터모델
③ 설계정보데이터
④ 설계정보통합관리시스템

> 건설산업 BIM 기본지침(2020) 등 BIM의 우리말 해석은 '건설정보모델링'으로 BIM 정의의 기초적인 내용이다.

11 BIM의 정의를 보면 "BIM은 Building Information Modeling의 약어로 직역하면 "건설정보모델링"으로 기존의 CAD 등을 이용한 도면 설계에서 발전하여 건물을 모형화한 3D 모델에 ( )를(을) 넣어 활용하는 프로세스이다"라고 명시되어 있다 다음 보기 중 ( ) 안에 들어갈 적절한 단어는 무엇인가?

① 파라매트릭   ② 매개변수
③ 정보   ④ 빌딩시스템

> 건설산업 BIM 기본지침(2020) 등 BIM의 정의는 BIM 데이터(모델)에 '정보'를 포함하는 기초적인 내용이다.

12 건설산업 BIM에는 Level 1-1, 1-2, 2-1, 2-2로 단계별 지침이 있다. Level 1-1은 건설산업 BIM 기본지침이다. Level 1-2 건설산업 BIM 시행지침으로 편성되지 않는 것은?

① 설계자 편   ② 발주자 편
③ 감리자 편   ④ 시공자 편

> Level 1-2 건설산업 BIM시행지침 설계자편, 설계자편, 시공자편으로 이루어져 있다.

13 다음 중 건설산업 BIM 기본지침의 구성 원칙과 가장 거리가 먼 것은 무엇인가?

① 기본지침에서 정의한 선언적 BIM 적용원칙과 방향 준용
② 시행지침 및 적용지침의 적용 우선순위 반영
③ 토목분야에만 활용토록 공통기준 수립
④ 각 발주처의 적용지침에 해당하는 상세내용은 미반영

> 건설산업 BIM 기본지침은 토목, 건축 등 특정분야가 아닌 건설산업 전반에 활용토록 공통기준을 수립한다.

14 다음 보기 중 국토교통부가 추진하는 국내 공공 사업 BIM 도입 현황과 다소 거리가 있는 항목은 무엇인가?

① 제5차 건설기술진흥기본계획(2012)
② 스마트건설기술 로드맵(2018)
③ 건설산업 BIM 기본지침(2020)
④ 한국건설기술연구원 설립(1983)

> 한국건설기술연구원 설립은 1983년에 설립되었고, 국가BIM센터가 2020년에 설립되었다.

15 다음 중 건설산업 BIM 시행지침인 발주자편, 설계자편, 시공자편에서 공통적으로 다루는 항목으로 가장 가까운 것은 무엇인가?

① BIM 성과품 작성
② BIM 데이터 작성 기준
③ BIM 성과품 품질검토
④ BIM 성과품 관리

> BIM 성과품 품질검토는 건설산업 BIM 시행지침의 발주자, 설계자, 시공자편에서 공통으로 다루는 항목이다.

16 다음 중 건설산업 BIM 기본지침에 명시된 BIM 협업 절차에 포함되지 않는 것은?

① BIM 데이터(모델) 작성
② 입찰 프로세스 관리
③ BIM 데이터(모델) 조정
④ 협업 관리

입찰프로세스는 BIM 기본지침의 협업 절차에 포함되어 있지 않다.

17 다음 중 건설산업 BIM 시행지침에 포함되지 않은 사항은?

① 발주자편
② 설계자편
③ 건설사업관리자편
④ 시공자편

건설산업 BIM 시행지침에는 발주자편, 설계자편, 시공자편으로 구성되어 있으며, 건설사업관리자는 발주자의 의뢰를 받아 수행토록 규정하고 있다.

18 다음 중 건설산업 BIM 시행지침 발주자편의 제3장 발주자 BIM요구사항에서 다루지 않는 항목은 무엇인가?

① 발주자 BIM 요구사항 정의
② BIM 조직 및 인프라 구성
③ BIM 상세수준
④ 계약 및 보완 단계

계약 및 보완 단계는 제2장 발주절차에서 다루는 주제이다.

19 건설산업 BIM 기본지침은 건설산업 전반의 BIM 관련 국가 최상위지침으로 지침의 위계상 다음 중 어디에 해당하는가?

① Level 1-1 ② Level 1-2
③ Level 2-1 ④ Level 2-2

건설산업 BIM 기본지침은 건설산업 전반의 BIM 관련 국가 최상위지침으로 위계상 Level 1-1에 해당한다.

20 다음 중 건설산업 BIM 적용지침 Level 2-1에 해당하는 항목은 무엇인가?

① 건설산업 BIM 적용지침(단지분야 토목부문)
② BIM기반 고속도로 건설공사 공정 및 기성 관리 실무매뉴얼
③ 고속도로 BIM 안전설계 매뉴얼
④ 도로분야 발주자 BIM 가이드라인

건설산업 BIM 기본지침에 따라 Level 2-1에 해당하는 건설산업 BIM 적용지침(단지분야 토목부문)은 한국토지주택공사가 2022.12에 발간하였다.
도로분야 발주자 BIM 가이드라인은 Level-2-2에 해당한다.

21 설계 · 시공 등 건설산업의 각종 업무수행에서 활용할 목적으로, BIM 저작도구를 통해 BIM모델을 작성하고 도면 등 그 외 필요한 설계도서는 BIM모델로부터 생성하는 것을 BIM설계라고 한다. 다음 중 BIM설계 방식이 아닌 것은?

① BIM 전면수행 방식
② BIM 병행수행 방식
③ BIM 통합수행 방식
④ BIM 전환수행 방식

BIM설계 방식은 전면, 병행, 전환수행 방식으로 구분한다.

정답 16 ② 17 ③ 18 ④ 19 ① 20 ① 21 ③

22 다음 중 건설산업 BIM 시행지침(발주자편)에서 다루는 항목 중 가장 거리가 먼 것은 무엇인가?

① BIM 발주절차
② BIM 데이터 작성 기준
③ BIM 발주요구사항
④ BIM 성과품 관리

BIM 데이터 작성 기준은 건설산업 BIM 시행지침의 설계자편과 시공자편에서 다루는 항목이다.

23 다음 중 건설산업 BIM 시행지침 설계자편의 제3장 BIM성과품 납품기준에서 다루지 않는 항목은 무엇인가?

① 성과품제출 원칙
② 성과품대상 및 포맷
③ 성과품납품 기준
④ BIM 기술환경 확보

BIM 기술환경 확보계약 및 보완 단계는 제2장 BIM 데이터 및 성과품 작성기준에서 다루는 주제이다.

24 다음 중 건설산업 BIM 시행지침 시공자편의 제3장 시공 BIM 활용기준에서 다루지 않는 항목은 무엇인가?

① 시공중 설계지원
② 시공통합모델
③ 스마트건설 연계 및 적용
④ 시공 BIM 데이터 작성

시공 BIM 데이터 작성은 제2장 시공 BIM 데이터 작성기준에서 다루는 주제이다

25 BIM 대가 적용을 위해 개정된 「건설엔지니어링 대가 등에 관한 기준(2023.10.17.)」은 다음 중 어느 분야에 한하여 개정되었는가?

① 도로분야
② 수자원분야
③ 항만분야
④ 단지분야

BIM 대가 기준은 도로분야, 철도분야에 대해서 적용토록 개정되었다.

26 BIM 대가 적용을 위해 개정된 「건설엔지니어링 대가 등에 관한 기준(2023.10.17.)」에서 시스템 구축비, 소프트웨어 라이센스비 등은 다음 중 어느 항목에 포함 되었는가?

① 제경비
② 기술료
③ 인건비
④ 유지관리비

BIM 설계시 시스템 구축비, 소프트웨어 라이센스비 등을 포함하여 직접인건비의 110~120%로 산정한다.

27 BIM 대가 적용을 위해 개정된 「건설엔지니어링 대가 등에 관한 기준(2023.10.17.)」에서 시뮬레이션 작성비 등은 다음 중 어느 항목에 포함되었는가?

① 제경비
② 기술료
③ 인건비
④ 유지관리비

BIM 설계시 시뮬레이션 작성 등을 포함하여 기술료를 20~40%로 산정한다.

28 시공 BIM 적용 절차와 각 주체별 수행 내용을 단계적으로 제시한 건설산업 BIM 시행 지침 시공자 편 BIM 적용 주요 절차를 도식화한 아래 그림에서 A~D에 해당하는 각 적용단계 순서를 순서대로 알맞게 나열한 것은? (A–B–C–D 순)

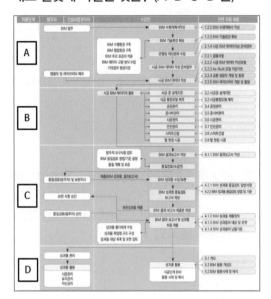

	A	B	C	D
①	시공 BIM 데이터 작성	BIM 성과품 납품 및 품질검토	BIM 성과품 관리 및 활용	시공 BIM 활용
②	BIM 성과품 납품 및 품질검토	시공 BIM 데이터 작성	시공 BIM 활용	BIM 성과품 관리 및 활용
③	시공 BIM 데이터 작성	BIM 성과품 관리 및 활용	시공 BIM 활용	BIM 성과품 납품 및 품질검토
④	시공 BIM 데이터 작성	시공 BIM 활용	BIM 성과품 납품 및 품질검토	BIM 성과품 관리 및 활용

시공단계에서는 설계단계에서 작성된 성과품 모델을 적용하여 활용하고 있으나, 필요에 따라 모델을 재구성하거나, 신규로 작성해야 하는 상황이 발생하는데, 이와 같은 상황에 따른 가이드를 제시하기 위한 목적인 절차에 대한 내용이다.

29 다음 중 건설산업 BIM 기본지침에 따른 BIM 데이터 품질검토 원칙이 아닌 것은?

① 물리적 데이터 품질
② 논리적 데이터 품질
③ 유기적 데이터 품질
④ 속성 데이터 품질

성과품의 품질검토방법은 물리적 데이터 품질, 논리적 데이터 품질, 속성 데이터 품질에 대하여 규정되어 있다.

30 국내 주요 공공기관의 BIM 기준 혹은 지침이 잘못 연결된 것은 무엇인가?

① 조달청 : 시설사업 BIM 적용 기본 지침서
② 국토교통부 : 건설산업 BIM 기본지침
③ 한국도로공사 : 고속도로 스마트 설계지침
④ 국가철도공단 : Civil–BIM 업무지침서

Civil–BIM 업무지침서는 한국토지주택공사에서 발간한 지침서이다.

31 산업통상자원부의 BIM 기반 도로 표준품셈 (2021.01.)은 도로분야의 설계발주방식 중 해당하지 않는 것은 무엇인가?

① 기본설계
② 실시설계
③ 기본 및 실시설계
④ 대안설계

대안설계는 해당 품셈에서 제시하는 설계발주방식에 해당하지 않는다.

2 BIM 발주의 이해

01 BIM 발주의 필요성과 이점

1 **IPD (Integrated Project Delivery) 개념**

IPD (Integrated Project Delivery)는 사업 기획 초기부터 시작하여 발주자, 건축가, 시공자, 컨설턴트 등 모든 관련 참여자들이 협업하여 계획을 세우고 정보를 공유하는 프로젝트 수행 방식이다. 이 방식에서는 참여자들이 하나의 팀을 형성하여 프로젝트의 구조와 업무를 연속적인 프로세스로 통합하며, 모든 참여자가 책임과 성과를 공동으로 나누는 것이 특징이다. (AIA, IPD : A Guide, 2007)

전통적인 프로젝트 관리 방식은 각 이해관계자가 독립적으로 작업을 수행하고, 자신의 책임 영역 내에서만 작업을 진행을 하였다. 하지만 IPD에서는 발주자, 건축가, 시공자, 컨설턴트 등 모든 이해관계자가 하나의 팀으로 협업하여 프로젝트의 모든 단계를 진행하게 된다.

이렇듯 IPD 방식은 프로젝트의 모든 단계를 연속적인 프로세스로 통합함으로써 중복 작업, 오류 및 지연을 줄이는 데 도움을 준다. 더불어 모든 참여자가 책임과 성과를 공동으로 나누므로 프로젝트의 성공과 실패에 대한 책임도 공동으로 부담하게 된다. 따라서 이러한 접근법은 팀원 모두가 최상의 결과를 위해 협력하게 만들며, 프로젝트의 효율성과 품질 향상에 기여하게 된다.

IPD는 신뢰를 기반으로 한 협업에 크게 의존한다. 이러한 협업의 부재로 IPD는 여러 문제에 직면할 수 있으며, 참가자들 사이에 대립적인 관계가 형성될 위험이 있다. 그러므로 IPD의 성공은 모든 참가자가 해당 원칙을 철저히 준수하는 데에 있어 중요하다. 미국 AIA(American Institute of Architects)가 제시한 IPD의 9가지 주요 원칙은 다음과 같다.

① **상호 존중 및 신뢰**(Mutual Respect and Trust) : 통합 프로젝트에서는 발주자, 설계자, 컨설턴트, 건설자, 하청업체 및 공급업체가 협업의 가치를 이해하며 프로젝트의 최선의 이익을 위해 팀으로 일하는데 전념한다.

② **상호 이익 및 보상**(Mutual Benefit and Reward) : IPD는 모든 참가자에게 혜택을 주며, 조기 참여와 조직의 가치 추가에 따라 보상한다. 통합 프로젝트는 협업과 효율성을 위해 혁신적인 비즈니스 모델을 사용한다.

③ **협업적 혁신 및 의사 결정**(Collaborative Innovation and Decision Making) : 통합 프로젝트에서는 모든 참가자의 아이디어 교환으로 혁신이 촉진되며, 아이디어는 저자의 역할이나 지위가 아닌 그 가치에 따라 평가된다. 핵심 결정은 팀의 일치하는 의견으로 이루어진다.

④ **핵심 참가자의 초기 참여**(Early Involvement of Key Participants) : 통합 프로젝트에서는 핵심 참가자들이 초기부터 참여하며, 모든 핵심 참가자의 지식과 전문성은 의사 결정을 향상시킨다. 그들의 지식과 전문성은 프로젝트 초기 단계에서 결정에 큰 영향을 준다.

⑤ **초기 목표 설정**(Early Goal Definition) : 프로젝트 목표는 초기에 설정되어 모든 참가자가 동의하고 존중한다. 각 참가자의 통찰력은 혁신과 뛰어난 성과를 중심으로 하는 문화에서 중요하게 여겨진다.

⑥ **강화된 계획**(Intensified Planning) : IPD 방식은 계획에 더 많은 노력을 기울이면 실행 중에 효율성과 질약이 증가한나는 것을 인식한다. 따라서 통합 접근법의 목적은 설계 노력을 줄이는 것이 아니라 설계 결과를 크게 향상시키는 것이다.

⑦ **개방적인 커뮤니케이션**(Open Communication) : IPD는 모든 참가자 간의 개방적이고 직접적인 솔직한 커뮤니케이션에 기반하여 팀 성과에 중점을 둔다. 비난 없는 문화에서 책임이 명확히 정의되어 문제를 식별하고 해결하며, 책임을 결정하지 않는다. 분쟁은 발생 즉시 인식되어 빠르게 해결된다.

⑧ **적절한 기술**(Appropriate Technology) : 통합 프로젝트는 종종 최첨단 기술에 의존한다. 기술은 기능성, 일반성 및 상호 운용성을 극대화하기 위해 프로젝트 시작 시에 지정된다. 개방적이고 상호 운용 가능한 데이터 교환은 IPD를 지원하는 데 필수적이다. 모든 참가자 간의 커뮤니케이션을 가장 잘 활성화하기 때문에, 개방 표준을 준수하는 기술이 사용된다.

⑨ **조직 및 리더십**(Organization and Leadership) : 프로젝트 팀은 자체적 조직이며, 모든 팀 멤버는 프로젝트 팀의 목표와 가치에 전념한다. 리더십은 가장 능력 있는 팀원이 맡으며, 역할은 프로젝트별로 명확하게 정의되어, 소통과 위험 부담을 방해하지 않는다.

IPD는 발주자, 설계자, 시공자, 컨설턴트 등 모든 이해관계자가 협력하여 전문성을 발휘하고, 프로젝트의 모든 단계에서 낭비를 줄이며 효율성을 극대화하는 수행 방식이다. 이 방식은 구성원 간의 합의를 통해 위험과 보상을 공유하며, 프로젝트의 모든 당사자들이 잠재적인 비용과 혜택을 공동으로 부담한다. IPD의 핵심 원칙에는 상호 존중, 상호 이익, 협업을 통한 의사결정, 초기 핵심인력의 참여, 목표 설정, 강화된 계획, 향상된 의사소통, 적절한 기술 채택, 체계적인 조직 구성, 그리고 리더십이 포함된다. 이러한 원칙들은 다양한 계약 조건에 맞게 적용될 수 있다.

IPD는 프로젝트 수행 방식에 초점을 둔 개념이고, BIM은 건설 데이터 정보의 관리에 중점을 둔다. BIM은 건설 프로젝트의 데이터 정보를 통합적으로 관리하는 도구로 볼 수 있으며, 그 자체로는 프로젝트 수행 방식이 아니다. 그러나 BIM은 IPD 프로젝트의 효율적 수행에 중요한 역할을 한다.

IPD는 BIM 기술을 활용하여 프로젝트를 더 효율적으로 관리할 수 있다. 따라서, BIM 기술의 도입은 IPD 수행에 있어 주요한 고려사항으로 간주된다. BIM을 도입하면서 IPD의 원칙을 초기부터 적용하게 되면, 모든 구성원들은 협업을 통해 계획을 수립하고 정보를 공유하며 프로젝트를 통합적으로 관리할 수 있다. 결과적으로, IPD 발주 방식에서 BIM을 활용하면 프로젝트의 협업 효율성이 향상되고, 이해관계자들에게 프로젝트를 통합 관리하는 기술을 제공하게 된다.

2 프로젝트 발주 방식

건설 프로젝트를 시작할 때 발주자는 발주 방식을 채택하기 위해 여러 가지 고려 사항을 갖는다. 프로젝트의 예산 설정, 설계의 품질, 일정의 중요성 및 위험 평가는 발주 방식 선택에 큰 영향을 미친다. 발주자는 건설 시장, 예산 초과 위험, 설계 요소의 관리 정도와 같은 핵심 고려 사항을 깊이 이해하고 이를 적절히 반영해야 한다. 이러한 요소들은 프로젝트의 성공적인 완료를 위해 중요하며, 발주자는 이를 기반으로 최적의 건설 프로젝트 발주 방식을 결정한다.

(1) DBB (Design - Bid - Build, 설계시공 분리발주)

DBB(Design-Bid-Build, 설계시공 분리발주)는 발주자가 설계 회사를 고용하여 프로젝트를 설계한 후, 완성된 설계를 바탕으로 건설업체에 입찰을 요청하는 전통적인 프로젝트 발주 방식이다. 이 방식은 설계 완료 후 건설이 시작되며, 명확한 계약 관계와 책임이 확립된다. 초기 비용의 확실성을 제공하는 장점이 있지만, 프로젝트 수정 요청, 계약 변경, 지연 등의 문제가 발생할 가능성이 있다.

DBB with a General Contractor 방식 [그림 2-1]은 발주자가 주 건설업체(General Contractor, GC)에게 전체 작업 범위를 위임하는 전통적인 DBB 방식이다. 이 방식은 공공 조달에서 주로 채택되며, 발주자는 설계 회사를 독립적으로 선택할 수 있다.

반면, DBB with Multiple Prime Constructors 방식 [그림 2-2]에서는 발주자가 작업 범위를 여러 부분으로 나누어 각 부분별로 독립적으로 입찰을 진행한다. 이 경우, 단일 건설업체 대신 여러 전문 건설업체가 참여하게 된다.

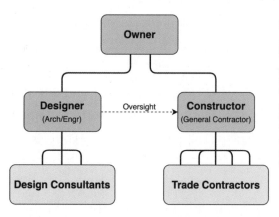

Notes

Solid Line = Contract between two parties

Dashed Line = Oversight by one party to another party based upon owner contracts

Designers are typically placed on left side of the organizational chart to represent time sequence.

Trade contractors may also be referenced as subcontractors or specialty contractors.

그림 2-1 Design–Bid–Build with General Contractor

[출처] Messner, 2022

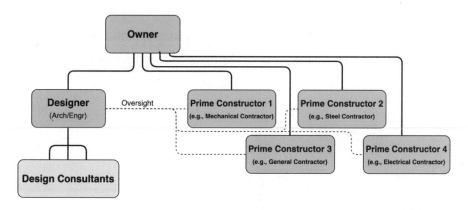

Notes

Solid Line = Contract between two parties

Dashed Line = Oversight by one party to another party based upon owner contracts

Number of Prime Contractors will vary. Designer has limited oversight responsibility to all prime contractors.

Design is 100% complete prior to procuring prime contractors.

Prime constructors may contract with 2nd tier subcontractors.

그림 2-2 Design–Bid–Build with Multiple Prime Constructors

[출처] Messner, 2022

(2) CM (Construction Management, 건설사업관리 발주)

CM(Construction Management, 건설사업관리 발주)은 건설 프로젝트의 전 과정에서 발주자를 지원하며, 전문적인 지식과 경험을 제공하여 프로젝트를 효과적으로 진행하도록 돕는 역할을 한다. CM 에이전트는 계약 관리, 건설 활동 계획 및 조정, 지불 요청 승인, 프로젝트의 안전 및 품질 감독 등 다양한 업무를 수행한다. 이렇듯 CM은 건설 관리자가 설계 및 건설 활동에 대한 조언을 하는 시스템이다. 모든 이해관계자의 활발한 참여를 요구하며 상당한 경험 수준을 필요로 한다. 특히 복잡한 프로젝트나 발주자의 자원이나 전문성이 부족한 프로젝트에서 CM의 역할은 매우 중요하다.

CM with a General Contractor 방식 [그림 2-3]은 CM 에이전트가 주 건설업체의 작업을 검토하고 발주자에게 중요한 정보를 보고한다. CM 에이전트와 주 건설업체 사이에는 직접적인 계약이 없기 때문에, 서로간의 책임은 제한되어 있다.

그리고 CM with Multiple Prime Constructors 방식 [그림 2-4]는 CM 에이전트를 여러 주요 건설업체와의 DBB 조직 구조에 통합한다. CM 에이전트는 설계 초기 단계에서 고용될 수 있으며, 설계 과정에서 건설 입력을 제공하고 비용 견적을 점검할 수 있다. 이 방법은 여러 주요 건설업체와의 DBB를 요구하는 조달 규정이 있을 때 주로 사용된다.

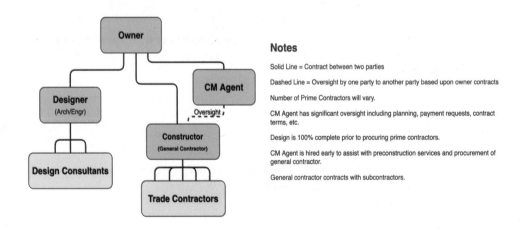

그림 2-3 Construction Management Agent with a General Contractor

[출처] Messner, 2022

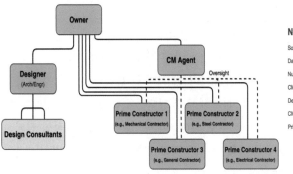

그림 2-4 Construction Management Agent with Multiple Prime Constructors

[출처] Messner, 2022

(3) CMAR (Construction Management at Risk, 시공책임형 건설사업관리 발주)

CMAR(Construction Management at Risk, 시공책임형 건설사업관리 발주) 방식 [그림 2-5]는 발주자가 설계사와 함께 시설물 설계를 진행하는 동안 동시에 건설업체를 고용한다. 이 건설업체는 설계 과정에서도 건설 활동을 지원하고 전체 건설 프로젝트를 관리하게 된다. 건설업체는 설계의 시공 가능성을 검토하며, 입찰을 위한 자료 준비, 건설업체의 사전 자격 확인, 그리고 프로젝트 비용의 추정 등의 중요한 업무를 수행한다. CMAR 방식은 설계와 건설업체 사이의 협업을 강화하는 발주 방식이지만, Design-Build나 IPD처럼 프로젝트 전 과정에서의 완전한 통합 협업은 제공하지는 않는다.

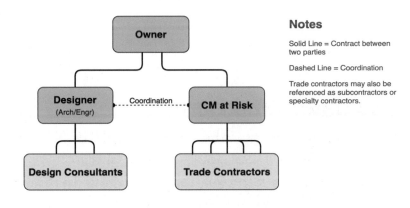

그림 2-5 Construction Management at Risk

[출처] Messner, 2022

(4) DB (Design-Build, 설계시공 일괄발주)

DB(Design-Build, 설계시공 일괄발주) 방식 [그림 2-6]은 프로젝트의 설계와 건설을 단일 업체가 총괄하는 방식이다. 발주자는 프로젝트의 기본 요구 사항을 설정한 후 해당 업무를 수행할 업체를 선정한다. 이 업체는 설계부터 건설까지의 전 과정을 책임진다. DB의 핵심 특징은 발주자와 Design-Build 업체 사이의 단일 계약 체계에 있다. 이 업체는 법적 형태를 가질 수 있으며, 설계와 건설 회사가 합작하여 구성될 수도 있다. 이 방식은 설계와 건설의 긴밀한 통합을 가능하게 하며, 초기 설계 단계에서의 비용 추정의 정확성을 향상시키고, 건설 과정에서의 비용 절감 및 가치를 높일 수 있는 방안을 제시한다.

그러나, Design-Build 방식의 장점에도 불구하고 단점도 존재한다. 전통적인 방식에서는 설계와 건설이 각각 다른 업체에 의해 이루어지기 때문에 발주자는 두 업체의 다양한 전문 지식과 피드백을 받을 수 있다. 그러나 Design-Build에서는 설계와 건설이 동일한 업체에서 진행되므로, 발주자는 해당 업체의 한정된 관점만을 받아들이게 된다. 이는 프로젝트의 품질과 다양성에 제약을 줄 수 있다.

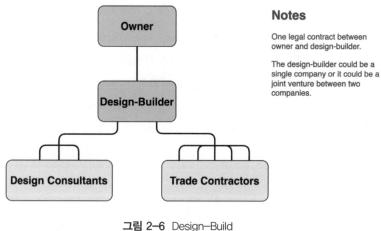

그림 2-6 Design-Build

[출처] Messner, 2022

(5) IPD (Integrated Project Delivery, 통합 프로젝트 발주)

IPD(Integrated Project Delivery, 통합 프로젝트 발주) 방식 [그림 2-7]은 발주자, 설계자, 건설업체 등 전체 팀이 통합된 방식으로 프로젝트를 성공적으로 전달하기 위한 새로운 계약 형식이다. 이 방식은 협력, 위험 및 보상의 공유, 그리고 공동 의사 결정을 중심으로 한다. IPD는 전통적인 방법의 제한을 극복하며, 높은 비용, 비효율성, 팀 간의 분열과 같은 문제를 해결하는 방법을 제시한다. IPD를 사용하는 프로젝트는 핵심 멤버들이 통합 계약 형태(Integrated Form of Agreement, IFoA)에 참여하게 된다. 이 IFoA는 발주자를 포함한 모든 핵심 팀 멤버들이 서명하는 프로젝트 전용의 독특한 계약 형태이다.

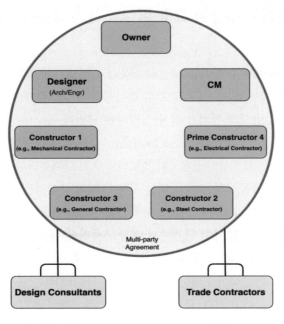

Notes

All entities within the circle sign into a multi-party agreement

All primary IPD parties share in the profit or loss of the project

They will hire additional consultants and trade contractors for portions of the project scope

그림 2-7 Integrated Project Delivery

[출처] Messner, 2022

결론적으로, 프로젝트 전달 방법의 선택은 건설 프로젝트의 성공에 큰 영향을 미칠 수 있다. 산업이 발전함에 따라 방법도 발전하였으며, 각 새로운 접근 방식은 그 전임자의 제한 사항을 해결하려고 한다. 현대 건설 프로젝트의 복잡한 요구에 맞게 더 통합적이고 협력적이며 기술적으로 진보된 방법을 향한 추세가 분명하다. 이해관계자는 이러한 방법을 이해하고 프로젝트의 요구 사항에 가장 적합한 것을 선택하는 것이 중요하다.

건설 산업의 프로젝트 발주 방식은 산업의 적응력과 이해관계자의 변화하는 요구사항에 따라 지속적으로 발전하고 있다. 프로젝트의 복잡성과 규모 증가에 따라 전통적인 Design -Bid-Build(DBB) 방식의 한계가 점차 드러나게 되었다.

이에 따라, ECI(Early Contractor Involvement, 시공사 조기 참여)와 같은 사업방식이 주목 받기 시작했다. ECI는 시공사와 설계자가 프로젝트 초기 단계부터 협력하는 구조로 설계와 건설 과정을 최적화한다. 시공사의 조기 참여는 시공 단계의 문제점을 미리 예측하고 대응하는 데 큰 도움을 준다. 따라서, ECI는 사업 초기에 시공사의 참여를 적극 유도하여, 보다 효율적인 공법과 경험을 활용해 사업 계획 단계에서 예정 공사비를 절감하며, 이로 인해 금융 비용까지 절감할 수 있다. 이런 방식은 프로젝트의 성공 가능성을 크게 높여준다.

그러나 프로젝트 발주 방식의 진화는 이뿐만이 아니다. IPD라는 통합적인 프로젝트 관리 방식 의 중요성이 점점 강조되고 있다. IPD는 ECI처럼 건설업체의 조기 참여에 중점을 두는 것뿐만 아니라, 프로젝트 전반에 걸쳐 모든 이해당사자들과의 깊은 협력에 초점을 맞춘다. 전통적인 발주 방식에서는 각 프로젝트 단계별로 다른 참여자들이 업무를 수행하지만, IPD는 프로젝트 의 시작부터 종료까지 모든 이해관계자가 함께 참여하여 이해관계의 상충을 최소화하고, 건설 사업을 통합적으로 추진한다. AIA(American Institute of Architects)의 'IPD: A Guide'에 서 제시한 [표 2-1]은 전통적 발주 방식과 통합 발주 방식의 핵심 차이점을 정리한 내용이다.

표 2-1 전통적 프로젝트 발주 방식과 통합 프로젝트 발주 방식 비교

	전통적 프로젝트 발주 방식 Traditional Project Delivery	통합 프로젝트 발주 방식 Integrated Project Delivery
팀 구성	필요 시점에 조합되는 파편화된 팀, 강한 계층 구조, 통제 중심	초기부터 통합된 주요 이해관계자로 구성된 팀, 개방적이고 협력적
프로세스	선형적, 독립적, 분리된 ; "필요할 때에만" 지식이 수집됨 ; 정보가 비밀로 보관됨 ; 지식과 전문성이 고립된 상태	동시적이고 다중 레벨 ; 지식과 전문성의 초기 기여 ; 정보가 공개적으로 공유됨 ; 이해당사자 간의 신뢰와 존중
위험 관리	개별적으로 관리, 최대한 전가	집단적으로 관리, 적절하게 공유
보상	개별 추구 ; 최소 노력으로 최대 수익 ; (보통) 초기 비용 기반	팀의 성공이 프로젝트의 성공에 연결 ; 가치 기반
통신/기술	종이 기반, 2차원 ; 아날로그	디지털 기반, 가상 ; Building Information Modeling (BIM 3차원, 4차원, 5차원..)
계약서	개별 계약서 기반; 각자의 이익 중심	통합된 계약서 ; 프로젝트 전체의 성공을 위한 협력 중심

[출처] AIA, IPD : A Guide, 2007

4 BIM 발주의 중요성과 기대효과

MacLeamy Curve [그림 2-8]는 건축 및 건설 프로젝트의 생애 주기 동안의 설계 결정의 타이밍과 해당 결정에 따른 비용 및 영향 간의 관계를 그래픽으로 표현한 것이다. 이 곡선을 통해 프로젝트 초기 단계에서의 결정이 후반 단계에 비하여 상대적으로 적은 비용으로 더 큰 영향을 줄 수 있음을 알 수 있다.

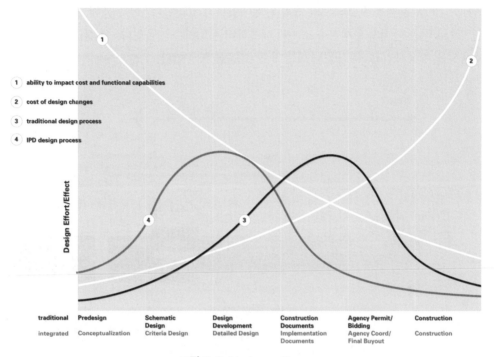

그림 2-8 Macleamy Curve

[출처] AIA, "IPD : A Guide", 2007

MacLeamy Curve의 핵심으로 설명하는 3가지 내용은 다음과 같다.

① 설계 초기 결정의 중요성 : 프로젝트 초기에 이루어지는 결정은 상대적으로 변경 비용이 적으며 영향력이 크다. 이러한 초기 결정은 프로젝트의 성공을 크게 좌우한다.

② 프로젝트 후반의 변경시 비용 증가 : 프로젝트의 진행 상황에 따라, 특히 후반부에 변경이나 수정이 필요할 경우, 비용은 기하급수적으로 증가한다. 이미 작업이 진행되어 다시 하는 경우에 이런 상황이 발생한다.

③ 통합 프로젝트 전달(IPD)의 중요성 : MacLeamy Curve는 IPD 같은 협업 중심의 프로젝트 전달 방식의 필요성을 강조한다. IPD 방식에서는 프로젝트 시작부터 모든 이해관계자가 함께 협력하여 최선의 결정을 내릴 수 있다.

결과적으로, MacLeamy Curve는 프로젝트 초기 단계에서의 결정들이 전체 프로젝트의 비용 및 성과에 어떠한 큰 영향을 미치는지를 알 수 있으며, 전통적 발주 방식보다 통합 발주 방식의 이점을 알 수 있다.

이렇듯 전통적 설계 과정에서는 각 프로젝트 단계가 순차적으로 진행되어, 시공 단계에서의 문제점은 대부분 해당 단계에서 처음 인식된다. 이러한 접근 방식은 변경에 따른 추가 비용이나 지연의 위험을 내포하고 있다.

반면, 통합 설계 과정은 프로젝트의 모든 이해관계자가 초기 단계부터 함께 참여하는 방식을 취한다. [그림 2-9]에서 보는 바와 같이 "누가, 어떻게 프로젝트를 수행할 것인가"와 같은 WHO, HOW 문제를 프로젝트의 기획 단계에서부터 고려한다. 이를 통해 충분한 의사소통과 협력으로 시공 단계의 문제점을 조기에 해결하려는 노력을 기울인다. 이 접근법은 프로젝트의 효율성을 향상시키고, 위험을 줄이는데 큰 도움을 제공한다.

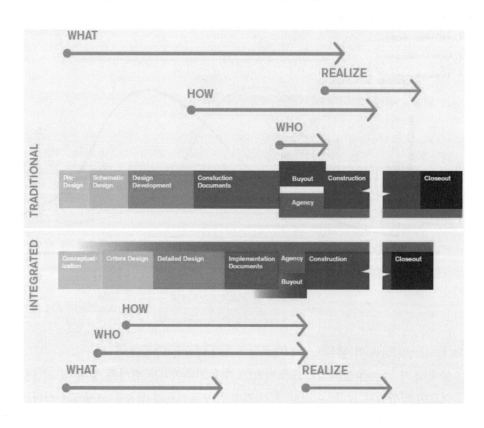

그림 2-9 Traditional design process & Integrated design process

[출처] AIA, 2007, and Bolpagni, 2013

BIM은 프로젝트 정보와 연결된 디지털 3D 모델로, 모든 설계, 제작 및 건설 단계에서 낭비를 줄이고 효율성을 최적화하는데 중요한 기술이다. BIM은 디자인부터 프로젝트 관리에 이르기까지 다양한 정보를 통합하여 프로젝트의 모든 참가자 간의 협업 플랫폼을 제공한다. BIM은 특히 상호 운용성을 기반으로 하며, 이를 통해 개방형 기술로 프로젝트를 통합하여 활용하게 된다. 이렇듯 IPD 방식과 BIM은 서로 밀접한 관련이 있다. IPD는 프로젝트의 모든 단계에서 모든 참가자의 협력을 촉진하는 반면, BIM은 이러한 협력을 지원하는 도구로 작용한다. IPD 프로세스는 BIM의 기능을 최대한 활용하여 프로젝트 팀이 모델을 어떻게 개발, 접근 및 사용할지에 대한 공통의 이해를 도모한다. 이러한 협업은 프로젝트의 효율성과 성공을 크게 향상시킬 수 있다.

02 BIM 발주 업무수행 절차 및 범위

1 BIM 발주절차

'건설산업 BIM 시행지침 발주자편'(2022, 국토부)은 [그림 2-10]에서 BIM 수행절차를 상세하게 설명하고 있다. BIM 발주절차에 따르면, 발주자는 건설사업의 BIM 발주계획 단계부터 시작하여 입찰, 평가, 그리고 성과품의 검토 및 관리까지의 주요 과정을 거친다. 또한, 발주자는 이 과정에서 수급인에게 필요한 BIM 요구사항을 명확히 제시한다. 이러한 절차는 특정 사업에만 국한되지 않고 다양한 사업에 적용 가능하다.

발주자 BIM 업무 수행 절차는 특히 다음 3가지 절차를 따라 진행한다. 첫째, BIM 발주단계에서는 조직 구성과 BIM 적용 타당성 검토를 통해 사업 계획을 세우며, 발주자는 과업지시서와 입찰안내서를 발주 공고에 포함한다. 둘째, 발주자는 입찰자로부터의 BIM 수행계획서와 입찰서류를 평가해 수급인을 선정한다. 셋째, 발주자는 건설사업의 효율성과 전문성을 높이기 위해 사업 초기단계부터 건설사업관리기술인을 활용하는 것을 권장하며, 특히 설계-시공 통합형 사업에서는 그 활용을 강력히 권고하고 있다.

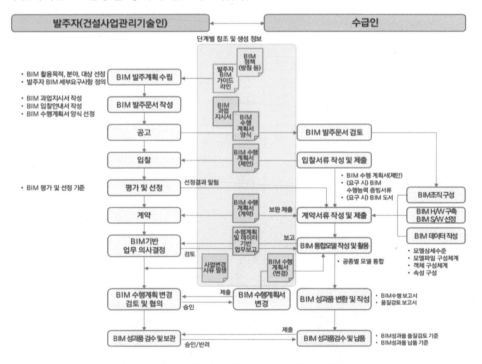

그림 2-10 시행지침 발주자 편 공통 BIM 수행절차

[출처] 국토부, 건설산업 BIM 시행지침 발주자편, 2022

2 BIM 발주업무 범위

발주자 BIM 업무 수행 절차에 따른 각 발주 업무 범위는 '발주계획 수립 및 문서 작성', '공고 및 입찰', '평가 및 선정', '계약' 단계로 설명할 수 있다.(국토부, 도로분야 발주자 BIM 가이드 라인, 2016)

(1) 발주계획 수립 및 문서 작성

① 조직 : BIM 사업 추진을 위한 조직을 계약부서와 사업시행부서로 나눔
② 활용목적 및 발주대상 : 사업의 특성에 따라 BIM 활용목적을 설정히며, BIM 활용분야와 발주대상을 선정
③ 일정 및 예산 : BIM 업무 범위를 고려하여 사업기간과 비용 산정
④ BIM 요구사항 : 발주자는 BIM 활용목적, 적용대상, 활용분야에 따른 요구사항을 정의
⑤ 공고준비 : BIM 요구사항 확정 후, 발주문서 작성 및 공고 내용 확정

(2) 공고 및 입찰

① 발주자는 발주문서와 함께 공고
② 입찰자는 발주 요구사항 숙지 및 BIM 수행계획서 작성 후 제출
③ BIM 수행계획서는 BIM 프로젝트 수행 요구사항 포함

(3) 평가 및 선정

① 발주자는 BIM 활용목적 및 발주대상에 적합한 평가기준 설정
② 평가시 BIM 수행계획의 적정성, BIM 수행조직의 능력 등 고려
③ 발주자는 평가기준에 따라 낙찰자를 선정

(4) 계약

① 계약은 공공공사 발주 및 입찰·계약제도와 관련된 법률에 따름
② 수급인은 'BIM 수행계획서' 확정 후 제출하고 발주자는 검토 및 승인
③ 수급인은 발주자의 BIM 설계 요구에 따라 설계 수행
④ 최종 계약은 입찰안내서의 계약방식을 따름

'도로분야 발주자 BIM 가이드라인'에서는 발주방식에 따른 발주절차의 기준을 다음과 같이 제시하고 있다. 첫 번째로, 기본, 실시설계, 사업관리 및 공사 발주의 주요 절차는 발주기관의 특정 규정을 기반으로 한다. 두 번째로, 발주방식에 따른 세부절차는 이 가이드라인을 참조하여 설정하며, 프로젝트의 규모, 형태 및 수행 주체에 따라 BIM 발주계획에 따라 다양하게 조정할 수 있다. 이러한 기준에 따라 세부적인 발주방식별 절차는 다음과 같이 설명하고 있다.

(1) 설계시공분리발주 방식

① 본 방식에서는 발주자가 설계 또는 시공에 대하여 분리 발주하되 해당사업에 BIM 과업을 포함하도록 한다.

② 발주자는 BIM의 수행여부, 범위 및 업무내용 등을 포함한 입찰안내서 또는 'BIM 과업 지시서'를 작성하여 공고한다.

③ 발주자는 사업참여자 선정을 위해 BIM 수행내용에 따라 평가기준을 마련하고 이를 평가항목에 반영한다.

④ 협력사(하도급업체와 자재공급업자)는 발주자와 직접적인 계약관계를 맺지 않으나, 시공사 및 국가가 정의한 기준에 따라 합리적이며, 객관적으로 선정되어야 한다.

(2) 설계시공일괄발주 방식

① 본 방식에서는 발주자가 설계 및 시공에 대하여 일괄 발주하되 BIM 과업을 포함하도록 한다.

② 발주자는 BIM의 수행여부, 범위 및 업무내용 등을 포함한 입찰안내서 또는 'BIM 과업 지시서'를 작성하여 공고한다.

③ 발주자는 사업참여자 선정을 위해 BIM 수행내용에 따라 평가기준을 마련하고 이를 평가항목에 반영한다.

④ 협력사는 시공사와 직접적인 계약관계를 맺으며, 시공사 및 국가가 정의한 기준에 따라 합리적이며, 객관적으로 선정되어야 한다.

(3) 시공책임형 사업관리 방식

① 본 방식에서는 발주자가 BIM 프로젝트 조율, 조직간 협력 및 관리 등을 대행할 수 있는 건설사업관리자를 선정하며, 이때 건설사업관리자는 시공업무를 함께 수행 할 수 있다.

② 발주자는 건설사업관리자가 수행하는 BIM 역할과 업무범위를 명확히 정의하여야 하며, 사업 참여자간 책임의 범위가 상충하지 않도록 해야 한다.

③ 발주자는 BIM 적용 시 발생되는 이익에 대해 건설사업관리자와 시공사가 상호 이익을 분배 할 수 있도록 발주한다.

④ 세부 BIM 수행절차는 본 발주방식의 시행이나 업무범위 구성에 따라 달라질 수 있다.

03 BIM 발주자와 수급인의 역할 및 책임

'도로분야 발주자 BIM 가이드라인'(2016, 국토부)와 'LH Civil-BIM 업무지침서'(2018, LH 공사)에서는 BIM 수행 주체별 역할에 대해 설명하고 있다. 두 자료에서 기술된 BIM 수행 주체별 역할에 대한 내용의 공통적으로 제시되고 추가될 부분을 통합하여 정리하면 다음과 같이 살펴볼 수 있다.

(1) 발주자의 역할 및 책임

① 발주자는 프로젝트의 전체적인 사업 추진을 위하여 BIM 발주 및 수행에 관련된 계획, 시행, 관리 및 조정의 역할을 담당한다.

② 발주자는 BIM 수행업무의 일부를 건설사업관리용역을 통해 추진할 수 있다.

③ 발주자는 필요한 경우 건설사업관리자 또는 외부 전문조직에게 BIM관리업무를 위한 기술 지원을 의뢰할 수 있으며, 이 경우 건설사업관리자 또는 외부 전문조직은 발주자의 역할 일부를 대행 할 수 있다.

④ 발주자는 각 발주처에서 제시하는 가이드를 참조하여 BIM 적용 대상 및 범위, BIM 활용 목적, 적용업무, BIM 데이터 작성 및 납품 요구사항 등을 정의하고 이에 대한 요구사항을 'BIM 과업 지시서'에 반영한다.

⑤ 발주자는 BIM 발주 계약 이후 모든 BIM 성과품 작성의 의사결정, 결과보고 및 성과품 승인의 주체가 된다.

⑥ 발주자는 사업수행 기간 동안 발생하는 의사결정 사항에 대해 BIM 데이터를 활용하여 협의 또는 조정할 수 있다.

⑦ 발주자는 제출된 BIM 성과품을 검토하여 결과를 계약자에게 통보하고, 최종 제출된 BIM 성과품을 보관·관리자에게 이관한다.

⑧ 발주자는 과업기간 동안 사업진행의 의사결정사항, 관련보고 및 성과품의 승인 기록을 보관하여야 한다.

(2) 설계사의 역할 및 책임

① 설계사는 발주자의 요구사항에 근거하여 BIM 데이터를 작성, 활용 및 납품하는 역할을 담당한다.

② 설계자는 발주자가 제시한 "BIM 과업내용서"에 근거하여 설계단계의 세부적인 BIM 수행 계획을 "BIM 수행계획서"에 반영하여 발주자에게 제출하고 승인을 받아야 한다. (단, 건설 사업관리자가 BIM업무에 대한 권한을 위임 받은 경우 건설사업관리자가 발주처에게 'BIM 수행계획서'를 제출하고 승인을 득하여야 한다.)

③ 설계자는 발주자가 승인한 'BIM 수행계획서'와 발주자의 요구사항, 발주처별 가이드를 반영하여 BIM 데이터를 작성한다.

④ 설계사는 발주자가 승인한 'BIM 수행계획서'에 따라 BIM 데이터를 활용한다.

⑤ 설계자는 발주자에게 BIM 성과품을 제출하기 전 내부 품질기준에 따라 BIM 성과품을 검수하고 '품질검토 보고서'를 작성하고 사업책임기술자에게 사전 승인을 받아야 한다.

⑥ BIM 과업이 건설사업 관리용역과 연관되어 발주된 경우 설계자는 발주자에게 BIM 성과품을 제출 전 건설사업관리자 또는 발주자를 대신하여 계약된 외부 전문가에게 사전 승인을 득하여야 한다.

⑦ 설계사는 BIM 데이터의 품질을 높이고 시공단계에서 활용될 수 있도록 구축한다.

(3) 시공사의 역할 및 책임

① 시공자는 'BIM 과업내용서'와 'BIM 수행계획서'에 근거하여 시공단계 BIM 데이터를 작성하고 활용하는 역할을 담당한다.

② 시공사는 발주자의 요구사항에 근거하여 시공단계 BIM 데이터를 작성하고, 공사계획 및 시공운영에 활용하는 역할을 담당한다. 발주자가 설계단계의 BIM 성과품을 제공한 경우 이를 최대한 활용해야 한다.

③ 시공자는 발주자가 제시한 'BIM 과업내용서'에 근거하여 시공단계의 세부적인 BIM 수행계획을 'BIM 수행계획서'에 반영하여 발주자에게 제출하고 승인을 받아야 한다. (단, 건설사업관리자가 BIM업무에 대한 권한을 위임 받은 경우 건설사업관리자가 발주처에게 'BIM 수행계획서'를 제출하고 승인을 득하여야 한다.)

④ 시공자는 발주자가 승인한 'BIM 수행계획서'와 발주처 별 가이드에 따라 발주자의 요구사항을 반영하여 BIM 데이터를 작성한다.

⑤ 시공사는 발주자가 승인한 'BIM 수행계획서'에 따라 BIM 데이터를 활용한다.

⑥ 시공사는 주요사항 발생 시 발주자와 협의하여 'BIM 수행계획서'를 변경할 수 있고, 변경된 BIM 수행계획서에 따라 시공 BIM 데이터를 변경할 수 있다.

⑦ 시공자는 현장 시공 이후 검측 데이터를 기록하여야 하며, 시공 BIM 모델에 반영 하여야 한다.

⑧ 시공자는 발주자에게 BIM 성과품을 제출하기 전 내부 품질기준에 따라 BIM 성과품을 검수하고 "품질검토 보고서"를 작성하고 건설사업관리자(CM)의 사전 승인을 받아야 한다.

⑨ 시공자는 건설사업관리자가 승인한 시공BIM 모델과 품질관리 검토 보고서를 발주자에게 제출한다.

⑩ 시공자는 사업기간동안 축적한 시공BIM 데이터를 준공 시까지 보관하여 유지관리 단계에서 활용될 수 있도록 제출하여야 한다.

(4) 건설사업관리자의 역할 및 책임

① 건설사업관리자는 발주자로부터 BIM 수행업무에 대한 권한의 일부를 위임받으며, 위임된 사항에 대한 BIM 사업관리 업무를 수행한다.

② 건설사업관리자는 발주자에게 BIM 관리와 관련된 'BIM 수행계획서'를 제출하여 승인을 받아야 한다.

③ 건설사업관리자는 사업기간 동안 계약된 범위 내에서 'BIM 수행계획서'와 시공 'BIM 수행계획서'를 근거하여 BIM 사업의 계획, 관리, 조정, 검토 및 승인하는 등 BIM 관리자의 역할을 수행한다.

④ 건설사업관리자는 준공 BIM 데이터의 품질을 검수하고 발주자에게 '품질관리 검토 보고서'를 제출하고 승인 받아야 한다.

04 전면 BIM의 이해 및 대응

1 전면 BIM과 부분 BIM 이해

BIM은 시설물의 생애주기 동안 발생하는 정보를 3차원 모델 기반으로 통합하는 디지털 전환(Digital Transformation) 체계다. 이는 건설 정보와 절차를 표준화하여 서로 연계할 수 있게 만들며, 디지털로의 협업 또한 가능하게 한다. BIM 설계의 주 목적은 건설사업의 다양한 업무에서의 활용이다. BIM 저작도구를 이용해 데이터를 작성하며, 이를 기반으로 도면이나 필요한 설계도서를 생성한다. 여기서 BIM 설계 방식은 BIM 전면수행 방식, BIM 병행수행 방식, BIM 전환수행 방식으로 구분할 수 있다.

① BIM 전면수행 방식 : 원칙적으로 시설물의 모델을 BIM 저작도구로 작성하고, 이를 토대로 업무를 수행하는 방식을 적용한다.

② BIM 병행수행 방식 : 기존 2차원 설계방식과 3차원 설계방식인 BIM을 함께 활용하는 경우, 병행수행 방식을 사용할 수 있다. 단, 전체공사 중 특정 구조물만을 BIM 설계를 하는 경우, 일부를 적용할 수 있다.

③ BIM 전환수행 방식 : BIM 데이터가 없는 2차원 방식으로 설계 또는 시공이 완료된 기존 시설물에 대하여 BIM 데이터를 확보하려는 경우 전환수행 방식을 사용할 수 있으며, 사전에 BIM 수행계획에 따라 적용한다.

'건설산업 BIM 기본지침'(국토부 2020)에서 전면 BIM 설계의 원칙으로 BIM 모델의 후속 단계에 지속적으로 활용이 가능하도록 데이터 품질과 연계성을 확보 하여 작성하고 관리하도록 하고 있다. 특히, 설계단계에서 BIM 적용은 전면 BIM 설계를 원칙으로 하고 있다.
또한 전면 BIM 설계는 시공단계의 활용을 고려하여 처음부터 3차원 기반의 BIM 모델을 작성하되 BIM 모델로부터 기본도면을 추출할 수 있도록 구성하며, 일부 BIM 모델로 표현이 불가능하거나 불합리한 상세부분의 설계에 대해서는 다음 [표 2-2]와 같이 보조도면을 활용할 수 있다. 시공이나 유지관리 등 설계 이후의 단계부터 BIM을 활용하고자 하는 경우에는 전환설계나 역설계 등을 통해 BIM 모델을 확보할 수 있으며, 특히, 시공단계에 활용하는 경우에는 전면 BIM 설계에 준하는 BIM 모델을 확보하도록 하고 있다.

표 2-2 전면 BIM 설계의 모델 및 도면 구분

3D	BIM 모델	기존 2차원 도면을 대체하는 가장 기본이 되는 3차원 모델	
2D	기본 도면	BIM모델로부터 추출하여 작성된 도면 (BIM모델에 포함하여 제출하거나 디지털 파일로 제출 가능)	
	보조 도면	BIM모델로 표현이 불가능하거나 불합리한 경우 보조적으로 작성하여 활용하는 일부 상세도 등의 2차원 도면	

[출처] 국토부, 건설산업 BIM 기본지침, 2020

2 전면 BIM의 장단점 및 대응 전략

BIM(Building Information Modeling)은 건설 프로젝트의 설계, 건설, 운영 단계에서 사용되는 디지털 표현의 시설물 정보 모델이다. 그래서 BIM은 단순히 3차원 모델링 도구로서의 기능을 넘어, 각종 건설 정보를 포함한 통합적인 플랫폼을 제공한다. 이로 인해 프로젝트 참여자들 간의 의사소통이 원활해지며, 프로젝트의 효율성과 정확성이 크게 향상된다. BIM은 3D 모델링 외에도 시간(4D), 비용(5D), 환경(6D) 등의 다양한 차원의 정보를 통합하여 관리하는 특징을 갖추고 있다.

이러한 BIM의 포괄적 특성을 최대한 활용하려면 전면 BIM 수행 방식의 적용이 필요하다. 이 방식은 건설 정보를 BIM에서 완전히 통합하여 관리하는 것을 의미한다. 즉, 프로젝트 전체의 시설물 모델을 BIM 저작 도구로 작성하고, 이를 기반으로 건설의 전체 생애주기에 관련된 업무를 진행하게 된다.

전면 BIM 도입을 고려할 때, 아래의 장점과 단점을 파악하여 조직에 적절하게 적용해야 한다.

(1) 전면 BIM 수행 방식의 장점

① 효과적인 프로젝트 관리 : BIM의 전반적인 적용으로 모든 건설 단계에서 정확한 정보 활용이 가능하다.

② 데이터의 일관성 및 정확성 : BIM에서 데이터와 설계가 완전히 통합되므로, 정보의 일관성이 유지되며 정확도가 향상된다.

③ 작업 효율성 : 디지털 모델을 활용함으로써 문제를 신속하게 발견하고 수정할 수 있다.

④ 설계 및 시공 오류 감소 : 가상 환경에서의 건물 모델링을 통해 시공 오류를 사전에 파악하고 대응할 수 있다.

⑤ 협업 강화 : 다양한 전문가 간의 협업이 더욱 용이하게 이루어진다.

⑥ 통합 정보 활용 : 통합된 모델 안의 다양한 정보를 전문가들이 함께 활용하며 정보를 실시간으로 공유하고 사용할 수 있다.

(2) 전면 BIM 수행 방식의 단점

① 초기 투자 비용 : BIM 관련 소프트웨어와 하드웨어, 교육 및 도입 초기의 투자 비용이 발생한다.

② 교육 및 적응 시간 : BIM 도구와 프로세스의 습득 및 효과적인 활용을 위해서는 충분한 교육 및 적응 시간이 필요하다.

③ 데이터 관리와 협업 시스템 구축 : 모든 참여자가 효과적으로 데이터를 공유하고 협업하기 위한 시스템 구축이 필요하다.

④ BIM 표준화 및 지침의 필요성 : BIM 사용에 있어서 조직 내외적으로 일관된 표준 및 지침이 필요하다.

전면 BIM을 통해 건설 프로젝트의 효율성은 크게 향상될 수 있지만, 올바른 도입과 관리가 중요하다. 이 점은 발주처는 물론, 설계사와 시공사 모두에게도 중요하다. 전면 BIM의 장단점을 검토한 결과를 바탕으로, 효과적인 대응 전략을 [표 2-3]에 나열하였다. 이는 데이터의 통합 관리를 위해서는 발주자와 수급인 각각 적절히 대응해야 할 것이다.

표 2-3 전면 BIM 도입에 따른 대응 전략

1. 투자 및 교육	• BIM 도구, 소프트웨어, 하드웨어에 대한 투자는 필수적이다. • 직원들의 BIM 활용 능력을 향상시키기 위해 꾸준한 교육과 훈련이 필요하다.
2. 시간 및 비용	• 기존 데이터를 BIM 환경에 맞게 전환하는 데는 추가 시간과 비용이 필요하다. • 초기 투자 비용에 대한 중장기적인 효과를 신중히 고려하여 적용한다.
3. 점진적 도입	• BIM에 익숙하지 않은 팀이나 부서는, 조직의 저항을 최소화하기 위해 기존 방식을 유지하며 BIM을 점진적으로 도입해야 한다.
4. 표준화 및 지침 설정	• BIM 사용에 대한 내부 가이드라인과 프로세스를 정의하고 표준화해야 한다. • 외부 표준과의 호환성을 확보하는 것이 중요하다.
5. 업무 프로세스 통합	• 모든 업무를 BIM 환경에서 통합적으로 관리한다. • 완료된 프로젝트나 설계 데이터도 BIM 환경으로 통합하여 활용한다.
6. 데이터 통합 및 관리 시스템 도입	• 데이터의 효과적인 관리와 보관을 위해 적절한 시스템을 도입하며, 이를 지속적으로 업데이트해야 한다.
7. 팀 간 커뮤니케이션 및 협업 강화	• BIM을 활용하여 실시간 협업 환경을 구축한다. • BIM 데이터의 변경 사항은 모든 관련 팀과 공유한다.
8. BIM 품질 관리	• BIM 데이터의 품질을 주기적으로 검토하고, 오류나 누락 정보는 수정하여 관리한다.
9. 설계 소프트웨어의 호환성	• BIM 도구 간의 호환성을 확보하여 데이터 관리 프로세스를 원활하게 진행한다.

BIM은 현시대 건설 산업의 핵심 기술로, 이를 통해 혁신이 지속적으로 이루어지고 있다. 본 교재에서는 전면 BIM의 도입과 관련된 장단점 및 도입 전략에 대해 자세히 다루었다. 이러한 지식은 BIM의 도입 및 활용 과정에서 중요한 역할을 하며, 이를 바탕으로 조직은 프로젝트의 효율을 극대화하고 팀 간 협업을 강화할 수 있다.

전면 BIM 도입은 발주자와 수급인 간의 효율적인 협업이 필수적이다. 이는 다양한 건설 전문가들과의 긴밀한 협업을 통해 BIM의 잠재력을 최대로 발휘할 수 있다. 이 기술은 미래의 건설 산업에서 중요성을 계속해서 갖게 될 것이다. 따라서 발주자와 수급인 모두 전면 BIM에 대한 철저한 이해와 그에 따른 준비가 필요하다.

01 사업 초기에 시공사의 참여를 유도하여 보다 효율적인 공법 및 경험을 활용하여 사업 계획 단계에서 설정되는 예정 공사비를 낮춰서 금융 비용을 절감하는 효과를 볼 수 있는 사업 방식은 무엇인가?

① ECI(Early Contractor Involvement)
② IPD(Integrated Project Delivery)
③ GMP(Guaranteed Maximum Price)
④ Lean Construction

ECI는 건설사와 설계자가 프로젝트 초기 단계부터 협력하는 구조로 설계와 건설 과정을 최적화한다. 건설사의 조기 참여는 시공 단계의 문제점을 미리 예측하고 대응하는 데 큰 도움을 준다. 따라서, ECI는 사업 초기에 시공사의 참여를 적극 유도하여, 보다 효율적인 공법과 경험을 활용해 사업 계획 단계에서 예정 공사비를 절감하며, 이로 인해 금융 비용까지 절감할 수 있다. 이런 방식은 프로젝트의 성공 가능성을 크게 높여준다.

02 BIM 사업 기획 초기부터 관련된 참여자들이 모두 포함되어 협업을 통해 계획을 수립하고 정보를 공유하는 사업 수행체계는 무엇인가?

① PDM(Product Data Management)
② IPD(Integrated Project Delivery)
③ OBS(Organization Breakdown Structure)
④ IDM(Information Delivery Manual)

BIM을 수행할 때 사업 기획 초기부터 IPD 방식의 개념을 도입하면, 모든 참여자들이 협업을 통해 계획을 수립하고 정보를 공유함으로써 프로젝트를 통합 관리할 수 있다.

03 전통적인 프로젝트 발주 방식으로 발주자가 설계 회사를 고용하여 프로젝트를 설계한 후, 완성된 설계를 바탕으로 건설업체에 입찰을 요청하는 방식은 무엇인가?

① DBB(Design – Bid – Build, 설계시공 분리 발주)
② CMAR(Construction Management at Risk, 시공책임형 건설사업관리 발주)
③ DB(Design—Build, 설계시공 일괄발주)
④ IPD(Integrated Project Delivery, 통합 프로젝트 발주)

DBB는 발주자가 설계 회사를 고용하여 프로젝트를 설계한 후, 완성된 설계를 바탕으로 건설업체에 입찰을 요청하는 전통적인 프로젝트 발주 방식이다.

04 발주자, 설계자, 건설업체 등 전체 팀이 통합된 방식으로 프로젝트를 전달하기 위한 새로운 계약 형식은 무엇인가?

① DBB(Design – Bid – Build, 설계시공 분리 발주)
② CMAR(Construction Management at Risk, 시공책임형 건설사업관리 발주)
③ DB(Design—Build, 설계시공 일괄발주)
④ IPD(Integrated Project Delivery, 통합 프로젝트 발주)

IPD 방식은 협력, 위험 및 보상의 공유, 그리고 공동 의사 결정을 중심으로 한다.

05 IPD(Integrated Project Delivery)의 대한 설명은 무엇인가?

① 기획, 설계, 발주, 시공, 유지관리 등 건설 생산 활동 전 과정에 걸쳐 발주자, 시공업체, 건설관련 기관이 전산망을 통해 건설 정보를 전자적으로 교환, 공유 및 활용 하여 건설 사업을 지원하는 건설통합정보시스템

② BIM 사업 기획 초기부터 관련된 참여자들이 모두 포함되어 협업을 통해 계획을 수립하고 정보를 공유하는 사업 수행체계

③ 다양한 소프트웨어들이 서로 모델정보를 공유 또는 교환을 통하여 개방형 BIM을 구현하는데 사용되는 공인된 국제표준(ISO 16739) 규격

④ BIM 데이터를 속성정보인 위치정보, 형상정보, 물량정보, 재료정보, 시공정보 등으로 체계적인 분류를 하기 위한 기준

IPD는 사업 기획 초기부터 시작하여 발주자, 건축가, 시공자, 컨설턴트 등 모든 관련 참여자들이 협업하여 계획을 세우고 정보를 공유하는 프로젝트 수행 방식이다.

06 미국 건축사협회(AIA)가 제안하는 IPD(Integrated Project Delivery) 수행하는 원칙으로 잘못된 것은?

① 상호 이익 및 보상
   (Mutual Benefit and Reward)
② 상호 존중 및 신뢰
   (Mutual Respect and Trust)
③ 지속적인 시장 조사
   (Continuous Market Research)
④ 개방적인 커뮤니케이션
   (Open Communication)

지속적인 시장 조사(Continuous Market Research)는 AIA가 제시한 IPD의 9가지 주요 원칙에 포함되지 않는다.

07 미국 건축사협회(AIA)가 제안하는 IPD(Integrated Project Delivery) 수행의 9가지 원칙이 아닌 것은?

① 상호 존중 및 신뢰 (Mutual Respect and Trust)
② 상호 이익 및 보상 (Mutual Benefit and Reward)
③ 협업적 혁신 및 의사 결정 (Collaborative Innovation and Decision Making)
④ 상업성(Business Aspects)

상업성(Business Aspects)은 AIA가 제시한 IPD의 9가지 주요 원칙에 포함되지 않는다.

08 미국 건축사협회(AIA)가 제안하는 IPD(Integrated Project Delivery) 수행의 9가지 원칙이 아닌 것은?

① 핵심 참가자의 초기 참여
   (Early Involvement of Key Participants)
② 기술의 개별 관리
   (Individual management of technology)
③ 적절한 기술(Appropriate Technology)
④ 조직 및 리더십
   (Organization and Leadership)

기술의 개별 관리(Individual management of technology)는 AIA가 제시한 IPD의 9가지 주요 원칙에 포함되지 않는다.

09 IPD(Integrated Project Delivery)의 특성으로 옳지 않은 것은?

① 프로젝트 핵심 이해당사자의 조기 참여
② 협업기반 의사결정 및 통제 방식
③ 프로젝트 목표 공동 개발과 검증을 유도
④ BIM 기술 수행 체계 필수적 포함

IPD는 BIM의 활용은 필수적으로 포함이 아닌, BIM 기술은 주요한 고려사항이라 할 수 있다.

10 전통적인 프로젝트 발주 방식인 DBB(Design - Bid - Build, 설계시공 분리발주)의 설명으로 올바른 것은?

① 발주자가 설계 회사를 고용하여 프로젝트를 설계한 후, 완성된 설계를 바탕으로 건설업체에 입찰을 요청하는 전통적인 프로젝트 발주 방식이다.
② 프로젝트의 설계와 건설을 단일 업체가 총괄하는 방식이다.
③ 발주자, 설계자, 건설업체 등 전체 팀이 통합된 방식으로 프로젝트를 성공적으로 전달하기 위한 새로운 계약 형식이다.
④ 발주자가 설계사와 함께 시설물 설계를 진행하는 동안 동시에 건설업체를 고용하여, 이 건설업체가 설계 과정에서도 건설 활동을 지원하고 전체 건설 프로젝트를 관리하는 발주 방식이다.

> DBB 발주 방식은 발주자가 먼저 설계 회사를 고용해 프로젝트를 설계하고, 이후 완성된 설계를 바탕으로 건설업체에 입찰을 요청하는 전통적인 프로젝트 발주 방식이다.

11 계약 관리, 건설 활동 계획 및 조정, 지불 요청 승인, 프로젝트의 안전 및 품질 감독 등 건설 프로젝트의 전 과정에서 발주자를 지원하는 발주 방식은 무엇인가?

① DBB(Design - Bid - Build, 설계시공 분리발주)
② IPD(Integrated Project Delivery, 통합 프로젝트 발주)
③ DB(Design–Build, 설계시공 일괄발주)
④ CM(Construction Management, 건설사업관리 발주)

> CM은 건설 프로젝트의 전 과정에서 발주자를 지원하며, 전문적인 지식과 경험을 제공하여 프로젝트를 효과적으로 진행하도록 돕는 역할을 한다.

12 CM(Construction Management, 건설사업관리 발주)에 설명으로 틀린 것은?

① CM 에이전트와 주 건설업체 사이에는 직접적인 계약이 없기 때문에, 서로간의 책임은 제한되어 있다.
② 계약 관리, 건설 활동 계획 및 조정, 지불 요청 승인, 프로젝트의 안전 및 품질 감독 등 건설 프로젝트의 전 과정에서 발주자를 지원하는 발주 방식이다.
③ 프로젝트의 설계와 건설을 단일 업체가 총괄하는 방식이다.
④ 건설 프로젝트의 전 과정에서 발주자를 지원하며, 전문적인 지식과 경험을 제공하여 프로젝트를 효과적으로 진행하도록 돕는 역할을 한다.

> 프로젝트의 설계와 건설을 단일 업체가 총괄하는 방식은 DB(Design–Build) 방식이다.

13 발주자가 설계사와 함께 시설물 설계를 진행하는 동안 동시에 건설업체를 고용하여, 이 건설업체가 설계 과정에서도 건설 활동을 지원하고 전체 건설 프로젝트를 관리하는 발주 방식은 무엇인가?

① IPD(Integrated Project Delivery, 통합 프로젝트 발주)
② CMAR(Construction Management at Risk, 시공책임형 건설사업관리 발주)
③ DB(Design–Build, 설계시공 일괄발주)
④ CM(Construction Management, 건설사업관리 발주)

> CMAR에서 건설업체는 설계의 시공 가능성을 검토하며, 입찰을 위한 자료 준비, 건설업체의 사전 자격 확인, 그리고 프로젝트 비용의 추정 등의 중요한 업무를 수행한다.

14 CMAR(Construction Management at Risk, 시공책임형 건설사업관리 발주) 설명으로 올바른 것은?

① 프로젝트의 설계와 건설을 단일 업체가 총괄하는 방식이다.
② 발주자가 설계 회사를 고용하여 프로젝트를 설계한 후, 완성된 설계를 바탕으로 건설업체에 입찰을 요청한다.
③ CMAR에서 건설업체는 설계의 시공 가능성을 검토하며, 입찰을 위한 자료 준비, 건설업체의 사전 자격 확인, 그리고 프로젝트 비용의 추정 등의 중요한 업무를 수행한다.
④ 설계 완료 후 건설이 시작되며, 명확한 계약 관계와 책임이 확립되는 발주방식이다.

CMAR에서 건설업체는 설계의 시공 가능성 검토, 입찰 자료 준비, 사전 자격 확인, 프로젝트 비용 추정 등 중요 업무를 담당한다.

15 CMAR(Construction Management at Risk, 시공책임형 건설사업관리 발주) 설명으로 올바른 것은?

① 발주자가 설계사와 함께 시설물 설계를 진행하는 동안 동시에 건설업체를 고용하여, 이 건설업체가 설계 과정에서도 건설 활동을 지원하고 전체 건설 프로젝트를 관리하는 발주 방식이다.
② 설계 완료 후 건설이 시작되며, 명확한 계약 관계와 책임이 확립되는 발주방식이다.
③ 발주자, 설계자, 건설업체 등 전체 팀이 통합된 방식으로 프로젝트를 성공적으로 전달하기 위한 새로운 계약 형식이다.
④ 발주자가 설계 회사를 고용하여 프로젝트를 설계한 후, 완성된 설계를 바탕으로 건설업체에 입찰을 요청한다.

CMAR 발주 방식은 발주자가 시설물 설계를 설계사와 진행하는 동시에 건설업체를 고용해, 해당 건설업체가 설계 과정에도 참여하여 건설 활동을 지원하고 전체 건설 프로젝트를 관리하는 방식이다.

16 DB(Design-Build, 설계시공 일괄발주) 설명으로 올바른 것은?

① 발주자가 설계 회사를 고용하여 프로젝트를 설계한 후, 완성된 설계를 바탕으로 건설업체에 입찰을 요청하는 전통적인 프로젝트 발주 방식이다.
② 발주자, 설계자, 건설업체 등 전체 팀이 통합된 방식으로 프로젝트를 성공적으로 전달하기 위한 새로운 계약 형식이다.
③ 발주자가 설계사와 함께 시설물 설계를 진행하는 동안 동시에 건설업체를 고용하여, 이 건설업체가 설계 과정에서도 건설 활동을 지원하고 전체 건설 프로젝트를 관리하는 발주 방식이다.
④ 건설 프로젝트의 설계와 건설을 단일 업체가 총괄하는 방식이다.

DB는 건설 프로젝트의 설계와 건설을 단일 업체가 총괄하는 방식. 발주자는 프로젝트의 기본 요구 사항을 설정한 후 해당 업무를 수행할 업체를 선정하며, 해당 업체는 설계부터 건설까지의 전 과정을 책임진다.

17 전면 BIM 수행 방식의 장점으로 볼 수 없는 것은?

① 다양한 전문가 간의 협업이 용이하다.
② BIM 도구와 프로세스의 습득을 위한 교육 및 적응 시간이 필요하지 않아 바로 적용할 수 있다.
③ 디지털 모델을 활용함으로써 문제를 신속하게 발견하고 수정할 수 있다.
④ 설계 데이터 정보의 일관성이 유지된다.

BIM 도구와 프로세스의 습득 및 효과적인 활용을 위해서는 충분한 교육 및 적응 시간이 필요하다.

정답 14 ③   15 ①   16 ④   17 ②

18 아래 MacLeamy Curve는 어떤 내용을 그래픽으로 표현한 것인가?

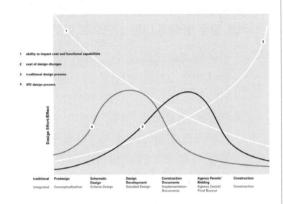

① 건설 장비의 효율성
② 건설 프로젝트의 생애 주기 동안의 설계 결정의 타이밍과 비용 및 영향 간의 관계
③ 건설 프로젝트의 총 예산 분포
④ 건설 기술의 발전과 성능

MacLeamy Curve는 건축 및 건설 프로젝트의 생애 주기 동안 설계 결정의 타이밍과 해당 결정에 따른 비용 및 영향 간의 관계를 그래픽으로 나타낸 것이다.

19 전면 BIM 수행 방식의 장점이 아닌 것은?

① BIM의 전반적인 적용으로 모든 건설 단계에서 정확한 정보 활용이 가능하다.
② BIM에서 데이터와 설계가 완전히 통합되므로, 정보의 일관성이 유지되며 정확도가 향상된다.
③ 디지털 모델을 활용함으로써 문제를 신속하게 발견하고 수정할 수 있다.
④ BIM 관련 소프트웨어와 하드웨어, 교육 및 도입 초기에 필요한 투자 비용이 적다.

BIM 관련 소프트웨어와 하드웨어, 교육 및 도입 초기의 투자 비용이 발생한다.

20 BIM 발주자와 수급인의 역할 및 책임에서 시공사의 역할 중 틀린 내용은?

① 시공사는 발주자의 요구사항에 근거하여 시공단계 BIM 데이터를 작성하고, 공사계획 및 시공운영에 활용하는 역할을 담당한다.
② 시공사는 주요사항 발생 시 발주자와 협의하여 'BIM 수행계획서'를 변경할 수 있고, 변경된 BIM 수행계획서에 따라 시공 BIM 데이터를 변경할 수 있다.
③ 시공자는 현장 시공 이후 검측 데이터를 기록은 해야 하지만, 시공 BIM 모델까지는 반영할 필요는 없다.
④ 시공자는 'BIM 과업내용서'와 'BIM 수행계획서'에 근거하여 시공단계 BIM 데이터를 작성하고 활용하는 역할을 담당한다.

시공자는 현장 시공 이후 검측 데이터를 기록하여야 하며, 시공 BIM 모델에 반영 하여야 한다.

21 BIM 설계 방식 중 [BIIM 데이터가 없는 2차원 방식으로 설계 또는 시공이 완료된 기존 시설물에 대하여 BIM 데이터를 확보하려는 경우에 수행하는 방식]은 다음 보기 중 어느 것에 대한 설명인가?

① BIM 전면수행 방식
② BIM 병행수행 방식
③ BIM 전환수행 방식
④ BIM 수행방식이 아니다.

BIM 데이터가 없는 2차원 방식으로 설계 또는 시공이 완료된 기존 시설물에 대하여 BIM 데이터를 확보하려는 경우 전환수행 방식을 사용할 수 있다.

22 사업 기획 초기부터 시작하여 발주자, 건축가, 시공자, 컨설턴트 등 모든 관련 참여자들이 협업하여 계획을 세우고 정보를 공유하는 프로젝트 수행 방식은 무엇인가?

① IPD(Integrated Project Delivery, 통합 프로젝트 발주)
② DB(Design-Build, 설계시공 일괄발주)
③ DBB(Design - Bid - Build, 설계시공 분리발주)
④ CMAR(Construction Management at Risk, 시공책임형 건설사업관리 발주)

IPD 방식에 대한 설명이다.

23 AIA(American Institute of Architects)에서 제시한 전통적 프로젝트 발주 방식과 IPD(Integrated Project Delivery)와 같은 통합 프로젝트 발주 방식에 대한 설명으로 잘못된 것은?

① 통합 프로젝트 발주 방식의 팀 구성은 초기부터 통합된 주요 이해관계자로 구성된 팀, 개방적이고 협력적이다.
② 통합 프로젝트 발주 방식은 통합된 계약서로 프로젝트 전체의 성공을 위한 협력 중심이다.
③ 전통적 프로젝트 발주 방식은 정보가 공개적으로 공유되어 관리된다. 따라서 이해당사자 간의 신뢰와 존중이 필수이다.
④ 전통적 프로젝트 발주 방식의 통신/기술은 종이기반, 2차원, 아날로그 기술 등이 활용된다.

통합 프로젝트 발주 방식은 정보가 공개적으로 공유되어 관리된다. 따라서 이해당사자 간의 신뢰와 존중이 필수이다.

24 AIA(American Institute of Architects)에서 제시한 전통적 프로젝트 발주 방식과 IPD(Integrated Project Delivery)와 같은 통합 프로젝트 발주 방식에 대한 설명으로 잘못된 것은?

① 전통적 프로젝트 발주 방식은 통신/기술은 종이기반, 2차원, 아날로그 기술 등이 활용된다.
② 전통적 프로젝트 발주 방식의 위험관리는 집단적으로 관리되며 적절하게 공유된다.
③ 통합 프로젝트 발주 방식은 통합된 계약서로 프로젝트 전체의 성공을 위한 협력 중심이다.
④ 통합 프로젝트 발주 방식의 팀 구성은 초기부터 통합된 주요 이해관계자로 구성된 팀, 개방적이고 협력적이다.

통합 프로젝트 발주 방식의 위험관리는 집단적으로 관리되며 적절하게 공유된다.

25 AIA(American Institute of Architects)에서 제시한 전통적 프로젝트 발주 방식과 IPD(Integrated Project Delivery)와 같은 통합 프로젝트 발주 방식에 대한 설명으로 올바른 것은?

① 전통적 프로젝트 발주 방식은 정보가 공개적으로 공유되어 관리된다. 따라서 이해당사자 간의 신뢰와 존중이 필수이다.
② 전통적 프로젝트 발주 방식의 위험관리는 집단적으로 관리되며 적절하게 공유된다.
③ 통합 프로젝트 발주 방식은 통신/기술은 종이기반, 2차원, 아날로그 기술 등이 활용된다.
④ 통합 프로젝트 발주 방식의 팀 구성은 초기부터 통합된 주요 이해관계자로 구성된 팀, 개방적이고 협력적이다.

통합 프로젝트 발주 방식에서는 초기부터 통합된 주요 이해관계자들로 구성된 팀이 개방적이고 협력적인 방식으로 작업한다.

26 아래 MacLeamy Curve의 주요 내용 중, 프로젝트 초기에 이루어지는 결정의 특성은 어떻게 설명되는가?

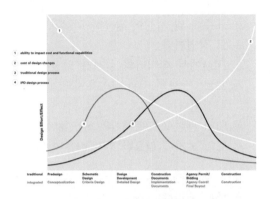

1 ability to impact cost and functional capabilities
2 cost of design changes
3 traditional design process
4 IPD design process

① 프로젝트 초기 결정은 상대적으로 변경 비용이 크지만, 프로젝트의 영향력은 작다.
② 프로젝트 초기 결정은 변경 비용이 적어, 프로젝트의 영향력도 작다.
③ 프로젝트 초기 결정과 프로젝트의 영향력과는 관련이 없다.
④ 프로젝트 초기 결정은 상대적으로 변경 비용이 적지만, 프로젝트의 영향력은 크다.

MacLeamy Curve에서는 프로젝트 초기에 이루어지는 결정은 상대적으로 변경 비용이 적지만, 프로젝트의 영향력은 크다고 설명하고 있다.

27 전통적인 프로젝트 발주 방식으로 설계 완료 후 건설이 시작되며, 명확한 계약 관계와 책임이 확립되는 발주방식은 무엇인가?

① ECI(Early Contractor Involvement)
② CM(Construction Management)
③ DBB(Design – Bid – Build)
④ IPD(Integrated Project Delivery)

DBB는 발주자가 설계 회사를 고용하여 프로젝트를 설계한 후, 완성된 설계를 바탕으로 건설업체에 입찰을 요청하는 전통적인 프로젝트 발주 방식이다.

28 건설 프로젝트의 설계와 건설을 단일 업체가 총괄하는 방식으로, 발주자는 프로젝트의 기본 요구 사항을 설정한 후 해당 업무를 수행할 업체를 선정하며, 이 업체는 설계부터 건설까지의 전 과정을 책임진다는 특징이 있는 프로젝트 발주 방식은 무엇인가?

① DBB(Design – Bid – Build, 설계시공 분리발주)
② CMAR(Construction Management at Risk, 시공책임형 건설사업관리 발주)
③ DB(Design–Build, 설계시공 일괄발주)
④ IPD(Integrated Project Delivery, 통합 프로젝트 발주)

DB는 건설 프로젝트의 설계와 건설을 단일 업체가 총괄하는 방식. 발주자는 프로젝트의 기본 요구 사항을 설정한 후 해당 업무를 수행할 업체를 선정하며, 해당 업체는 설계부터 건설까지의 전 과정을 책임진다.

29 BIM 발주자와 수급인의 역할 및 책임에서 틀린 내용은?

① 발주자는 프로젝트의 전체적인 사업 추진을 위하여 BIM 발주 및 수행에 관련된 계획, 시행, 관리 및 조정의 역할을 담당한다.
② 설계사는 시공자의 요구사항에 근거하여 BIM 데이터를 작성, 활용 및 납품하는 역할을 담당한다.
③ 시공자는 'BIM 과업내용서'와 'BIM 수행계획서'에 근거하여 시공단계 BIM 데이터를 작성하고 활용하는 역할을 담당한다.
④ 시공사는 발주자의 요구사항에 근거하여 시공단계 BIM 데이터를 작성하고, 공사계획 및 시공운영에 활용하는 역할을 담당한다.

설계사는 발주자의 요구사항에 근거하여 BIM 데이터를 작성, 활용 및 납품하는 역할을 담당한다.

30 BIM 발주자와 수급인의 역할 및 책임에서 건설사업관리자의 역할 중 틀린 내용은?

① 건설사업관리자는 발주자로부터 BIM 수행 업무에 대한 권한의 일부를 위임받으며, 위임된 사항에 대한 BIM 사업관리 업무를 수행한다.
② 건설사업관리자는 발주자에게 BIM 관리와 관련된 'BIM 수행계획서'를 제출하여 승인을 받아야 한다.
③ 건설사업관리자는 사업기간 동안 계약된 범위 내에서 'BIM 수행계획서'와 시공 'BIM 수행계획서'를 근거하여 BIM 사업의 계획, 관리, 조정, 검토 및 승인하는 등 BIM 관리자의 역할을 수행한다.
④ 건설사업관리자는 준공 BIM 데이터 품질을 직접 검수하면 안되므로, 발주자가 BIM 데이터의 품질을 직접 검수하도록 해야 한다.

> 건설사업관리자는 준공 BIM 데이터의 품질을 검수하고 발주자에게 '품질관리 검토 보고서'를 제출하고 승인 받아야 한다.

31 BIM 설계 방식 중 "시설물의 모델을 BIM 저작도구로 작성하고, 이를 토대로 업무를 수행하는 방식"은 다음 보기 중 어느 것에 대한 설명인가?

① BIM 전면수행 방식
② BIM 병행수행 방식
③ BIM 전환수행 방식
④ BIM 수행방식이 아니다.

> BIM 전면수행 방식은 원칙적으로 시설물의 모델을 BIM 저작도구로 작성하고, 이를 토대로 업무를 수행하는 방식을 적용한다.

32 전면 BIM 수행 방식의 장점인 것은?

① BIM 데이터를 공유하고 협업을 위한 시스템이 필요 없다.
② 표준화 및 지침이 필요하지 않고 개별적으로 작업한다.
③ BIM에서 데이터와 설계가 완전히 통합되므로, 정보의 일관성이 유지되며 정확도가 향상된다.
④ BIM 관련 소프트웨어와 하드웨어, 교육 및 도입 초기에 필요한 투자 비용이 적다.

> 효과적으로 BIM 데이터를 공유하고 협업하기 위한 시스템이 필요하다. BIM 프로젝트는 효과적인 운영을 위해 조직 내외적인 표준화 및 지침을 필요하다. BIM 도입 초기에는 관련 소프트웨어와 하드웨어 구매 및 교육을 위한 비용이 발생한다.

33 IPD(Integrated Project Delivery)의 특성으로 옳은 것은?

① 2차원에 아날로그 방식이다.
② 프로젝트 핵심 이해당사자의 조기 참여에 중점을 둔다.
③ 위험관리를 개별적으로 진행해야 한다.
④ 정보와 지식을 폐쇄적으로 관리해야 한다.

> IPD는 건설업체의 조기 참여에 중점을 두는 것뿐만 아니라, 프로젝트 전반에 걸쳐 모든 이해당사자들과의 깊은 협력에 초점을 맞춘다.

3

BIM
요구사항
정의서 이해

01 발주자 요구사항

1 BIM 요구사항 정의

국내 BIM 설계에서 발주자 요구사항은 "BIM 과업지시서", "BIM 과업내용서" 등으로 제시되고 있다. BS 1192에서는 "Employer's Information Requirements"로 정의하기도 하였다. 이는 프로젝트의 요구사항을 수급인에게 명확하게 전달하기 위해서 사용된다.

이번 장에서는 발주자가 요구하는 BIM 요구사항 정의를 알아보고, 발주자의 요구에 맞는 적합한 BIM 수행계획서(BEP) 및 BIM 데이터를 작성하는 요구사항 정의서를 알아보고자 한다.

국내에서는 국토교통부를 중심으로 한국도로공사, 국가철도공단, 한국토지주택공사, 한국공항공사 등이 적극적으로 BIM을 도입하고 있는 것으로 나타났다. 국토교통부는 "건설산업 BIM 기본지침"과 "시행지침"을 발간하였으며, 각 발주처들은 적용지침을 개발하고 있다.

먼저 한국도로공사는 "고속도로 스마트 설계지침"을 2020년에 발간하여 "고속도로의 BIM 전면설계 성과품 납품에 필요한 기본 요구사항을 정하여, 체계적이고 일관된 형태의 BIM 데이터를 확보할 수 있도록 BIM 전면설계 수행 과정에 대한 일관된 절차를 규정하고, BIM 데이터와 스마트건설기술을 연계하여 최적의 설계 성과품을 도출하기 위한 목적"으로 작성되었다. 본 지침은 고속도로 건설사업의 BIM 전면설계(기본설계, 실시설계, 기본 및 실시설계) 과업에 적용하고 있다. 2023년에는 고속도로 BIM 적용지침을 제정하였으며, 이를 통하여 설계 및 시공단계에서 BIM 기반 업무 수행시 필요한 공통기준을 제시하고 있다.

국가철도공단은 2021년 "국가철도공단 BIM 설계 및 시공관리절차서"를 발간하여, "BIM을 설계 및 시공단계에 적용하여 의사결정의 객관성, 효율성, 정확성을 극대화하여 설계오류 방지, 시공단계 설계변경 최소화, 준공시설물의 효율적 관리 등을 위해 설계 및 시공단계 BIM 업무관련 제반사항에 대하여 규정"하고 있다. 본 지침은 기본 및 실시설계, BIM을 적용 발주한 시공단계 사업에 적용토록 규정하였다. 2023년 철도 인프라 BIM 적용지침을 제정하여 단계별 정보손실을 최소화 하고, 건설, 운영, 유지관리 단계에서의 정보 활용을 극대화 하려는 노력을 하고 있다.

한국토지주택공사는 2018년 "LH Civil—BIM 업무지침서"를 발간하였으며, 2022년 "LH 건설산업 BIM 적용지침"으로 개정하여, "한국토지주택공사가 시행하는 단지개발사업 BIM 업무 수행 시, 필요한 최소 공통 세부기준 및 참조문서[부속서]를 마련하여 전면수행 방식의 BIM 설계 적용의 실무적 합리화와 효율화를 도모"하는 데 그 목적을 두고 있다.

이렇듯 발주자들은 건설산업 BIM 기본지침 및 시행지침에 근거하여 발주자별 지침을 발간하고 있다.

"건설산업 BIM 기본지침" 및 "건설산업 BIM 시행지침"의 발주자 BIM 요구사항은 다음과 같이 정의하고 있다.

---

1. 건설산업 BIM 기본지침

- 발주자(건설사업관리자)는 BIM적용을 위해 요구되는 활용방안, 활용전략 및 BIM 데이터 구축 등에 대한 발주자 BIM 요구사항을 정의한다.
- 이에 따라 발주자(건설사업관리자)는 수급인이 BIM 수행계획을 수립할 수 있도록 BIM 적용지침을 참조하여 BIM 수행계획 항목에 대한 요구사항을 정의한다.

2. 건설산업 BIM 시행지침 (발주자편)

- 발주자는 BIM 활용목적, 적용대상 및 활용분야에 따라 BIM 업무목적, 적용분야 및 범위, BIM과업 수행절차, BIM성과품 작성, 품질검토 및 납품과 BIM 데이터 구축 등에 대한 BIM 요구사항을 정의한다.
- 발주자 BIM 요구사항에 따라 수급인이 BIM 사업수행계획을 수립할 수 있도록 시행지침을 참조하여 BIM 수행계획 항목에 대한 세부 요구사항을 정의한 자체 "분야별 BIM 적용지침 및 실무 요령" 등을 마련한다.

BIM 데이터를 건설단계에 적용하기 위해서는 발주자, 설계사, 시공사, 건설사업관리자의 협력을 통하여 이루어져야 한다. 이때 발생하는 상호 역할 및 책임에 대하여 알아본다.

먼저 발주자는 프로젝트를 주도하며 예산과 일정을 관리한다. BIM을 활용하여 프로젝트의 목표와 요구사항을 정의하고, BIM 실행 계획을 수립하며, BIM 데이터의 품질을 검토하고 결과물을 확인해야 한다.

이와같이 발주자는 BIM 발주 및 수행에 관련된 계획, 시행, 관리 및 조정의 역할을 담당하며, BIM 수행 업무의 일부를 건설 사업 관리를 통해 추진할 수 있다. 발주자는 BIM 발주 계약 이후 모든 BIM 데이터에 대한 보고 및 승인의 주체가 되어야하고, 사업 수행 기간 동안 발생하는 의사결정 사항에 대해 BIM 데이터를 활용하여 협의 또는 조정을 진행해야 한다. 발주자는 제출된 BIM 성과품 검토 결과를 수급인에게 통보하고, 최종 납품된 BIM 성과품은 발주처별 시스템에 보관 및 관리할 수 있도록 해야 한다.

설계사는 BIM 데이터를 최초로 작성하는 주체로 '건설산업 BIM 기본지침' 및 '시행지침', 발주처별 'BIM 과업지시서' 등에 근거하여 설계단계의 세부적인 BIM 적용 계획을 수립해야 한다. 수립된 BIM 적용 계획은 'BIM 수행계획서'를 통하여 발주자에게 제출하고 승인을 받아야 한다. 또한 설계사는 관련 규정과 발주자의 요구사항을 반영한 BIM 데이터를 작성하고, 활용(BIM 데이터, 수량 및 도면, 선택성과품 등)하여 성과품을 납품해야 한다.

설계사는 납품 전 일련의 품질검토 과정을 거쳐 BIM 성과품을 납품해야 하며, BIM 데이터의 품질 향상으로 시공단계에 활용 가능토록 구축해야 한다.

시공사는 발주자의 요구사항 및 'BIM 수행계획서'에 근거한 시공단계 BIM 데이터를 작성하여 BIM 데이터를 공사계획, 시공운영에 활용하는 역할을 수행해야 한다.

시공단계의 세부적인 BIM 적용 계획을 'BIM 수행계획서'에 작성하여, 발주자에게 제출 후 승인을 받아야 하며, 주요 이슈 사항 발생 시 발주자와 협의하여 BIM 수행계획서 변경에 대한 승인 후, BIM 데이터에 대한 변경이 가능하다.

시공사는 발주자 또는 건설사업관리자에게 사전 검토 및 승인 후, 납품해야 하며, BIM 데이터의 품질검토를 통해 유지관리 단계에서 활용될 수 있도록 발주자의 자산관리 정보요구사항(Asset Information Requirements)을 반영한 BIM 데이터를 구축해야 한다.

건설사업관리자는 발주자로부터 BIM 수행업무에 대한 권한의 일부를 위임받으며, 위임된 사항에 대한 BIM 사업관리 업무를 수행하게 된다.

건설사업관리자는 사업기간 동안 계약된 범위 내에서 'BIM 수행계획서'에 근거하여 BIM 사업의 계획, 관리, 조정, 검토 및 승인하는 등 BIM 관리자의 역할을 수행하며, 특이사항이 있을 경우, 발주자에게 보고하고 승인을 받아야 한다.

3 BIM 데이터 및 납품포맷 변환 책임

BIM 데이터와 관련한 책임은 설계 및 시공 단계에서 분명해야 한다.
먼저, BIM 데이터는 설계도서나 준공도서와 일치하게 작성되어야 한다. 그리고 BIM 데이터에서 추출한 정보와 설계 및 준공도서 사이의 일치성을 확인하는 역할은 수급인, 즉 설계사나 시공사에게 있다.
만약 이들이 일치하지 않는다면, 수급인이 적절히 수정하여 납품해야 한다.

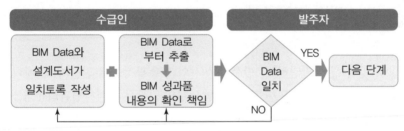

그림 3-1 BIM 데이터 책임 흐름도

발주자의 개방형 표준 요구사항에 따른 납품포맷 변환 역시 수급인의 책임이며, 이 과정에서 소프트웨어의 기능적 한계로 인한 문제가 발생할 경우, 이는 'BIM 수행계획서' 또는 'BIM 결과보고서'에 명기할 수 있도록 해야 한다.
또한, BIM 소프트웨어의 업데이트로 인한 데이터 버전 갱신에 관해서는 발주자와 수급인이 상황을 판단하여 결정해야 한다. 이러한 과정은 다음 단계에서 BIM을 활용할 때 효율성과 성공을 위해 필수적인 절차이다.

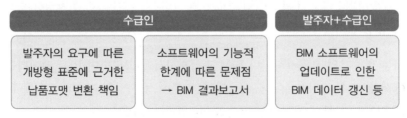

그림 3-2 성과품 납품포맷 변환 책임

4   BIM 데이터의 권한 및 보안

BIM 원본 데이터의 소유권 및 권한은 관련 법령 및 규정에 따라 계약문서에 별도로 명시하고 이를 따라야 한다.

BIM 성과품이 시공 및 유지관리 단계 등의 후속단계에 활용할 수 있도록 발주자는 지적재산권을 확보해야 하며, 발주자 이외의 이해 당사자가 BIM 원본 데이터를 사용할 경우 발주자의 승인을 득하여야 한다.

또한 BIM 사업 수행을 통해 파생된 데이터, 특허, 신기술, 기술노하우 등의 저작권은 수급인이 소유토록 건설산업 BIM 기본지침에서 규정하고 있다.

또한 협업시스템 구성시 수급인의 협업시스템을 적용하면, 수급인이 접근 및 갱신권한을 관리하며, 발주자가 협업시스템을 적용하면, 발주자자 접근 및 갱신권한을 관리하게 된다.

5   BIM 인력 조직구성

BIM 발주 및 수행에 관련하여, 발주자는 사업의 총괄적인 추진을 위해 계획, 시행, 관리 및 조정 역할을 맡아야 한다. 또한, BIM 수행 업무의 일부는 건설사업관리용역을 통해 진행할 수도 있다. 발주자는 BIM 적용 대상과 범위, BIM의 활용 목적, 적용되는 업무, BIM 데이터 작성 및 납품 요구사항 등을 정의하고, 이에 대한 요구사항을 'BIM 과업 지시서'에 반영해야 한다. BIM 발주 계약 이후에는 발주자가 모든 BIM 데이터에 대해 보고 및 승인의 주체가 되며, 사업 수행 기간 동안 BIM 데이터를 활용하여 의사결정 사항을 협의하거나 조정할 수 있다. 또한, 발주자는 제출된 BIM 성과물을 검토하고 결과를 수급인에게 통보하며, 최종 납품된 BIM 성과물은 발주자별 사업정보시스템에 보관 및 관리해야 한다.

설계사는 발주자의 요구사항을 기반으로 BIM 데이터를 작성하고 활용하며, 이를 발주자에게 납품하는 역할을 맡게 된다. 설계사는 발주자가 제시한 'BIM 과업지시서'에 따라 설계 단계에서 세부적인 BIM 적용 계획을 수립하고, 이를 'BIM 수행계획서'에 반영하여 발주자의 승인을 받도록 규정하고 있다.

설계사는 발주자의 요구사항이나 BIM 과업지시서를 고려하여 BIM 데이터를 작성한다. 이 과정에서 설계사는 BIM 데이터, 시뮬레이션, 분석 등 다양한 기술과 도구를 활용하여 정확하고 효율적인 BIM 데이터를 생성한다. 또한, 설계사는 BIM 데이터의 일관성, 완전성, 정확성을 유지하기 위해 데이터 품질 관리를 철저히 수행해야 한다.

설계사는 BIM 데이터를 활용하여 설계 결과물을 시각화하고, 협업을 위한 정보 공유 및 의사소통에 활용한다. BIM 데이터는 요소의 속성, 공간 관계, 시간적 정보 등 다양한 측면을 포함하므로, 설계사는 이를 효과적으로 활용하여 설계의 품질을 향상시키고 문제를 사전에 예측하며 해결할 수 있다.

설계사는 BIM 성과물을 발주자에게 제공하기 전에 일련의 품질검토 과정을 거쳐야 한다. 이를 통해 BIM 데이터의 정확성과 일관성을 확인하고, 발주자의 요구사항을 충족시킬 수 있는지 검토해야한다. 또한, 최종 BIM 성과물을 발주자에게 제공하기 전에는 건설사업관리자에게 사전 검토 및 승인을 받아야 한다.

또한 설계사는 BIM 데이터의 품질을 높이기 위해 지속적으로 노력해야 한다. 이를 위해 설계사는 BIM 표준 및 가이드라인을 준수히고, 최신 기술 동향을 검토하여 적용할 수 있다. 이후, BIM 데이터의 관리 및 보관을 체계적으로 수행하여 이후 시공단계에서의 활용을 원활하게 할 수 있도록 구축해야 한다.

시공사는 발주자의 요구사항을 기반으로 시공단계의 BIM 데이터를 작성하고, 공사계획 및 시공운영에 활용하는 역할을 담당한다. 시공사는 발주자가 제공한 설계단계의 BIM 성과물을 최대한 활용하며, 발주자가 제시한 'BIM 과업지시서'에 따라 시공단계의 세부적인 BIM 적용계획을 수립하여 'BIM 수행계획서'에 반영하여 발주자에게 제출하게 된다.

시공사는 발주자의 요구사항에 따라 BIM 데이터를 작성하게 된다. 이 과정에서 시공사는 발주자가 승인한 'BIM 수행계획서'에 의거하여 BIM 데이터를 활용하며, 현장 조건과 실제 시공상황에 맞도록 데이터를 조정하고 업데이트 해야 한다. 또한, 시공사는 BIM 데이터, 시뮬레이션, 현장 조율 등 다양한 기술과 도구를 활용하여 정확하고 효율적인 BIM 데이터를 생성해야 한다.

시공사는 주요한 사항이 발생할 경우 발주자와의 협의를 통해 'BIM 수행계획서'와 BIM 데이터를 수정할 수 있다. 이를 통해 시공사는 발주자의 요구사항에 신속하게 대응하고, 시공 단계에서의 최적의 BIM 데이터를 활용해야 한다. 또한, 시공사는 BIM 데이터의 품질을 확인하기 위해 일련의 품질검토 과정을 거쳐 BIM 성과물을 발주자에게 납품하게 된다. 최종 BIM 성과물을 발주자에게 전달하기 전에 발주자 혹은 건설사업관리자에게 사전 검토 및 승인을 받은 후, 납품해야 한다.

시공사는 BIM 데이터의 품질을 높이기 위해 지속적인 노력을 기울여야 한다. 이를 위해 시공사는 BIM 표준 및 가이드라인을 준수하고, 품질 관리 체계를 구축하여 데이터의 일관성과 정확성을 유지해야 한다. 또한, 시공사는 BIM 데이터의 유지관리를 위해 데이터의 보관과 업데이트를 체계적으로 수행하여, 준공 이후에도 BIM 데이터가 유용하게 활용될 수 있도록 해야 한다.

건설사업관리자는 발주자로부터 BIM 수행업무에 대한 권한을 부여받아, BIM 사업관리 업무를 수행해야 한다. 이를 위해 건설사업관리자는 발주자와의 협의를 통해 BIM 사업계획을 수립하고, BIM 프로젝트의 일정, 예산, 리소스 등을 관리하게 된다. 또한, 발주자와 수급인 간의 원활한 소통을 위해 BIM 데이터 및 관련 문서의 조정과 검토를 수행하며, 변경 요청 및 승인 프로세스를 관리한다.

또한, 건설사업관리자는 BIM 수행과정에서 발생하는 문제나 이슈에 대해 적극적으로 조치를 취하고, 필요한 경우 발주자와 협의하여 BIM 수행계획의 조정을 진행한다. 더불어, BIM 데이터의 품질 및 일관성을 확인하기 위한 품질검토를 수행하고, 최종 BIM 성과물의 검토와 승인 절차를 관리한다.

이와 같이 건설사업관리자는 발주자로부터 위임받은 BIM 사업관리 업무를 수행하여 BIM 프로젝트의 성공적인 진행과 발주자의 요구를 충족시키는 역할을 수행한다. 이를 위해 'BIM 수행계획서'를 기반으로 계획, 관리, 조정, 검토, 승인 등 다양한 업무를 철저히 수행해야 한다.

6   BIM 소프트웨어

BIM 사업에서는 LandXML, IFC와 같은 국제표준을 지원하는 도구를 사용하여 BIM 데이터를 작성한다. 다수의 소프트웨어를 선정할 경우, 이들 소프트웨어 간의 상호운용성을 확보하기 위해 노력해야 한다. BIM 저작도구의 선택은 특정 도구에 국한되지 않으며, 발주자가 요구하는 기준에 따라 성과품 작성을 지원하는 저작도구를 활용해야 한다. 그러나, 각 건설산업 분야에서 BIM 소프트웨어의 통합 사용 가능성과 IFC 등 국제표준 모델의 활용에 따른 데이터 손실 문제를 고려하여 발주자와 충분한 협의를 거쳐 결정해야 한다. 이를 통해 모든 이해관계자가 동일한 도구를 사용하는 것이 데이터의 일관성과 호환성을 확보할 수 있다.

BIM 저작도구를 선정할 때에는 소프트웨어의 기능성 외에도 사용성, 구현성, 보편성 등을 고려해야 한다. 사용자들이 저작도구를 효과적으로 활용할 수 있으며, 다양한 프로젝트에 적용할 수 있는지 확인해야 한다. 또한, BIM 저작도구는 다음 표의 최소 요구 기능을 참고하여 선정할 수 있으며, 이는 BIM 모델링, 데이터 관리, 시뮬레이션, 협업 등 다양한 측면에서의 요구사항을 충족시키기 위한 기능들을 포함해야 한다.

표 3-1 BIM 저작도구 최소요구기능 사례

구분	선정기준	비고
1	BIM 작성의 목표달성에 부합하는가?	
2	BIM 객체 설계를 지원하는 라이브러리를 작성 또는 제공하는가?	
3	지형데이터의 입력과 작성이 가능한가?	
4	BIM 객체의 속성입력이 가능한가?	
5	개방형 BIM 표준을 지원하는가?	
6	객체로부터 수량산출이 가능한가?	
7	모델링 후 관련 문서를 작성할 수 있는가?	
8	구조해석 프로그램과의 연계 가능한가?	
9	설계 방법을 지원할 수 있는 Add-in 프로그램의 확장성이 용이한가?	
10	협업을 지원하는가?	
11	프로젝트 관리 프로그램과의 직접적 결합 또는 연계가 가능한가?	
12	국내 설계기준을 만족하는 설계 툴을 제공하는가?	

[출처] 건설산업 BIM 시행지침 (설계자편), 2022

표 3-2 BIM 저작도구 최소요구기능 사례

공통기능	최소요구기능	비고
BIM 파일변환	모든 BIM 형식을 검토용 소프트웨어와 호환되는 형식으로 변환 가능	
간섭검토	BIM 모델 간 물리적 간섭과 여유 공간검토 가능	
공정검토	공정계획을 호환할 수 있는 형식으로 작성	
좌표설정/화면 뷰 저장	사용자가 화면을 저장, 저장된 목록을 외부로 내보내어 관련자가 의견을 3차원 뷰와 함께 검토할 수 있어야 함	
측정	길이, 면적, 부피 측정이 가능해야 함	
색상설정	검토자가 프로젝트팀이 설정한 칼라코드에 맞추어 색상을 임의로 변경 및 설정할 수 있어야 함	
검토의견 게시	검토자가 의견을 3차원 객체 상에 게시할 수 있어야 함	
검토의견 공유 및 관리	검토자가 게시한 의견을 BCF 등이나 CDE를 통해 관련 팀원과 공유 및 승인 가능	
3차원 보기	3차원 보기 및 회전, 조건부 필터링, 투명/반투명 보기 등 시각적 검토를 지원해야 함	

[출처] 건설산업 BIM 시행지침 (설계자편), 2022

BIM 프로젝트의 특성상, 최초로 구축된 BIM 데이터는 다양한 공정과 단계에서 활용되기 때문에 개방형 표준 기반으로 호환성이 확보된 도구를 선택해야 한다. 이는 다양한 플랫폼에서 BIM 정보를 활용할 수 있도록 해주며, BIM 설계가 진행되면서 양적·질적으로 축적되고 보완되는 정보를 효율적으로 관리할 수 있게 한다. 따라서, 발주자와 수급인은 BIM 수행계획서에 BIM 기술의 성질과 BIM에 포함되어야 하는 최소 요구사항을 명시해야 하며, 다양한 플랫폼 간 데이터 교환에 따른 상호운용성을 명확히 해야 한다.

만약 국제표준 포맷으로 호환되지 않는 BIM 객체가 존재할 경우, 다른 소프트웨어 플랫폼을 사용하는 이해 관계자가 BIM 데이터의 내용을 검토하고 참조할 수 있도록 데이터 변환을 할 수 있도록 해야 한다. 이를 통해 BIM 데이터의 상호운용성을 유지하며, 다양한 이해 관계자들이 BIM 정보를 원활하게 활용할 수 있도록 하는 것이 중요하다. BIM 사업 초기에는 BIM 데이터의 상호운용성에 대한 이해가 부족할 수 있으므로 전문 컨설턴트를 도입하여 운용할 수 있으며, 각 공종별로 국제표준 포맷을 활용할 수 있다.

또한, 사업 공종의 BIM 데이터 상호운용성을 명확히 하기 위해 다이어그램을 활용하여 데이터 교환을 명시적으로 표현해야 하며, 이를 통해 BIM 데이터의 교환과 활용에 대한 이해관계자들 간의 명확한 커뮤니케이션을 도모해야 한다.

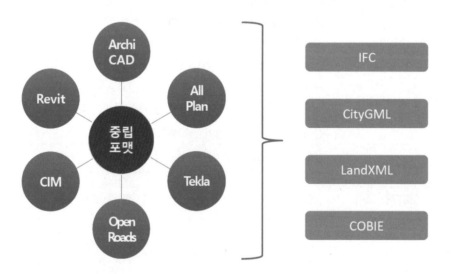

그림 3-3 BIM 데이터의 상호호환성

8 BIM 데이터 흐름

설계 단계에서는 BIM 데이터가 다양한 공학 분야의 전문가들에 의해 활용된다. 지리정보시스템(GIS) 데이터, 지형 데이터, 지반 조사 결과 등을 기반으로 BIM 데이터가 구축되며, 이를 토대로 도로, 교량, 터널 등의 토목구조물이 설계된다. BIM 데이터는 구조물의 기하학적 정보 뿐만 아니라 재료, 부품, 시공 방법 등 다양한 세부 정보를 포함하며, 설계자들은 이를 활용하여 구조물의 안정성, 경제성, 시공성 등을 평가한다.

시공 단계에서는 설계된 BIM 데이터를 기반으로 토목 구조물이 실제로 건설된다. 시공 관리자, 시공 업체, 작업자들은 BIM 데이터를 활용하여 시공 계획, 작업 순서, 자재 조달, 장비 배치 등을 수행한다. BIM 데이터는 시공 현장에서 3D 시각화를 통해 시공자들이 작업 계획을 이해하고, 간섭검토 및 해결을 위한 협업을 지원해야 한다. 또한, BIM 데이터를 활용하여 시공 진행 상황을 모니터링하고, 변경사항을 관리하며, 시공 품질을 향상시켜야 한다.

시설물이 완성되고 운영되는 단계에서는 BIM 데이터가 유지관리에 활용된다. 시설 관리자 및 유지보수팀은 BIM 데이터를 기반으로 시설 운영 및 유지보수 계획을 수립하고, 예방 정비 및 고장 대응 등을 진행한다. BIM 데이터는 구조물의 구성 요소, 유지보수 이력, 부품 교체 등을 추적하고 문서화 하여 효율적인 유지관리 작업을 지원해야 한다. 또한, BIM을 활용한 시설관리 시스템과의 통합을 통해 실시간 모니터링, 에너지 관리, 시설 안전 등을 향상시킬 수 있다.

설계, 시공, 유지관리 단계에서 BIM 데이터는 구조물의 생애주기 동안 지속적으로 활용되며, 협업과 의사결정을 지원하여 효율성과 품질을 향상시키게 된다. 이를 통해 프로젝트는 보다 정확하고 효율적인 방식으로 진행될 수 있다.

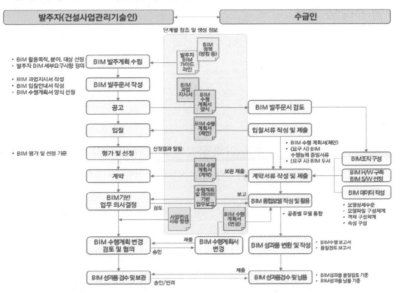

그림 3-4 BIM 수행절차

[출처] 건설산업 BIM 시행지침 (발주자편), 2022

BIM 수행계획서는 건설산업에서 BIM을 효과적으로 활용하기 위한 실행 계획서이다. 사업 초기에 발주자, 건설사업관리기술인 등 수행 주체들과 협의하여 BIM 목표와 활용방안을 설정하고, 이를 바탕으로 공통의 BIM 사업수행계획을 수립하는 것이 중요하다. 이를 통해 프로젝트 참여 구성원들은 사업의 BIM 목표와 수행 방식에 대한 공유와 이해를 갖게 된다.

사업 초기, BIM 데이터를 원활히 활용하기 위해 구성원들에게 필요한 기본 교육 프로그램을 마련하여 제공해야 한다. 이를 통해 구성원들은 BIM 도구와 작업 방법에 대한 이해를 높일 수 있으며, 효율적인 데이터 활용과 협업을 위한 기반을 마련할 수 있다.

또한, 시공 단계에서는 설계 단계에서 수립된 BIM 수행계획서를 참고하여 시공단계의 BIM 수행계획서를 작성해야 한다. 이를 통해 설계와 시공단계 간의 연속성을 확보할 수 있으며, 일관된 BIM 데이터의 활용과 협업을 지원할 수 있다. 시공단계에서는 건설 현장에서의 BIM 활용 방안, 시공 일정 관리, 간섭검토 등을 포함하여 구체적인 수행계획을 수립하여 사업의 연속성이 확보되도록 해야 한다.

BIM 수행계획서는 프로젝트 특성에 맞게 작성되어야 하며, BIM 모델링 업무 수행에 대한 전반적인 내용을 담고 있어야 한다. 이를 위해 BIM 수행계획서에는 다음과 같은 내용들이 포함되어야 한다.

(1) BIM 수행 전략 및 목적

BIM 수행계획서는 프로젝트의 BIM 수행 전략과 목적을 명확히 기술해야 한다. 이는 BIM을 어떻게 활용할 것인지, 어떤 목표를 달성하고자 하는지에 대한 계획을 제시할 수 있다.

(2) 수행 조직 구성

BIM 수행계획서에는 BIM 수행을 위해 구성된 조직의 구성원 및 역할을 설명해야 한다. 이는 프로젝트 내에서 BIM 관련 업무를 수행하는 인력과 역할을 명확하게 정의하는 것을 의미한다.

(3) BIM 모델 작성 구조

BIM 수행계획서에는 BIM 모델의 작성 구조를 기술해야 한다. 이는 모델링의 범위 및 세부 단계, 데이터 작성에 사용될 소프트웨어, 템플릿, 모델의 표준 및 가이드라인 등을 포함한다.

(4) 협업 절차

BIM 수행계획서는 협업 절차에 대한 내용을 담아야 한다. 이는 다양한 이해관계자들 간의 협업 방식 및 커뮤니케이션 절차, 데이터 교환 및 협업 도구의 사용 등을 포함한다.

(5) 데이터 요구 사항

BIM 수행계획서에는 프로젝트에서 필요한 데이터 요구 사항을 명시해야 한다. 이는 BIM 데이터에 포함되어야 하는 정보의 종류, 형식, 정확성 등을 기술하게 된다.

(6) 데이터 교환 체계

BIM 수행계획서는 데이터 교환 체계에 대한 내용을 기술해야 한다. 이는 BIM 데이터의 교환 형식, 교환 주기, 교환 프로토콜 등을 포함한다.

BIM의 목표와 활용방안이 설정되면 사업 추진 단계에 따른 실행계획이 수립되어야 한다. 이 실행계획은 발주자가 수립할 수도 있고, 수급인이 제안할 수도 있으며, 반드시 발주자의 승인을 받아야 한다. 이를 통해 BIM 수행에 필요한 작업 환경과 일정, 업무 분담 등이 명확히 계획되고 조율될 수 있다.

발주 단계에서, 수급인은 발주자의 요구사항을 충족시키기 위해 BIM 요구사항정의서, BIM 과업지시서, 그리고 입찰안내서 등의 발주공고 문서를 철저히 분석해야 한다. 이러한 분석을 바탕으로 "BIM 수행계획서"를 작성하고, 이를 입찰서류의 하나로 제출할 수 있다.

계약 단계에서는 수급인이 과업내용서, 지침서 및 발주자의 요구사항을 충족하는 방식으로 BIM 수행계획서를 수정하거나 추가로 작성해야 한다. 이렇게 수정된 BIM 수행계획서는 정해진 기한 내에 제출되어야 하며, 발주자로부터 승인을 받아야 한다.

과업을 진행하는 단계에서는 수급인이 "BIM 수행계획서"를 근거로 BIM 업무를 수행해야 한다. 이렇게 수행된 BIM 업무의 내용과 성과품은 분야별, 단계별로 정리되어 발주자에게 보고되어야 한다. 이 과정에서 수급인은 BIM 업무를 효과적으로 수행해야 한다.

BIM 수행계획서는 계약 사항을 반영해야 하므로, BIM 업무의 실행과정을 문서화하는 데 필요한 모든 정보를 담아야 한다. 이 문서는 BIM 업무의 전체적인 방향성과 구체적인 실행 계획을 정의하며, 이를 통해 과업의 효율성과 품질을 향상시킬 수 있다.

BIM 수행계획서의 작성은 BIM 업무를 시작하기 전에 발주자(감독원)와 충분한 상의 후에 이루어져야 한다. 이 과정에서 수급인은 과업의 수행 내용과 범위에 대해 명확히 이해하고, 이를 BIM 수행계획서에 반영해야 한다. 만약 입찰안내서의 BIM 수행 내용과 범위에 대한 해석이나 판단이 필요하다면, 발주자와 충분히 협의해야 한다.

수급인은 발주자의 요구사항과 사업의 성격을 고려하여 BIM 수행계획서를 작성해야 하며, 이 문서는 발주자의 요구사항을 충족시키는 동시에 사업의 특성을 반영하여, BIM 업무가 효과적으로 수행될 수 있도록 하는 중요한 역할을 한다. 따라서, 이 문서에는 다음과 같은 내용이 포함되어야 한다.

표 3-3 BIM 수행계획서 세부구성 항목 예시

구분	내용	비고
BIM 과업 개요	• 과업의 기본 정보, BIM 목표 및 활용 등에 대한 개요 명시	
BIM 업무 범위 계획수립	• BIM 업무수행 범위, BIM 업무 일정계획, 작성대상 및 수준 등에 대한 계획 명시 • 실제 시공 일정과 BIM 검토완료 시기에 대한 구체적 계획 명시	
BIM 수행 조직 계획수립	• BIM 업무수행 조직 편성, 조직별 업무 역할 등에 대한 계획 명시 • BIM 수행 조직별 세부 업무 분담 및 연락체계 명시	
BIM 기술환경 확보 계획수립	• BIM 도구(소프트웨어, 버전 등), 장비(하드웨어, 성능), 협업 및 디지털 정보관리 체계 등 기술환경 확보 계획 명시 • 장비 제원 및 효율을 고려한 가설계획 검토 명시	
BIM 협업 계획수립	• 발주자의 적용지침에 근거하여 정기적인 회의 계획, 협업 방식, 협업 절차, 정보관리 방안 등에 대한 계획 명시	
파일교환 요구사항	• BIM 모델 교환, 모델 병합, 모델 가시화 관련 파일 시스템, BIM 모델 갱신 및 간섭 검토, 일정 및 빈도수, 간섭 검토를 위한 소프트웨어 도구 및 절차, BIM 협업 모델기반의 도면 생성 절차 등의 요구사항 명시	
품질계획 및 성과품 계획	• BIM 데이터에 대한 품질검증 대상, 시기, 기준방법, 성과품 작성 및 납품 계획 등에 대한 계획 명시	
보안 및 저작권	• 데이터 손상 또는 의도적인 훼손 방지를 위한 BIM 데이터 보안 계획 명시 • BIM 성과품에 대한 저작권 및 소유권에 대한 규정, 발주자와 수급인 사이의 상호 협의 사항 등에 대한 명시	

[출처] 건설산업 BIM 시행지침 (설계자편), 2022

10   BIM 데이터 상세수준

BIM 데이터의 상세수준은 형상정보의 상세수준(LoD, Level of Development)과 속성정보의 상세수준(LoI, Level of Information)으로 구성된다. 수급인은 발주자가 자체 BIM 데이터의 상세수준에 대한 기준을 제시할 경우 해당 기준을 따르고, 그 외의 경우에는 기본지침에서 제시한 모델 상세수준 공통체계를 따라야 한다.

다만, 발주자의 요구사항이나 사업의 특성으로 인해 기본지침의 상세수준을 적용하지 않을 경우, BIL(BIM Information Level) 10~60, LOD100~500 및 LOIN(Level of Information Need) 등과 같은 유사한 기준을 활용할 수 있나. 이러한 유사한 기준은 BIM 모델의 상세수준을 명확히 정의하고 평가하는 데 도움을 줄 수 있다.

표 3-4 BIM 상세수준별 적용단계 및 내용

기본지침 상세수준	적용단계	적용내용	유사기준
상세수준 100	기본계획 단계	면적, 높이, 볼륨, 위치 및 방향 표현	LOD100 BIL10, BIL20
상세수준 200	기본설계 단계	기본(계획)설계 단계에서 필요한 형상 표현	LOD200 BIL30
상세수준 300	실시설계 단계	실시설계(낮음)단계에서 필요한 모든 부재의 존재 표현	LOD300 BIL40
상세수준 350		실시설계(높음) 단계에서 필요한 모든 부재의 존재 표현	LOD350 BIL40
상세수준 400	시공단계	시공단계에서 활용 가능한 모든 부재의 존재 표현	LOD400 BIL50
상세수준 500	유지관리 단계	유지관리단계 등에서의 활용 가능한 내용	LOD500 BIL60

[출처] 건설산업 BIM 시행지침 (설계자편), 2022

수급인은 발주자와 협의하여 BIM 데이터 작성 대상에 대한 BIM 상세수준을 정하고, 이를 'BIM 수행계획서'에 기재하고 발주자의 승인을 받아야 한다. 보통은 하나의 시설에 대해 동일한 상세수준을 적용하는 것이 바람직하지만, 필요한 경우에는 발주자와 협의하여 일부분의 BIM 상세수준을 다르게 적용할 수도 있다.

수급인은 BIM 상세수준에 해당하는 속성정보를 설계, 시공 및 유지관리와 같은 모든 단계로 구분하여 명시할 수 있으며, 사업의 단계에 따라 관련 없는 정보는 생략할 수도 있다.

또한, 수급인은 BIM 상세수준에 대한 모든 변경사항을 'BIM 수행계획서' 및 'BIM 결과보고서'에 기재해야 하며, 이를 통해 BIM 상세수준의 변경내용을 명확하게 문서화하여 이해관계자들이 쉽게 확인할 수 있도록 해야 한다.

이러한 LOD는 생애주기별로 각 단계 특성에 따라 적용되어야 한다. 또한 설계, 시공, 유지관리 단계별 필요한 속성정보가 다르기 때문에, 각 단계의 특성에 따라 정보의 종류가 정의 되어야 한다. 이는 각 단계별 BIM 데이터의 활용과도 맞물려 있으며, ISO 19650에서 제시하는 각 생애주기단계별 PIM(Project Information Modeling)을 작성할 수 있다.

다음 표는 고속도로 분야와 철도분야에서 제시하고 있는 LOD 수준을 표현하고 있다. LOD는 LoD와 LoI로 구분하였으며, 각 단계별 필요한 정보는 다음의 예와 같다.

표 3-5 BIM 데이터 상세수준 (도로분야, 배수공)

LOD	데이터 예시	상세수준(LoD)	정보수준(LoI)
LOD 100		위치파악이 가능한 데이터	• 위치(STA) 등
LOD 200		구조물 폭 및 높이 등 제원확인이 가능한 정보가 포함된 데이터	• 위치(STA), 폭 • Elevation, 높이 • 좌표 등
LOD 300		슬래브, 벽체, 두께 등이 표현된 상세 데이터	• 위치(STA), 폭 • 재료 및 규격 등 • Elevation, 높이 • 좌표 두께 등
LOD 350		철근 등의 정보가 포함된 상세 데이터	• 위치(STA), 폭 • 재료 및 규격 등 • Elevation, 높이 • 좌표 철근 등

[출처] 한국도로공사 고속도로 스마트설계 지침, 2020

표 3-6 BIM 데이터 상세수준 (도로분야, 포장공)

LOD	데이터 예시	상세수준(LoD)	정보수준(LoI)
LOD 100		계획 노선 상의 도로폭, 위치 데이터	• 도로폭 • 도로위치 등
LOD 200		계획 노선 상에서 포장계획 시 발생되는 포장층 데이터	• 도로폭 • 도로위치 • 포장층 두께 등
LOD 300		계획 노선 상에서 포장계획 시 발생되는 성토층 두께 데이터	• 도로폭 및 위치 • 재료 및 규격 • 포장층 두께 • 성토층 두께 등
LOD 350		계획 노선 상에서 철근콘크리트포장의 철근 등의 상세데이터	• 도로폭 및 위치 • 재료 및 규격 • Elevation, 높이 • 철근 등

[출처] 한국도로공사 고속도로 스마트설계 지침, 2020

표 3-7 BIM 데이터 상세수준 (도로분야, 터널공)

LOD	데이터 예시	상세수준(LoD)	정보수준(LoI)
LOD 100		콘크리트 라이닝 위치 파악이 가능한 모델	• 위치 • 지보패턴 • 개략 길이 등
LOD 200		콘크리트 라이닝 개략 형상 표현이 가능한 모델	• 위치, 형상 • 지보패턴 • 규격 및 길이 등
LOD 300		콘크리트 라이닝 세부 제원이 표현된 상세 모델	• 위치, 형상 • 지보패턴 • 규격 및 길이 등 • 두께, 강도 등
LOD 350		철근 등이 표현된 상세 모델	• 위치, 형상 • 지보패턴 • 규격 및 길이 등 • 두께, 철근 등

[출처] 한국도로공사 고속도로 스마트설계 지침, 2020

표 3-8 BIM 데이터 상세수준 (철도분야, 토공)

LOD	데이터 예시	상세수준(LoD)	정보수준(LoI)
LOD 100		과업의 노반 공사 시종점 표현 및 개략적인 위치 표현 모델	• 프로젝트명, 계약자 정보 등 기본적 프로젝트 정보
LOD 200		평면과 종단계획 고려한 개략적 깎기부와 쌓기부 구분 모델	• 원지형과 노반의 구분
LOD 300		노반 계획을 고려한 횡단 구성 및 설계 기준 준수하는 토공 기울기 적용 모델	• 각 노반 구성의 명칭 및 설계 데이터
LOD 350		시공성 고려한 모델, 필요시 궤도분야와 기타 부대시설 포함	• 시공정보, 시공사, 시공날짜 등의 시공 정보

[출처] 철도 인프라 BIM 가이드라인 VER1.0, 2018

11 BIM 데이터 구성

데이터 구성시 수급인의 관점에서 BIM 데이터 작성 업무를 다루며, BIM 업무를 수행하기 위한 준비 단계와 작성 단계에서 참조되는 사항들을 설명하고 있다. BIM 데이터와 관련된 문서 작성 시에는 관련 기준을 우선적으로 적용하며, 설계단계의 제출 결과물에는 개방형 BIM 또는 폐쇄형 BIM을 선별하여 적용한다. 이러한 결정은 발주자와의 협의를 통하여 이루어져야 하며, 다양한 수급인의 소프트웨어 환경(종류, 버전 등)에 의해 작성된 BIM 데이터를 관리하기 위한 공통정보관리환경(CDE)이 필요하게 된다.

프로젝트에서 전체 구조물과 모든 시설물의 실물 형상을 3차원 공간에 디지털 모형으로 작성하여, 계획, 설계, 시공, 유지관리 등을 위한 정보를 포함하는 3차원 정보모델을 원칙으로 한다. 3차원 정보모델 작성은 사업의 계획과 절차에 따라 각 생애주기별로 모델을 구분하여 작성하며, 이때 발주자의 사업 추진 일정과 모델 활용 시기를 고려하여 작성되어야 한다.

이를 통해 전체 사업 영역의 실제 형상과 다양한 정보를 정확하게 디지털 모델로 표현하고, 각 단계별로 필요한 모델을 적시에 작성함으로써 발주자의 일정과 요구사항을 충족시킬 수 있게 된다.

수급인은 해당 사업에 맞는 세부 작성 기준을 설정할 수 있도록 'BIM 수행계획서'를 작성해야 한다. 또한, BIM 성과물은 현재의 시행 지침에 따라 납품 기준에 맞게 제출되어야 한다. BIM 설계 과정에서는 BIM 설계의 검토, 설계 VE(Value Engineering), 관계 기관과의 업무 협의, 기술 심의 등을 위한 BIM 데이터를 작성해야 한다.

BIM 및 2D 설계 도면은 사업 기준 좌표체계를 일관되게 적용해야 하며, 공간 위치 정보가 필요한 도면은 좌표와 축척을 유지한 상태로 제작하고, 다양한 공종을 중첩하고 참조하여 도면을 작성해야 한다.

해당 지형 및 시설물의 3차원 좌표는 세계 측지좌표와 일치해야 하며, 각 공종별로 합의된 기준 좌표를 공유해야 한다. 프로젝트별로 상이한 좌표계를 사용할 경우, 발주자와 협의해야 한다. 발주자는 수급인이 BIM 데이터 작성 시 사용할 건설산업 BIM 기본지침 또는 설계지침, 발주자별 적용지침 등의 내용을 과업내용서에 명기하여 적용 할 수 있도록 해야 한다.

'BIM 데이터 작성 절차'는 건설 산업에서 BIM 데이터 작성을 지원하기 위해 구성된 일련의 절차, 방법, 기준 등으로, 수급인(설계자)의 관점에서 일반화된 BIM 데이터 및 성과물 작성 절차를 준수하도록 규정하고 있다.

BIM 데이터 작성 단계에서는 수급인은 BIM 수행계획서에 따라 BIM 기술환경을 확보하고, 'BIM 데이터 작성 기준'에 따라 BIM 데이터를 작성한다. 작성이 완료된 BIM 데이터는 통합 모델 구성을 통해 다양한 검토를 수행하고, BIM 데이터를 활용한 설계의 적정성을 평가할 수 있다.

이렇게 작성된 BIM 데이터는 통합 모델 구성을 통해 다양한 검토를 거쳐 적절성을 검증함으로 써, 정확하고 품질 높은 BIM 데이터를 확보할 수 있다. 이를 통해 프로젝트의 효율성과 협업능력을 향상시키며, 전반적인 프로젝트 관리와 의사결정에 도움을 줄 수 있다.

표 3-9 세부공종별 BIM 데이터 작성 항목 및 제외 항목 예시

구분	BIM 데이터 작성항목 최종 목적구조물로서 각 항목별 수량 산출이 가능한 구조물	BIM 데이터 작성 제외 항목 공사 중 시설물, 운반 등 BIM 데이터를 통하여 보여줄 수 없는 공종
토공	• 절토, 성토, 표토제거	• 유용토 운반, 타공구 반출, 자재대 등
배수공	• 토공, 축구공, 맹암거, 배수관(종횡), 기타관, 집수정, 암거공, 수로보호공, 도수로, 개거, 방수거, 우수받이, 맨홀, 침전조, 생태이동통로, 저류조, 옹벽공, 사방댐, 낙치공 등	• 유송잡물, 간이상수도, 골재상산, 운반 및 자재대 등
포장공	• 동상방지층, 보조기층, 시멘트 안정처리 필터층, 콘크리트포장, 아스팔트 콘크리트 포장, 경하중 포장, 빈배합콘크리트, 경계석	• 골재 생산/운반, 자재운반, 자재대 등

구분	BIM 데이터 작성항목	BIM 데이터 작성 제외 항목
	최종 목적구조물로서 각 항목별 수량 산출이 가능한 구조물	공사 중 시설물, 운반 등 BIM 데이터를 통하여 보여줄 수 없는 공종
부대공	• 교통표지판, 시선유도표지, 가드레일, 중앙분리대, 방호벽, 낙석방지시설, 가드휀스, 미끄럼 방지시설, 교통안전 시설, 충격흡수시설, 긴급제동시설 등	• 교통처리우회도로, 환경관리비, 품질시험비, 토지임대료, 각종운반 등
구조물공	• 상부 슬래브, 거더, 교대 및 교각 등 • 콘크리트, 철근, 거푸집 등	• 자재대, 말뚝 시험비, 워킹 타워, 동바리, 비계 등
터널공	• 본선 및 피난연결통로, 갱문 등 • 지보공(록볼트, 강지보 등) • 콘크리트 라이닝 철근 및 거푸집 • 휘폴링, 선진보강 그라우팅, 선지보네일 등	• 발파공, 록볼트 충진재, 배면 그라우팅, 계측기, 공사 중 임시 시설(공사 중 설비 포함) 등

[출처] 건설산업 BIM 시행지침 (설계자편), 2022

12 BIM 데이터 분류체계

BIM 업무수행을 위하여 데이터베이스의 구축과 효율을 증대시키기 위하여 표준분류체계를 적용할 수 있다. 표준 분류체계는 각 지침에서 제시하거나, 발주자가 제시하는 표준분류체계를 적용하여 활용해야 하며, 해당 업무 및 생애주기별 적합한 표준분류체계를 적용해야 한다. 단, 표준분류체계 적용이 어려울 경우나, 변경해야 할 필요성이 있을 경우 발주자와 협의하여 정의할 수 있다.

이러한 BIM 정보분류체계는 필요에 따라 건설정보 분류체계, 작업분류체계(WBS), 비용분류체계(CBS), 객체분류체계(OBS) 등 다양하게 존재하며, 국내 뿐 아니라 해외에서도 다양한 방법의 정보분류체계를 적용하고 있다.

(1) 건설정보분류체계

국토교통부 건설사업정보 운영지침은 건설사업 관련 기관, 업체, 전문가들이 건설사업정보를 효율적으로 관리하고 활용할 수 있도록 지침을 제공한다.

이는 관련 행정규칙을 통합(건설정보분류체계 적용기준, 건설사업정보시스템 운용지침)하고, 기타 체계 및 용어 등을 정비하여 수급인과 국민들이 이해하기 쉽게 정의하였다.

이 지침의 목적은 「건설기술진흥법 시행령」 제41조제3항에 따라 건설정보분류체계 기준, 건설공사 지원 통합정보체계의 구축·운영에 필요한 세부사항을 정하는 것으로 한다.

(2) 작업분류체계 (WBS)

건설 프로젝트의 작업을 각 분야별로 세분화하는 것이 바로 작업분류체계(WBS)이다. 이는 업무의 책임 영역과 BIM 모델링의 범위를 구별하는 핵심 기준으로 작용한다. WBS는 기획부터 설계, 시공, 그리고 유지관리에 이르는 전 과정을 포괄하며, 건설 관련 당사자들은 이를 바탕으로 공사 문서를 작성하거나 건설 정보 시스템의 정보를 분류하는 등의 작업을 수행할 수 있다. 또한, WBS는 사업의 단위를 구별하는 코드를 활용하는 데도 중요한 역할을 한다. 이 체계는 시설, 공종, 시설물, 공간, 부위 등의 파셋(facet)을 분류하며, 이를 통해 세부 공종과 내역을 통합하는 근거를 마련하게 된다.

이렇게 분류된 WBS는 BIM 객체와 연동하여 사용될 수 있어, 더욱 효율적인 프로젝트 관리를 가능하게 한다.

(3) 비용분류체계 (CBS)

원가 분류를 위한 공사 정보 분류를 기반으로, 공정, 비용, 기술을 통합적으로 조직하는 구조가 바로 비용분류체계(CBS)이다. 이는 건설 프로젝트에서 수량과 공사비를 산출하는 데에도 사용된다.

또한, 공사비 분류체계(CBS)는 WBS의 하위 체계인 객체분류체계(OBS)와 연결되어, 내역 항목을 체계적으로 배열하는 데 활용된다. 이렇게 조직된 CBS는 프로젝트의 비용 관리와 계획을 효율적으로 수행하는 데 필요한 도구로 사용할 수 있다.

① 조달청 표준공사코드의 공종분류
② 국토교통부 건설공사 표준시장단가(매년 1월, 7월 2회 공개)
③ 건설공사 표준품셈 – 공통·토목·건축·기계설비(2023)
④ 국토교통부 국도건설공사 설계실무 요령(2021)
⑤ 하천공사 설계실무 요령(2016)

(4) 객체분류체계 (OBS)

BIM 데이터를 여러 업무에 효과적으로 적용하기 위해서는, 건설사업정보 운영지침에 따라 시설물 전체를 객체 단위로 세분화하거나 결합하여 체계적으로 정리하는 과정이 필요하다. 이 과정을 통해 시설물 객체마다 속성을 설정하는데 필요한 분류를 진행하며, 이에는 식별 정보, 형상, 재료, 코드 등의 특성이 포함된다.

이렇게 구성된 객체분류체계(OBS)는 작업분류체계(WBS)를 구성하는 BIM 모델의 최소 단위나 자재, 부품을 정의하는 체계로 정의된다. 그러나 현재 상태로는 건설산업 전체를 포괄하는 데에는 한계가 있어 발주자가 제시하는 기준을 우선적으로 사용할 수 있다.

(5) 제품 분해 구조 (PBS)

PBS(Product Breakdown Structure)는 프로젝트의 전체 범위를 관리 가능한 개별 요소로 분해하는 체계적인 방법으로, 제품, 시스템 또는 결과물을 구성하는 주요 요소를 식별하고 그들 간의 관계를 명확하게 정의하는 데 사용된다. PBS는 트리 형태의 계층적 구조를 가지며, 최상위 수준에서는 전체 프로젝트 또는 제품이 위치한다. 그 아래 각각의 하위 수준에서는 주요 부분, 구성 요소, 하위 시스템 등이 위치하게 되며, 이러한 분해 과정은 각 요소가 충분히 작고 관리 가능한 크기가 될 때까지 계속된다. 이러한 BIM 구성 부재에 대한 데이터(예: 3D 모델링 데이터, 속성 정보 등)는 PDM 시스템에 저장되어 다양한 이해관계자들이 필요에 따라 접근하고 사용할 수 있다

13 BIM 성과품 작성
[출처] 건설산업 BIM 시행지침 설계자편

성과품을 작성하는 단계에서는 BIM 데이터를 활용하여 도면과 수량을 산출하게 된다. 이때 "BIM 성과품 작성기준"을 적용하여 발주자가 요구하는 도면작성기준과 수량산출 기준을 참고하여 성과품을 작성할 수 있다.

BIM 수행 결과보고서는 BIM 수행내용 및 결과를 파악하고, 이를 활용하기 위한 내용을 포함해야 한다. 이를 통해 BIM 프로젝트의 전반적인 진행 상황과 성과를 쉽게 이해하고 평가할 수 있다.

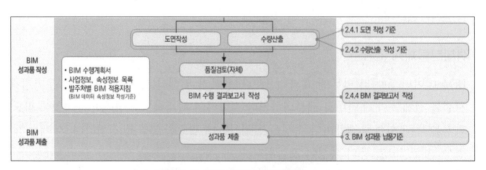

그림 3-5 BIM 성과품 작성 절차

[출처] 건설산업 BIM 시행지침 (설계자편), 2022

(1) BIM 도면작성 개요

1) 설계도면 작성 원칙

① BIM 데이터의 추출 활용

- BIM 전면 설계에 의한 설계도면은 기본지침에서 정의한 기본도면을 대상으로 하며, 기본 도면은 BIM 데이터로 작성한 수준 범위 내에서 추출하여 작성되어야 한다.
- 수급인(설계자)은 설계도면 작성 시 3D 형상과 직접적인 연동이 가능하도록 작성하고, 모델 수정 시 도면도 연동되어 수정 가능하도록 작성하는 것을 원칙으로 하되 사용되는 저작도구 기능 등에 따라 다르게 적용할 수 있다.
- 단, BIM 데이터로부터 추출하기 불가능하거나 불합리한 경우에는 기본지침에서 정의한 보조도면으로 작성할 수 있으며, 보조도면은 보조적으로 작성하여 활용하는 일부 상세도 등의 2차원도면을 말한다.

② 설계도면 임의 변경 금지

- BIM 데이터로부터 추출한 설계도면에서 형상 요소들은 임의 변경 없이 추출된 그대로 사용해야 하며, BIM 데이터와 설계도면의 내용은 동일하여야 한다.

③ 설계도면 추가 작업

- 수급인(설계자)은 BIM 데이터로부터 추출한 설계도면에 대하여 문자, 치수선, 보조선 등 설계도면의 완성에 필요한 2차원 추가 요소를 기존의 2차원 도면작성 시 방법을 참고하여 완성할 수 있다.

2) 설계도면 작성대상

① BIM 전면 설계에 의한 설계도면은 시설, 공종, 공사 구간 등 전체를 대상으로 하나, 불필요한 도면은 발주자와 협의하여 최대한 배제하여야 한다.

② BIM 데이터로 작성이 불가능한 개념도, 설계기준 및 각 자재회사별 상세도와 일반도 등의 경우는 기존의 2차원 설계방식의 도면을 작성할 수 있다.

③ 수급인(설계자)은 발주자 협의를 통해 BIM 데이터로 추출해야 하는 최소한의 도면과 도면 작성 대상을 구체적이고 상세하게 정의하고, 그 내용을 BIM 수행계획서에 제시하여야 한다.

(2) BIM 도면작성기준 공통사항

① 수급인(설계자)은 설계도면 작성 시 BIM 데이터로부터 도면 추출이 가능한 BIM 소프트웨어를 활용하여 도면을 작성하여야 한다.

② 수급인(설계자)은 3D 모델이 평면도에 표기될 때 선의 겹침이 발생할 경우, 평면도 상에서 구분하여 표현할 수 있도록 관련 기준을 발주자 협의하여 'BIM 수행계획서'에 명기하고, 그에 따라 도면을 작성하여야 한다.

③ 도면에 사용되는 각 구조물의 평면적 심볼은 국가 전자도면 작성기준에 BIM 작성부문이 추가개정 전까지 수급인(설계자)은 발주자와 협의하여 관련 기준을 'BIM 수행계획서'에 명기하고, 그에 따라 도면을 작성하여야 한다.

④ 도면작성에 필요한 형상의 표현 방법 및 기준은 아래의 내용이 포함되어야 한다.

(3) BIM 수량산출 개요

1) 설계수량 산출 원칙

① BIM 데이터의 추출 활용
- BIM 전면설계에 의한 수량 산출은 BIM 도구에서 직접 작성되거나 BIM 데이터로부터 기초 데이터를 추출하여 작성되어야 한다.
- 수량산출은 BIM 모델과 동적으로 연결되어 자동으로 수량이 변경되거나 수동으로 갱신 하여 산출될 수 있어야 한다.

② 설계수량 임의 변경 금지
- BIM 데이터로부터 추출된 설계수량은 임의 변경 없이 추출된 설계수량을 그대로 사용해야 하며, BIM 데이터와 설계수량의 내용은 동일하여야 한다.

2) 설계수량 산출대상 및 방법

① 설계수량 산출대상
- 설계수량 산출대상은 원칙적으로 BIM 모델로부터 추출 가능하며, 면적, 체적, 길이, 무게 등의 데이터를 포함하고 있는 공간, 시설, 단위 부재 객체 등이다.
- 수급인(설계자)은 발주자가 마련한 설계수량 산출대상에 따라 수량 산출을 수행하며, 별도 의 산출대상 범위가 마련되지 않을 경우 수급인(설계자)은 발주자와 협의하여 'BIM 수행 계획서'에 대상 범위를 포함시켜야 한다.

② 설계수량 산출 방법
- 수급인(설계자)은 설계수량을 자동, 연동 및 수동적인 방법으로 산출할 수 있으며, 각 방법 에 대한 적용대상 및 범위는 발주자와 협의하여 결정할 수 있다.
- 설계수량의 자동 산출 방식은 BIM 소프트웨어의 기능을 활용하여 BIM 모델로부터 직접 체적 및 수량 등을 산출하고, 연동 산출 방식은 자동 산출 BIM 데이터와 수량 계산식에 필요한 속성값을 연계하여 간접적으로 체적 및 수량 등을 산출할 수 있는 방식이다.
- 설계수량의 수동 산출 방식은 BIM 데이터 작성 불가 공종 또는 발주자와 협의하여 BIM 데이터 작성이 불합리한 공정에 한하여 BIM 데이터와 무관하게 수학적인 접근 방식으로 산출되며, 기존 방식에 의해 산출될 수 있다.

- BIM 데이터로 추출된 수량산출 정보(개략 계산)는 견적이나 공사비 산정에 활용될 수 있으므로 WBS, OBS 및 CBS 등과 연계하여 공정별, 객체별로 수량과 견적을 확인하는 데 활용할 수 있다.

(4) BIM 수량산출 기준 공통사항

① 수급인(설계자)은 발주자가 마련한 수량산출 기준 및 양식을 따르며, 발주자와 협의하여 이를 조정할 수 있다. 단, 별도의 수량산출 기준 및 양식이 마련되지 않을 경우, 수급인(설계자)은 발주자와 협의하여 'BIM 수행계획서'에 수량산출 기준 및 양식을 제시하여야 한다.

② 수급인(설계자)은 수량산출을 위하여 부재명, 규격, 위치 정보 등을 포함하는 구체적인 산출 내용, 수량산출 방법 및 형식을 포함하는 추출 절차 등을 계획하여야 하며, 그 내용은 'BIM 수행계획서'에 명기하여야 한다.

③ 수급인(설계자)은 BIM 도구로부터 추출된 수량 기초데이터의 신뢰도 확보를 위해 BIM 객체간 간섭 검토 등의 BIM 데이터 품질검토를 반드시 수행하여야 한다.

④ 수급인(설계자)은 토공 수량산출 시 원칙적으로 객체화된 BIM 모델에 의한 체적법을 적용할 수 있으나, 발주자가 인정하는 경우에는 기존 양단면 평균법을 적용할 수 있다.

(5) BIM 결과보고서 작성

① 수급인(설계자)은 성과품 제출 시 'BIM 결과보고서'를 포함하여 제출하여야 한다.

② 'BIM 결과보고서'는 BIM 수행 결과를 보고서 형식으로 작성하며, 준공 성과품 제출 시 작성하여 제출하여야 한다.

③ 'BIM 결과보고서'는 BIM 수행 내용 및 결과를 파악할 수 있는 내용으로 작성되어야 하며, 사업 내용 및 특성에 따라 발주자와 협의하여 양식을 수정하거나 보완하여 작성할 수 있다.

④ 별도의 BIM 결과보고서 양식이 없을 경우, 조달청의 '시설사업 BIM 적용 기본지침서'에서 제공하는 'BIM 결과보고서 표준 템플릿'을 활용할 수 있다.

(6) BIM 결과보고서의 내용

① 수급인(설계자)은 과업 종료 전 'BIM 수행계획서'에서 제시한 보고서 항목으로 'BIM 결과보고서'를 작성하고, 이를 발주자에게 제출하여야 한다.

② 'BIM 결과보고서'는 다음의 내용을 포함할 수 있다.

표 3-10 BIM 결과보고서 요구사항

구분	내용
BIM 과업 개요	과업의 기본 정보, BIM 목표 및 활용 등에 대한 사업 개요 명시
BIM 적용기준	BIM 업무수행 범위, BIM 업무 일정계획, 작성대상 및 수준 등에 대한 기준 명시
BIM 업무수행 환경	BIM 업무수행 조직, BIM 기술 환경(하드웨어, 소프트웨어 등)에 대한 환경 명시
BEP 수행 결과	계획 대비 결과 보고
활용 결과	데이터 활용방안 등
BIM 품질관리 결과	품질관리의 내용 및 결과 보고
BIM 성과품	BIM 성과품 목록, 상세범위 및 내용 등에 대한 결과 보고

[출처] 건설산업 BIM 시행지침 (설계자편), 2022

14 BIM 협업체계 (CDE)

CDE(공통정보관리환경, Common Data Environment)는 BIM 프로젝트에서 중요한 개념이다. CDE는 프로젝트 참여자들이 정보를 공유하고 관리하는 데 사용되는 시스템으로, BIM 업무수행 과정에서 다양한 BIM 수행주체들이 생성하는 정보를 중복 및 혼선이 없도록 공동으로 수집, 관리 및 배포하기 위한 플랫폼 환경을 뜻하고 있다.

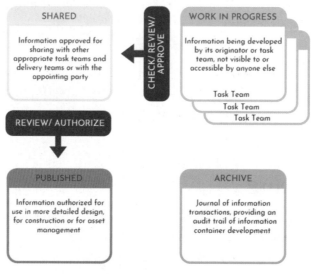

그림 3-6 CDE의 개념

[출처] ISO 19650-1:2018

CDE는 다양한 형태로 구현될 수 있지만, 일반적으로 클라우드 기반의 웹 플랫폼으로 제공된다. 이를 통해 프로젝트의 모든 참여자들은 동일한 정보에 접근하여 작업하고 업데이트할 수 있다.

CDE를 사용함으로써 다음과 같은 이점을 얻을 수 있다.

(1) 중앙 집중화된 데이터 관리

CDE는 모든 생애주기의 정보와 문서를 한 곳에 집중하여 관리한다. 이렇게 함으로써 각 참여자들은 최신 정보에 접근하고 충돌이나 중복을 방지할 수 있다.

(2) 협업과 의사소통 강화

CDE는 다양한 참여자들 간의 협업과 의사소통을 용이하게 한다. 모든 관련자가 동일한 플랫폼에서 작업하므로 실시간 업데이트와 의견 공유가 가능하다.

(3) 버전 및 변경 관리

CDE는 건설정보의 버전 및 변경을 체계적으로 관리해야 한다. 이를 통해 모든 수정 사항이 추적되고 문제가 발생할 경우 이전 버전으로 롤백할 수 있다.

(4) 보안과 접근 제어

CDE는 데이터의 보안과 접근 제어를 위한 기능을 제공해야 한다. 각 사용자는 자신이 필요로 하는 정보에만 접근할 수 있으며, 데이터 유출 등의 위험을 최소화할 수 있다.

CDE는 BIM 프로젝트에서 효율성과 협업성을 극대화하는 데 중요한 역할을 한다. 프로젝트 참여자들은 CDE를 통해 실시간으로 정보를 공유하고 관리함으로써 건설생애주기 프로세스 전반에서 생산성을 향상시킬 수 있다.

15 ISO 규정

(1) BS EN ISO 19650

ISO 19650은 건설 정보 모델링 (BIM)을 사용하여 자산의 전체 수명주기에 걸쳐 정보를 관리하기 위한 국제 표준이다. 이 표준은 영국 BIM 프레임워크와 동일한 원칙과 고수준 요구사항을 포함하며, 현재의 영국 1192 표준과 밀접하게 연계되어 있다.

ISO 19650 시리즈는 다음과 같이 구성되어 있다.

① BS EN ISO 19650-1: 건물 및 토목 공사에 대한 정보의 조직 및 디지털화, 빌딩 정보 모델링을 사용한 정보 관리 – 개념 및 원칙

② BS EN ISO 19650-2: 건물 및 토목 공사에 대한 정보의 조직 및 디지털화, 빌딩 정보 모델링을 사용한 정보 관리 – 자산의 공급 단계

③ BS EN ISO 19650-3: 건물 및 토목 공사에 대한 정보의 조직 및 디지털화, 빌딩 정보 모델링을 사용한 정보 관리 – 자산의 운영 단계

④ BS EN ISO 19650-4: 건물 및 토목 공사에 대한 정보의 조직 및 디지털화, 빌딩 정보 모델링을 사용한 정보 관리 – 정보 교환

⑤ BS EN ISO 19650-5: 건물 및 토목 공사에 대한 정보의 조직 및 디지털화, 빌딩 정보 모델링을 사용한 정보 관리 – 정보 관리에 대한 보안 지향적 접근

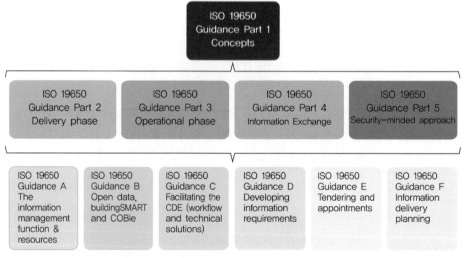

그림 3-7 ISO 19650 guidance framework

(2) ISO/DIS 7817.2

ISO/DIS 7817.2는 건설 정보 모델링 (BIM)을 사용하여 자산의 전체 수명주기에 걸쳐 정보를 교환하고 전달하는 데 필요한 정보의 세부 사항과 범위를 정의하는 데 사용되는 다양한 수준의 특성을 규정하고 있다. 이 문서는 정보 요구 사항을 규정하는 원칙에 대한 지침을 제공한다. 또한 정보전달을 위한 정보 교환 요구사항을 규정하고 있다. 이 문서는 자산의 전체 수명주기에 적용 가능하며, 전략적 계획, 초기 설계, 엔지니어링, 개발, 문서화 및 건설, 일상적인 운영, 유지보수, 리폼, 수리 및 종료 등을 포함하여 적용할 수 있다.

(3) ISO 12911 : 2023

ISO 12911 : 2023은 건설 정보 모델링 (BIM)을 사용하여 건축 자산의 전체 수명주기에 걸쳐 정보를 관리하기 위한 국제 표준으로, 건물, 인프라, 시설 등의 관리되는 환경에 적용 가능하며, 규모나 복잡성에 관계없이 적용될 수 있다.

(4) ISO/TR 23262 : 2021

ISO/TR 23262 : 2021은 지리공간(GIS)과 건설 정보 모델링(BIM) 간의 상호 운용성을 개선하기 위한 장벽을 조사하고 조치를 제안하는 문서로 개발되었다. 이 문서는 특히 ISO/TC 211에서 개발된 GIS 표준과 ISO/TC 59/SC 13에서 개발된 BIM 표준을 조정하는 것을 목표로 한다. 이 문서는 데이터, 서비스, 프로세스 수준에서 GIS와 BIM 도메인 간의 개념적 및 기술적 장벽을 조사하며, 이는 ISO 11354(모든 부분)에 의해 정의된다. 또한 이 문서는 표준화를 위한 미래 주제를 식별하고 기존 표준의 가능한 수정 필요성을 조사한다.

(5) ISO/TS 19166 : 2021

ISO/TS 19166 : 2021은 건설 정보 모델링(BIM)에서 지리 정보 시스템(GIS)으로 정보 요소를 매핑하는 개념적 프레임워크와 메커니즘을 정의한다. 이는 특정 사용자 요구에 따라 필요한 정보에 접근하기 위한 것이다.

이 문서에서는 BIM 정보를 GIS로 매핑하는 개념적 프레임워크를 다음 세 가지 매핑 메커니즘으로 정의하고 있다.
① BIM에서 GIS 관점 정의 (B2G PD)
② BIM에서 GIS 요소 매핑 (B2G EM)
③ BIM에서 GIS LOD 매핑 (B2G LM)

(6) ISO 23387 : 2020

ISO 23387 : 2020은 건설 정보 모델링(BIM)에서 사용되는 건설 객체에 대한 데이터 템플릿을 위한 개념과 원칙을 제시한다. 이 표준은 기계 판독 가능한 형식을 사용하여 디지털 프로세스를 지원하며, 건설 객체에 대한 정보를 교환하기 위한 표준 데이터 구조를 사용한다. 여기서 건설객체는 제품, 시스템, 어셈블리, 공간, 건물 등을 포함하며, 이들은 시설의 개념, 설계, 생산, 운영 및 철거 과정에서 사용된다.

데이터 템플릿과 IFC 클래스 간의 연결 규칙, 그리고 데이터 템플릿과 분류 시스템 간의 연결 규칙을 제공한다. 이 문서의 대상 독자는 소프트웨어 개발자이며, 정보 요구를 설명하는 소스를 기반으로 데이터 템플릿을 생성하기 위해 임명된 건설 산업 도메인 전문가는 아니다. 이 문서의 범위에는 어떤 데이터 템플릿의 내용을 제공하는 것은 포함되지 않는다. 제공된 데이터 구조는 ISO/IEC, CEN/CENELEC, 국가 표준화 기구, 또는 정보 요구를 설명하는 다른 소스를 기반으로 특정 데이터 템플릿을 개발하는 데 사용되도록 의도되었다.

(7) ISO 22057 : 2022

ISO 22057 : 2022는 건설 정보 모델링 (BIM)에서 사용되는 환경 제품 선언 (EPD)에 대한 데이터 템플릿의 사용을 위한 지침을 제공한다. 이 표준은 시설물과 서비스, 구조물, 통합 기술 시스템에 대한 EPD에서 제공하는 환경 및 기술 데이터를 BIM에서 사용할 수 있도록 하여 건설 작업의 전체 수명주기에 걸친 환경 성능 평가를 지원한다.
또한, 이 표준은 적절한 EPD 데이터가 없는 경우, 건설 작업 수준에서의 환경 성능 평가를 가능하게 하기위해 필요한 일반적인 LCA 데이터를 BIM 환경 내에서 사용하기 위한 구조를 제공한다.

(8) ISO 16739

ISO 16739는 건설 정보 모델링(BIM) 데이터를 교환하고 공유하는 데 사용되는 열린 국제 표준이다. 이 표준은 건설 및 시설 관리 산업 분야에서 다양한 참가자가 사용하는 소프트웨어 애플리케이션 간에 데이터를 교환하고 공유하는 데 사용된다.
이 표준은 시설물의 전체 수명주기에 필요한 데이터를 포함하는 정의를 포함하며, 이러한 정의는 인프라 자산의 전체 수명주기에 대한 데이터 정의를 포함하도록 확장되었다. 이 표준은 데이터 스키마와 교환 파일 형식 구조를 규정하고 있다. 데이터 스키마는 EXPRESS 데이터 명세 언어와 XML 스키마 정의 언어 (XSD)로 정의되며, 교환 파일 형식은 교환 구조의 명확한 텍스트 인코딩과 확장 가능한 마크업 언어 (XML)를 사용하여 정보를 교환하고 공유하게 된다.

02 성과품(BIM 데이터) 품질검토

1 BIM 성과품 품질검토 기준

BIM 데이터의 신뢰성을 확보하기 위해 BIM 데이터 품질검토는 적절한 방법과 기준으로 수행되어야 한다. 이를 위해 품질검토 항목은 발주자 요구사항에 따라 명확하게 제시되어야 하며, 수급인은 이를 기반으로 BIM 데이터 품질검토 계획을 BIM 수행계획서 내에 명시해야 한다. 품질검토를 수행한 후에는 결과보고서를 작성해야 한다. 이 때, 업무용 장비 상세, 검토 도구의 버전, BIM 데이터 파일명, 품질검토 수행절차 등 품질검토를 수행한 환경에 대한 상세한 정보를 작성해야 한다. 또한, 검토자와 관계없이 동일한 검토결과가 도출되어야 한다.

따라서, BIM 데이터 품질검토는 발주자의 요구사항을 기반으로 적절한 방법과 기준을 확보하여 수행되어야 하며, 검토 결과를 상세히 보고서로 작성하여 동일한 결과가 도출되도록 해야 한다. 이를 통해 BIM 데이터로부터 추출되는 도면, 수량, 정보 등의 신뢰성을 확보할 수 있게 될 것이다.

성과품의 품질검토 기준에는 물리적 품질검토, 논리적 품질검토, 속성데이터 품질검토로 구분할 수 있다. 또한 품질검토 방법에 따라 자동적 방법, 수동적 방법으로 구분 할 수 있다.

여기서는 전자의 3가지 검토에 대하여 알아본다.

물리적 품질검토는 BIM 데이터의 물리적인 특성과 정확성을 평가하는 과정으로, 이 과정에서는 모델의 형상, 크기, 위치 등이 실제 시설물과 일치하는지 확인해야 한다. 또한, 모델의 정확성과 일관성을 평가하여 오류나 부정합 사항을 발견하고 수정해야 한다.

논리적 품질검토는 BIM 모델의 논리성과 일관성을 평가하는 과정이다. 이 과정에서는 모델 내의 요소들이 정확한 관계와 규칙을 따르며, 설계기준에 부합하는지를 확인해야 한다.

속성데이터 품질검토는 BIM 모델 내의 속성 데이터의 정확성과 일관성을 평가하는 과정이다. 모델 내의 속성 데이터는 시설물 요소에 대한 다양한 정보를 포함하고 있으며, 이를 통해 시설물의 특성과 성능을 분석하고, 데이터 요건의 충족여부를 검토할 수 있다. 속성 데이터의 품질검토는 데이터의 정확성, 일관성, 완전성, 유효성 등을 평가하여 신뢰할 수 있는 정보를 제공하는지 확인해야 한다.

2   BIM 성과품 품질검토 흐름

(1) BIM 품질검토 주체 및 역할

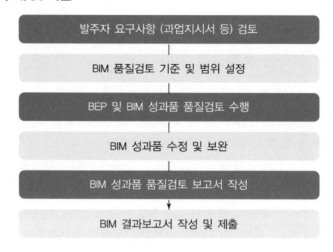

발주자 요구사항 (과업지시서 등) 검토

BIM 품질검토 기준 및 범위 설정

BEP 및 BIM 성과품 품질검토 수행

BIM 성과품 수정 및 보완

BIM 성과품 품질검토 보고서 작성

BIM 결과보고서 작성 및 제출

그림 3-8 BIM 품질검토 흐름

발주자는 수급인이 제출하는 BIM 성과물의 전반적인 품질검토를 수행한다. 이 때, BIM 품질검토를 수행하는 수급인으로는 설계사, 시공사, 그리고 건설사업관리기술인이 해당된다. 또한, 발주자는 건설사업관리기술인이 수행하는 업무에 BIM 품질검토 업무를 포함할 수 있도록 역할을 부여할 수 있다.

설계사나 시공사는 BIM 데이터를 발주자에게 제출하기 전에 자체적으로 해당 데이터에 대한 품질검토 작업을 수행한다. 이는 BIM 데이터의 물리적, 논리적, 속성데이터 등의 품질을 평가하여 문제점을 발견하고 수정하는 과정을 포함하게 된다.
한편, 건설사업관리기술인은 발주자를 대신하여 설계사나 시공사로부터 제출받은 BIM 데이터에 대한 품질검토와 승인을 담당하게 된다. 이는 건설사업관리기술인이 발주자를 대리하여 BIM 데이터의 품질을 평가하고, 발주자의 요구사항과 기준에 부합하는지 확인하는 역할을 수행할 수 있다.

이렇게 발주자는 설계사, 시공사, 그리고 건설사업관리기술인을 통해 BIM 성과물의 품질검토를 수행하며, 효과적인 협업과 검토 과정을 통해 BIM 데이터의 신뢰성과 품질을 확보할 수 있다.

(2) 발주자 요구사항 검토

수급인은 과업지시서, 과업내용서 등의 발주자 요구사항을 반영한 BIM 수행계획서를 작성하고, 이를 통하여 BIM 데이터를 작성한다.

(3) BIM 품질검토 기준 및 범위 설정

수급인은 발주자와 BIM 품질검토 기준 및 범위 설정을 협의하게 된다. 수급인이 작성한 원본 데이터 및 중립포맷 파일에 대하여 BIM 품질검토를 자동 또는 수동의 방법으로 수행할 수 있다.

(4) BIM 성과품 품질검토 수행

수급인은 성과품을 납품하기 전 성과품의 품질을 검토해야 한다.

이는 납품 데이터의 오류를 사전에 발견하고, 이를 통하여 설계의 정확도를 높일 수 있다. 또한 BIM 성과품의 품질을 확인하는 방법으로 수동적 방법과 자동적 방법에 대하여 건설산업 BIM 시행지침에서 다음과 같이 규정하고 있다.

① **수동적 방법** : 수동적 방법은 품질검증 대상을 시각적 방법 등에 의하여 직접 확인하는 방법을 말하며 이 경우 BIM 성과품을 확인할 수 있는 3차원 모델링 도구나 BIM 뷰어를 활용한다.

② **자동적 방법** : 자동적 방법은 소프트웨어 기능에 의하여 자동적으로 확인하는 방법을 말하며, 이 경우 BIM성과품을 분석할 수 있는 품질검토 소프트웨어를 사용하여 품질검토를 위한 조건이나 규칙을 사전에 마련하여 적용한다. 자동적 방법을 적용한 BIM 성과품 품질검토 소프트웨어의 경우 객체별 충돌 여부를 판단할 수 있는 간섭검토 소프트웨어, BIM 데이터 작성 시 법규 위반 여부를 확인할 수 있는 법규검토 소프트웨어 및 설계기준에 맞도록 설계 되었는지 확인할 수 있는 설계조건 확인 소프트웨어 등이 있다.

(5) BIM 성과품 수정 및 보완

발주자는 납품 과정에서 성과품에 대한 물리적 품질검토, 논리적 품질검토, 속성데이터 품질 검토 등을 수행하여 정합성 및 간섭, 속성정보 작성여부, 설계기준에 부합하지 않는 사항이 있을 경우 등, 수정 할 사항이 있을 경우, 보완하여 제출할 수 있도록 해야 할 것이다.

BIM을 효과적으로 설계 및 시공, 유지관리단계에서 활용하기 위하여, 사업 초기에 수급인은 BIM 수행계획을 수립하여 제출해야 한다. 발주자는 BIM 수행계획을 세우기 위한 BIM 요구사항을 제시해야 하며, 수급인이 BIM 수행계획서를 제출한 후에는 협의와 승인의 역할을 수행해야 한다.

이러한 BIM 수행계획서는 발주자와 수급인이 초기에 협의해야 하며, 승인받은 BIM 수행계획서대로 BIM 데이터를 활용해야 한다.

BIM 수행계획의 수립은 다음의 내용을 포함할 수 있다.

표 3-11 BIM 수행계획서 세부구성 항목 예시

구분	내용
BIM 과업 개요	과업의 기본 정보, BIM 목표 및 활용 등에 대한 개요 명시
BIM 업무 범위 계획수립	BIM 업무수행 범위, BIM 업무 일정계획, 작성대상 및 수준 등에 대한 계획 명시
BIM 수행 조직 계획수립	BIM 업무수행 조직 편성, 조직별 업무 역할 등에 대한 계획 명시
BIM 기술환경 확보 계획수립	BIM 도구(소프트웨어, 버전 등), 장비(하드웨어, 성능), 협업 및 디지털 정보관리 체계 등 기술환경 확보 계획 명시
BIM 협업 계획수립	발주자의 적용지침에 근거하여 정기적인 회의 계획, 협업 방식, 협업 절차, 정보관리 방안 등에 대한 계획 명시
파일교환 요구사항	BIM 모델 교환, 모델 병합, 모델 가시화 관련 파일 시스템, BIM 모델 갱신 및 간섭 검토, 일정 및 빈도수, 간섭 검토를 위한 소프트웨어 도구 및 절차, BIM 협업 모델기반의 도면 생성 절차 등의 요구사항, 데이터 변환 및 소실방지 절차와 방법 명시
품질계획 및 성과품 계획	BIM 데이터에 대한 품질검증 대상, 시기, 기준방법, 성과품 작성 및 납품 계획 등에 대한 계획 명시
보안 및 저작권	데이터 손상 또는 의도적인 훼손 방지를 위한 BIM 데이터 보안계획 명시
	BIM 성과품에 대한 저작권 및 소유권에 대한 규정 및 발주자와 수급인 사이의 상호 협의 사항 등에 대한 명시

[출처] 건설산업 BIM 시행지침 (설계자편), 2022

다음 절은 건설산업 BIM 시행지침(발주자편)에 수록된 BIM 수행계획서 예시이다.

1 BIM 사업 실행계획의 개요

(1) 사업현황

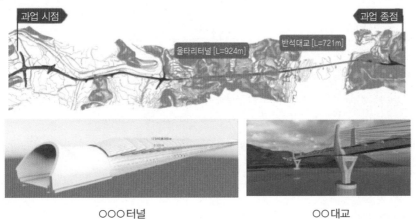

○○○터널   ○○대교

(2) BIM 수행계획 주요 내용

① 스마트 BIM 도로건설공사의 시공단계 BIM 수행을 위한 실행계획 수립

② CDE환경 구축을 통한 관계자들 협업 방안 마련

③ 성과품 목표 수립 및 BIM 활용방안 마련

④ 단계별 BIM 실행 절차 및 모델링 활용방안, 납품 성과품 정의

⑤ 품질관리 체크리스트를 활용한 모델 품질관리 방안 마련

⑥ BIM기반 스마트건설 특화 방안 제안

(3) 시공단계 BIM 수행 절차

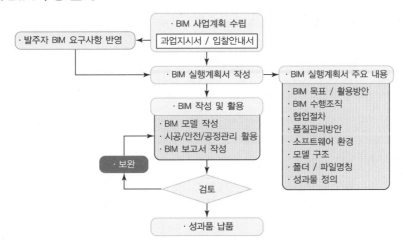

2 사업정보

(1) 일반사업정보

발주자	국토교통부
사업명	00~00 건설공사
사업위치	00도 00군 00면~00면 일원

사업개요	• 사업명 : 00건설공사
	• 도로 연장 : L=3.9km, B=10.5~11.5m(2차로)
	• 주요 구조물
	  교량 : 721m/4개소(장대교량 721m/1개소, 소교량 97m/3개소)
	  터널 : 924m/1개소

(2) 주요사업일정

구분	주요일정	시작일(예상)	종료일(예상)	관련조직
설계단계	사업 설명회	2021년 1월1일		국토교통부
	착수 회의	2021년 1월1일		00건설 설계팀
	BIM 수행계획서 제출	2021년 1월1일	2021년 1월1일	00건설 설계팀
	BIM 설계자료 제출	2021년 1월1일	2021년 1월1일	00건설 설계팀
	BIM 성과품 제출	2021년 1월1일	2021년 1월1일	00건설 설계팀
	사업 평가	2020년 9월23일		국토교통부 외

3 주요 사업책임자 및 담당자

역할	성명	소속	분야	E-mail
발주처	000	00000	사업 감독	–
설계사 or 시공사	000	00건설 / 과장	과업 책임자	
	000	00건설 / 과장	시공분야	
	000	00건설 / 과장	도로분야(토공)	
	000	00건설 / 과장	구조물분야(교량)	
	000	00건설 / 과장	구조물분야(터널)	

4 사업목표 및 BIM 활용방안

BIM을 활용한 사업목표 및 BIM 활용방안에 대하여 발주자 요구사항에 명기한 뒤, 수급인은 BIM 수행계획서에 명기해야 한다. 이는 설계단계 및 시공단계, 유지관리 단계에 따라 달라지게 되므로, 각 단계에 타당한 사업목표를 설정하고, BIM 활용방안을 제시해야 한다. 아래 표는 BIM 목표 및 BIM 활용방안에 대한 예시를 나타내고 있다.

(1) BIM 목표 및 잠재 BIM 활용 방안

중요노 (상/중/하)	BIM 목표	BIM 활용방안
상	협업을 통한 업무 효율성 향상	CDE 구축 및 활용
상	교량 공정관리	4D 시뮬레이션
상	터널 공사비 검토	5D 시뮬레이션
중	설계 BIM 검토	BIM 기반 설계검토
중	구조물 및 공종간 간섭 조정	3차원 간섭조정
중	시공중 공사 관리	장비운영 시뮬레이션

(2) BIM 활용 방안

BIM 활용 방안	적용 공종	상세 수준	성과물
CDE 구축 및 협업	전 공종	–	–
4D 시뮬레이션	구조물(교량)	LOD 300~350	4D 모델
5D 시뮬레이션	터널	LOD 300~350	5D 모델
BIM 기반 설계검토	도로/교량/터널	LOD 300~350	3D 모델 및 해석
3차원 간섭조정	구조물(교량)	LOD 300~350	3D 모델
장비운영 시뮬레이션	구조물(터널)	LOD 300~350	4D 모델
Reality Modeling	공통	LOD 200–300	3D 모델

(1) BIM 관련 담당자의 역할과 책임

구분	담당자	역할 및 책임
발주처	감독관	• 계약문서 작성 및 승인 – 과업지시서 / 입찰안내서 작성 – BEP 검토 및 승인 – 성과품 검토 및 승인
설계사 or 시공사	시공사 BIM 담당자	• 발주처/시공사/BIM수행사간 원활한 BIM 업무 협업 • BIM 결과보고서에 따른 설계 성과품 feed-back • BEP 검토 및 BIM성과품 검토
	BIM 관리자	• BIM 사업 총괄 – BEP 작성 및 feed-back – BIM 프로세스 적용 및 보완 – BIM 검토보고서 작성 – BIM 성과물 관리 및 품질보증
	BIM 실무자	• 해당분야 BEP 작성 및 BIM 실무 – 분야별 BIM 수행을 위한 전략 및 절차 수립 – 분야별 설계검토, 간섭검토 및 보고서 작성 – 분야별 LOD 설정 협의 및 모델 품질관리

(2) BIM 활용 방안별 인력 계획

BIM 활용 방안	소속	연락처	담당자
CDE 구축 및 협업	00건설	02-000-0000	홍길동
4D 시뮬레이션	00건설	02-000-0000	홍길동
5D 시뮬레이션	00건설	02-000-0000	홍길동
BIM 기반 설계검토	00건설	02-000-0000	홍길동
3차원 간섭조정	00건설	02-000-0000	홍길동
장비운영 시뮬레이션	00건설	02-000-0000	홍길동
Reality Modeling	00건설	02-000-0000	홍길동
시공성 검토(공통)	00건설	02-000-0000	홍길동

6 BIM 활용절차

(1) Level1 : 전체 BIM 실행계획 절차

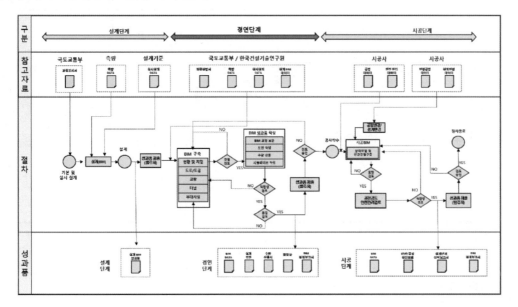

(2) Level2 : 상세 BIM 활용 절차

1) Reality Modeling

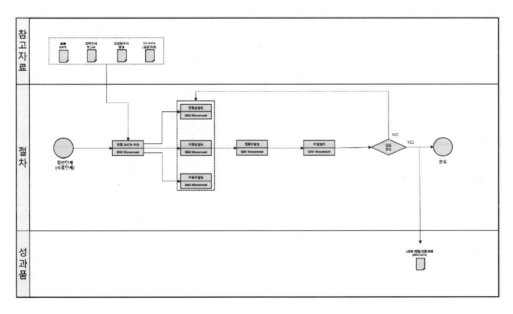

2) 3D 모델링

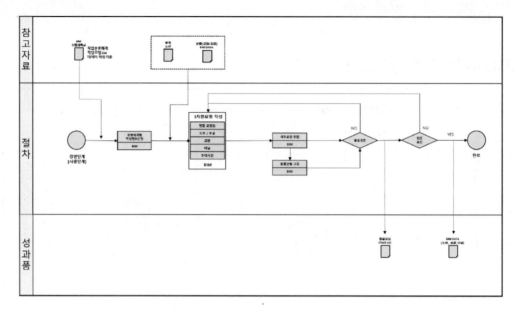

3) BIM 기반 설계변경

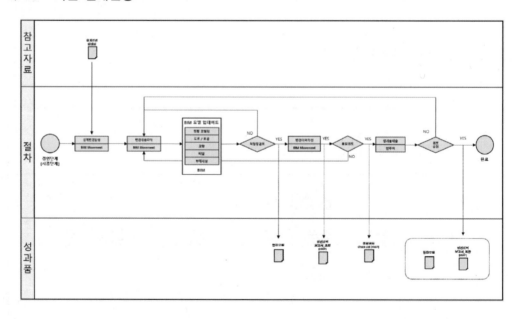

4) 성과품 제출

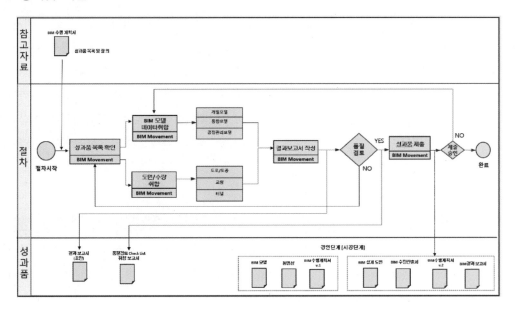

7	협업절차

(1) 협업계획

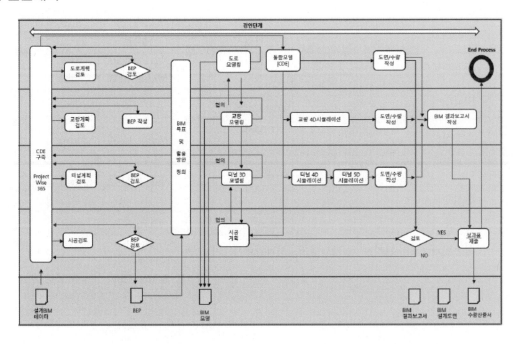

(2) 회의절차

회의종류		수행단계	주기	참가자	위치
BIM 착수회의		설계	2021.01.01	과업책임자, 분야별 BIM 책임자	온라인
BIM 업무 회의	BIM 모델 작성 방안	설계	2021.01.01	과업책임자, 분야별 BIM 책임자	온라인
	성과품 작성 방안	설계	2021.01.01	과업책임자, 분야별 BIM 책임자	온라인
	성과품 납품 방안	설계	2021.01.01	과업책임자, 분야별 BIM 책임자	온라인
시공 BIM 협의		시공단계	2021.01.01	과업책임자, 분야별 BIM 책임자	온라인

(3) 자료교환 절차

저장위치	파일이름	파일종류	보안유무	관리자	주기
CDE	적용 S/W	DGN/DWG/PDF 등	보안(패스워드)	000	상시
Microsoft Teams	–	DGN/DWG/PDF 등	보안(패스워드)	000	상시

(4) 자료교환 예시

구 분	제공자	수신자	기간/주기	파일형식	소프트웨어	원파일	교환 파일
설계자료 – BIM모델	설계담당자	BIM관리자	설계완료시 / 상시	2D도면	AutoCad	.dwg	.dwg .pdf
BIM모델 – 설계자료	BIM관리자	설계담당자	모델완료시 / 상시	3D모델	Civil 3D Revit Navisworks Midas CIM	.dwg .rvt .nwd .cimz	.ifc .pdf .nwd
BIM모델 – 수량정보	BIM관리자	설계담당자	모델검토후 / 상시	3D모델	Civil 3D Revit Midas CIM	.dwg .rvt .mdwg	.xls
BIM모델 – 간섭정보	BIM관리자	설계담당자	모델검토후 / 상시	3D모델	Navisworks	.nwd	.xls .nwd
최종성과	BIM관리자	설계담당자	성과완료시	3D모델	Civil 3D Revit Navisworks Midas CIM	dwg .rvt .nwd .cimz	.ifc .pdf .xls .hwp

8 모델 품질관리

구분	연번	항목	반영 여부	조치 사항
공통	1	공종에 맞는 템플릿을 사용하였는가? • 소프트웨어에 맞는 템플릿을 적용하여 모델 작성을 수행하였는가?		
	2	프로젝트의 좌표 기준점은 정확하게 작성되어 있는가? • Allplan : 사업의 좌표가 한국 측지계 2002과 일치하여 작성되었는가? • Civil3D : 사업의 좌표가 GRS80 사업기준점과 일치하여 작성되었는가? • OpenRoad : 사업의 좌표가 GRS80 사업기준점과 일치하여 작성되었는가? 사업 기준점이 설정되지 않은 경우 공종간 좌표 정합을 위한 기준이 정해졌는가? • 사업기준점이 정해지지 않은 경우 모델의 정위치를 위해 별도의 3차원 표시마크를 원점에 배치하여 사업에 참여 하지 않은 구성원이라도 공종별 모델을 병합할 수 있어야 한다.		
	3	공종별 모델의 색상이 기준에 적합하게 작성되었는가? • 공종별, 시설별 색상기준에 따라 모델이 작성되었는가? 공종별 모델의 약어가 정해진 기준에 따라 작성되었는가? • 모델의 파라메터가 정해진 기준에 따라 대소문자를 구분하여 작성되었는가?		
	4	건축 공종이 병행되는 시설사업의 경우 건축 관련 공종과의 사업접점에 대하여 협의하였는가? • 건축과 다른 공종의 설계 경계에 대하여 명확하게 정하였는가?		
	5	불필요한 정보는 제거 하였는가? • 숨겨진 객체는 삭제 하였는가? • 객체가 중복되지 않았는가? • 불필요한 저장된 뷰가 남아있지 않은가?		
	6	모델의 상세수준(LOD)은 가이드라인에 명시된 수준으로 작성되어 있는가? • 사전에 정의된 모델 수준에 따라 사업 모델이 작성되었는가? • 수행계획서(BEP)의 기준 대비 형상의 LOD 수준 검토 • 도면에 표현된 치수 및 형태와 일치 하는지 검토		
	7	작성된 모델은 간섭검수를 하였는가? • 동일부재의 간섭 확인 (중첩검수) • 다른 부재간의 교차 간섭 확인 (충돌 검수)		

구분	연번	항목	반영 여부	조치 사항
공통	8	공종객체에 따른 속성정보 부여 정합성 검토 • 표준분류체계 기준에 따른 속성정보를 가지고 있는지 검토 (객체 일람표 등 활용) • 속성정보의 누락 오타 검토		
	9	물량산출 비교표 • 2D 내역과 BIM 물량산출 비교표 제시 • 물량 오차 발생한 부분에 대한 근거 제시 • 수행계획서 대비 각 공종에 요구되는 BIM 데이터의 물량 산출 결과 검토		
	10	표준포맷 변환 • IFC, XML등의 중립 포맷의 변환에 따른 객체의 위치, 오류 검토 • 원본 데이터 객체 수량 대비 IFC 변환 수량 검토		
	12	데이터 용량 제한 검토 • 원본 데이터의 용량이 200MB 초과 시 파일 분할 검토 • 시스템 업로드가 가능한 파일 용량인지 확인		
	13	작성 참조 데이터의 제출 • 1BIM 설계와 관련된 참조 데이터가 포함되어 있는지 검토		

구분	연번	항목	반영 여부	조치 사항
지형/ 도로	1	도로 선형 기준이 설계기준에 부합하는지 법규 검토		
	2	모델 작성이후 지표면을 작성하도록 한 점의 수직선상 중복 객체가 있는지 검토		
	3	지표면 모델 중 삼각망이 적절한 게 작성되었는지 검토		
	4	물량산출에 부합하도록 도로 선형별, 구역별로 분할하여 작성되었는지 검토		
	5	수행계획서에 따라 도로 모델이 매쉬 또는 솔리드 객체로 작성되었는지 검토		
	6	도로와 도로의 모델이 만나는 접점에 이격이나 불합치 사항이 없는지 검토		
	7	기존 현황이 점, 브레이크라인, 면요소를 혼합하여 적절히 작성되었는지 검토		
	8	사면의 작성이 지층 현황에 따라 적절한 경사로 변화되어 작성되었는지 검토		
	9	각 도로의 횡단 구성 요소가 계산서와 일치하여 작성 되었는지 검토		
	10	맨홀, 집수정, 빗물받이가 도로의 구조물과 중복되지 않았는지 검토		

구분	연번	항목	반영 여부	조치 사항
지형/ 도로	11	교량, 터널, 암거와 같은 접속 구조물이 정확한 위치에 배치되었는지 검토		
	12	편경사 구간의 모델이 적절하게 작성되었는지 검토		
	13	교차로, 인터체인지 구간의 토공사면 설계가 적절하게 작성되었는지 검토		
	14	도로의 부대시설이 적절하게 배치되었는지 검토		
교량	1	모든 구조 객체는 객체별 구분하여 작성하며, 중첩되지 않도록 한다.		
	2	구조물 객체 모델경계 기준이 모든 객체에 동일하게 적용하였는지 검토		
	3	구조체의 길이가 평면 거리 또는 경사길이 기준으로 작성되었는지 검토		
	4	유지관리를 위해 사람 및 장비의 접근이 원활하게 설계되었는지 검토		
	5	철근 모델링 시 피복 두께가 직선구간과 사선구간에서 일정한지 검토		
터널	1	모든 터널 시설물 객체는 객체별 구분하여 작성하며, 중첩되지 않도록 한다.		
	2	터널 객체 모델경계 기준이 모든 객체에 동일하게 적용하였는지 검토		
	3	구조체의 길이가 평면 거리 또는 경사길이 기준으로 작성되었는지 검토		
	4	시공 및 유지관리를 위해 사람 및 장비의 접근이 원활하게 설계되었는지 검토		
	5	터널 구간 굴착 및 지보공이 Type별로 기준에 맞게 적용되었는지 검토		
가설 구조	1	수행계획서에 기록된 가설부재에 대하여 모델을 작성하였는지 검토		
	2	시설 규격이 표준에 부합하고, 강재 절단이 요소에 맞게 모델링 되었는지 검토		

(1) 소프트웨어

BIM 활용방안		프로그램명/제조사	버전	활용분야	비고
협업/CDE		ProjectWise 365/Bentley Systems	CE	CDE환경 협업	
		Microsoft Teams/Microsoft		비대면 회의	
3D 모델링	현황/도로	Civil3D/Autodesk	2020	설계도서작성	
	터널	Revit/Autodesk	2020	BIM 모델 작성	
	현황/도로	RevitBOX	4.5	BIM 모델 작성	국산
	3D 지형	ContextCapture/Bentley Systems	CE	Reality Modeling	
	3D 지층	LeapFrog/Seequent	2020	지층정보 구축	
	단면해석	GeoStudio2020/Seequent	2020	지반해석	
	구조물/교량	OpenBridge Designer/Bentley Systems	CE	교량 모델링/해석	
	구조물/교량	Allplan/Nemetschek	2020	도면/수량, 시공상세도	
3D 시뮬레이션		3D Max/Autodesk	2020	장비 및 가시설 모델작성	
3D 시뮬레이션		NavisWorks/Autodesk	2020	모델통합	
3D 시뮬레이션		LumenRT/Bentley Systems	CE	시각화, VR시뮬레이션	
4D 공정		Primavera P6/Oracle	19	공정작성	
4D 시뮬레이션		Synchro/Bentley Systems	CE	4D, Safety Planning	
4D 시뮬레이션		Lumion/Act−3D	10.0	시각화, 시공단계 시뮬레이션	
장비운영성 검토		Fuzor/Kalloc Studio	2020	터널 구간 5D	
5D 시뮬레이션		VICO office/Trimble	6.5	터널 구간 5D	
공사관리		UNITY/UNITY Technologies	2020	가상현장 검토	
공사관리		OO시스템	–	드론 현장 관제시스템	국산
계획 검토		브이월드 데스크탑	3.0	기본계획 검토	국산

(2) 컴퓨터 / 하드웨어

BIM 활용 방안	하드웨어명	용도	담당자	하드웨어 사양
CDE 구축 및 활용	Desktop PC	3D 모델	분야별 BIM 관리자	i7, 32Gb, RTX2070 SUPER
4D 시뮬레이션			분야별 BIM 담당자	
5D 시뮬레이션			분야별 BIM 담당자	
BIM 기반 설계검토			분야별 BIM 담당자	
3차원 간섭조정			분야별 BIM 담당자	
장비운영 시뮬레이션			분야별 BIM 담당자	
Reality Modeling			분야별 BIM 담당자	

(3) 주요 소프트웨어별 하드웨어 권장사항 예시 (각 사별 홈페이지 참조)

구분	Revit 2022 제원	Civil3D 2022	OpenRoads	비고
CPU	2.5GHz 이상	3.0GHz 이상	2.0GHz 이상	
Memory	16GB 이상			
Display	1680×1050 트루컬러	1920×1080 트루컬러	–	
Video	DirectX 11 지원 그래픽 카드 (4GB메모리 이상)	106GB/s 대역폭 및 DirectX 12 호환 (4GB메모리 이상)	–	
Disk Space	30GB 이상	16GB 이상	9GB 이상	
OS	64bit Windows			
Internet	연결 필요			

---

10 데이터 구조

(1) BIM 데이터 요소

1) LOD 선정방안(구조물 예시)

① 시공단계 BIM 구축시 구조물은 시공성 및 경제성을 고려하여 구조물의 세부형식 및 공법을 선정하는 단계로 LOD 수준은 300~350으로 선정

② 구조물 관련 부대공(교량받침, 점검시설, 배수시설, 가시설, 난간, 신축이음 등)은 크기, 제원 및 도면형태 등은 일반적인 값을 사용하므로 모델의 활용성과 중요도를 고려하여 필요시 LOD 300 이하 수준으로 선정

③ BIM Forum의 LOD Spec. 기준을 참조함

구 분	상세수준	LOD 범위		개념도
		검토·계획	기본설계	
LOD 100	개념모델수준	○		–
LOD 200	개략형상 모델수준 • 주요 구조 부재 (기초, 벽체, 슬래브, 교대, 교각 등)	○	○	
LOD 300	정밀형상 모델수준 • 전체적인 크기와 기초요소 형상 • 헌치 및 돌출부 • 부재의 외부 치수 • 연관된 정보 속성 • 콘크리트 강도 등		○	
LOD 350	정밀형상과 연계정보 모델수준 • 시공이음 • 다웰바 • 신축이음 • 철근 등			

수급인은 발주자와 협의하여 BIM 데이터 작성 대상에 대한 BIM 상세수준을 정하고, 이를 'BIM 수행계획서'에 기재하고 발주자의 승인을 받아야 한다. 보통은 하나의 시설에 대해 동일한 상세수준을 적용하는 것이 바람직하지만, 필요한 경우에는 발주자와 협의하여 일부분의 BIM 상세수준을 다르게 적용할 수도 있다.

수급인은 BIM 상세수준에 해당하는 속성정보를 설계, 시공 및 유지관리와 같은 모든 단계로 구분하여 명시할 수 있으며, 사업의 단계에 따라 관련 없는 정보는 생략할 수도 있다. 또한, 수급인은 BIM 상세수준에 대한 모든 변경사항을 'BIM 수행계획서' 및 'BIM 결과보고서'에 기재해야 하며, 이를 통해 BIM 상세수준의 변경내용을 명확하게 문서화하여 이해관계자들이 쉽게 확인할 수 있도록 해야 한다. 이러한 LOD는 생애주기별로 각 단계 특성에 따라 적용되어야 한다. 또한 설계, 시공, 유지관리 단계별 필요한 속성정보가 다르기 때문에, 각 단계의 특성에 따라 정보의 종류가 정의 되어야 한다. 이는 각 단계별 BIM 데이터의 활용과도 맞물려 있으며, ISO 19650에서 제시하는 각 생애주기단계별 PIM(Project Information Model)을 작성할 수 있다. 다음 표는 고속도로 분야와 철도분야에서 제시하고 있는 LOD 수준을 표현하고 있다.

2) 도로 BIM 요소

요소		설계변수	수준(LOD)
토공	지형	TIN 모델 / Drone 취득 데이터	200
	지장물	취득 정보	100~200
	도로본체	평면선형, 종단선형, 도로폭, 편경사	300
	비탈면	지형 및 도로구조	300
	노상/노체	도로구조	300
배수공	파이프	형식, 관경(D)	300
	암거	암거 형식	300
	기타	시설물 형식	300
포장	아스팔트	포장형식, 포장 두께	300
	콘크리트	포장형식, 포장 두께	300
	도로경계블럭	형식, 범위	300
	L형측구	도로구조	300
	기타	도로구조	300
부대시설	기타	도로구조, 시설물 형식	300
그 외 도로시설물		시설기준	300

3) 교량 BIM 요소

요소	설계변수	수준(LOD)
말뚝	지형, 교량형식, 기초형식, 말뚝형식	300
기초	지형, 교량형식, 기초형식	300
교각	지형, 도로구조, 교량형식, 교각 형식	300
코핑부	지형, 교량형식, 교각 형식	300
교대	지형, 도로구조, 교대형식	300
받침장치	교각, 교대형식, 거더	300
거더(BOX포함)	도로구조, 교량형식	300
케이블	도로구조, 교량형식	300
슬래브	도로구조, 교량형식	300
중분대	도로구조, 교량형식	300
난간	도로구조, 교량형식	300
그 외 교량시설물	시설기준	300

4) 터널 BIM 요소

요소	설계변수	수준(LOD)
갱구부 비탈면	지형, 도로구조, 사면 경사, 높이, 암질	300
갱문	갱문 형식, 크기	300
숏크리트	굴착방식, 지보패턴	300
라이닝	시설한계, 굴착방식, 지보패턴	300
록볼트	지질, 굴착방식, 보강방법	300
지보공	지질, 굴착방식, 보강방법	300
종·횡 배수관	배수관 형식	300
맨홀	맨홀 형식	300
공동구	터널형식, 공동구 형식	300
그 외 터널시설물	시설기준	300

(2) 폴더명 및 파일명 기준

① 폴더의 구성은 "전산설계도서 표준지침서"의 도서 분류를 준용하고, 도서 분류에 BIM 모델링 및 보고서 폴더를 확장 사용한다. 이 때, 수급인은 추가적으로 폴더를 작성 할 수 있으며 이 폴더 목록 및 파일 목록은 BIM 수행계획서에 추가해야 한다. 또한 BIM 결과 보고서의 파일 및 폴더 체계는 이를 따라야 하며, 부득이하게 따르지 못할 경우 BIM 결과 보고서에 명기할 수 있도록 해야 한다.

폴더 구성 방안				
Level 1	Level 2	Level 3	Level 4	Level 5
노선명	구간명	공구명/시설명	전문분야	도서분류명
국도00호선 예) 국도00호선 건설공사	00-00 예) 설악-청평	공구명 예) 제0공구 00교량	전문분야분류 예) C 토목	01 설계도면 02 보고서 03 계산서 04 예산서 30 기록영상 50 BIM모델링 51 BIM보고서

② 기준은 "전산설계도서 표준지침서"의 도서 분류까지 준용하고, 대분류(전문분야) – 중분류
(공종분류) – 소분류(시설물 및 모델분류)로 구분하여 일련번호를 부여하는 것을 원칙으로
한다.

(3) BIM 및 CAD 표준

적용우선 순위	표준 종류	버전/발행년월	해당 BIM 활용방안	해당 조직
상	국토교통부 건설공사 BIM 지침(안)	1.0/2020.8	설계 BIM 검토 및 시공 BIM 구축	시공사, BIM수행사
중	조달청 시설사업 BIM 적용 기본지침서	1.31/2016.3	설계 BIM 검토 및 시공 BIM 구축	시공사, BIM수행사
하	국토교통부 도로분야 BIM 가이드라인	1.0/2016.12	설계 BIM 검토 및 시공 BIM 구축	시공사, BIM수행사
상	도로분야 작업분류체계 7단계	2015	BIM 모델 구조	시공사, BIM수행사
상	건설정보모델(BIM)을 위한 전산설계도서 표준가이드 (유지관리부문)	0.1/2013.11	BIM 폴더 및 파일 구조	시공사, BIM 수행사

11 성과물 정의

BIM 성과물	사업단계	납품일(예상)	포맷	비고(버전 등)
BIM 수행계획서	사전설계단계	2020.08.27	HWP/PDF	Ver.1
	경연단계	2020.09.11	HWP/PDF	Ver.2
3D 모델	사전설계단계	2020.08.27	DWG/DGN 등	
4D 모델	사전설계단계	2020.08.27	NWD 등	
5D 모델	사전설계단계	2020.08.27	DWG/DGN 등	
BIM 도면	설계단계	2020.09.11	PDF 등	
BIM 수량산출서	설계단계	2020.09.11	XLS 등	
BIM 간섭검토보고서	설계단계	2020.09.11	HWP/PDF	
BIM 품질검토보고서	설계단계	2020.09.11	XLS 등	
BIM 결과보고서	설계단계	2020.09.11	HWP/PDF	
동영상/시뮬레이션	설계단계	2020.09.11	MP4 등	
평가	평가단계	2020.09.10	PPT/MP4	

각종 BIM 데이터	성과품 작성 예시 (도면추출)
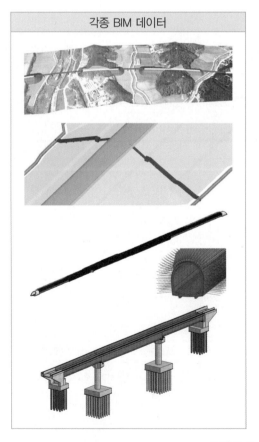	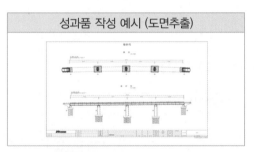
	성과품 작성 예시 (수량산출)
	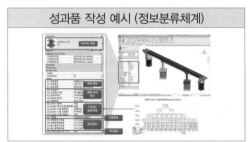
	성과품 작성 예시 (정보분류체계)

그림 3-9 성과품 예시

[출처] BIM 설계 및 시공관리 절차서, 2022

BIM 요구사항 정의서 이해

01 BIM 구성 부재에 대한 데이터 아키텍처로 상호 연관성을 규정하고 업무 절차를 반영한 체계는 무엇인가?

① PBS(Product Breakdown Structure)
② IFC(Industry Foundation Classes)
③ WBS(Work Breakdown Structure)
④ PDM(Product Data Management)

> PBS(Product Breakdown Structure)는 프로젝트의 전체 범위를 관리 가능한 개별 요소로 분해하는 체계적인 방법으로, 제품, 시스템 또는 결과물을 구성하는 주요 요소를 식별하고 그들 간의 관계를 명확하게 정의하는 데 사용된다.
> PBS는 트리 형태의 계층적 구조를 가지며, 최상위 수준에서는 전체 프로젝트 또는 제품이 위치한다. 그 아래 각각의 하위 수준에서는 주요 부분, 구성 요소, 하위 시스템 등이 위치하게 되며, 이러한 분해 과정은 각 요소가 충분히 작고 관리 가능한 크기가 될 때까지 계속된다.

02 프로젝트의 운영을 시작단계에서부터 기획, 설계, 시공, 유지관리 등을 하나로 묶어 통합 발주하여 관리하는 방식은?

① IFC   ② IOT
③ LOD   ④ IPD

> IPD는 프로젝트의 모든 단계를 통합하여 관리하는 방식으로, 이를 통해 각 단계 간의 정보 손실을 최소화하고 프로젝트 전체의 효율성과 성공률을 높이려는 목적이 있다. 이러한 접근법은 다양한 참여자들 사이에서 협업과 공유를 촉진하며, 모든 프로젝트 단계에 걸쳐 정보와 책임을 공유함으로써 결과물의 질을 향상시키게 된다.

03 BIM 업무수행 과정에서 다양한 BIM 수행주체들이 생성하는 정보를 중복 및 혼선이 없도록 공동으로 수집, 관리 및 배포하기 위한 플랫폼 환경을 의미하는 용어(약어)는?

① CBS(Cost Breakdown Structure)
② COBie(Construction Operations Building Information Exchange)
③ CDE(Common Data Environment)
④ IFC(Industry Foundation Classes)

> CDE(Common Data Environment)는 건설 프로젝트에서 생성되는 모든 정보를 안전하게 저장하고, 접근하며, 관리할 수 있는 단일 소스 플랫폼을 말한다.
> 이 환경은 프로젝트의 모든 참여자들이 동일한 정보를 사용하도록 하여 일관성과 효율성을 증가시키며, 중복 작업과 오류를 최소화 한다.

04 다음 LOD 단계의 설명 중 옳지 않은 것은?

① LOD200 : 개념모델 수준
② LOD300 : 정밀 형상 모델 수준
③ LOD350 : 정밀 형상과 연계정보 모델 수준
④ LOD400 : 제작모델 수준

> LOD(Level of Detail)는 BIM(Building Information Modeling)에서 사용되는 구성 요소의 상세 수준을 나타내는 척도이다. 각 LOD 단계는 모델링된 요소의 상세도와 정보의 양을 특정하며, 올바른 LOD 단계 설명은 다음과 같다:
> ① LOD100: 개념적 표현 수준
> ② LOD200: 형상 및 위치에 대한 근거를 제공하는 모델 수준
> ③ LOD300: 정밀 형상 모델 수준
> ④ LOD350: 정밀 형상과 연계 정보를 포함하는 모델 수준
> ⑤ LOD400: 제작 및 구체화된 모델 수준

05 BIM EIR(BIM 과업지시서, Employer Information Requirement)에서 발주자가 설계사/시공사에 요청해야 될 내용과 가장 거리가 먼 것은 무엇인가?

① R&R(Roles and Responsibility) – BIM 데이터의 역할(권한)과 책임
② LOD&LOI(Level of Detail, Information) – 정보와 모델의 상세 수준
③ Breakdown Structure – 모델의 분류체계 정의
④ Software Cost – 소프트웨어 비용

BIM EIR에서는 주로 BIM 데이터의 역할과 책임(R&R), 정보와 모델의 상세 수준(LOD & LOI), 그리고 모델의 분류체계 정의(Breakdown Structure)와 같은 항목들이 다루어진다. 이러한 요소들은 BIM 프로젝트에서 중요한 역할을 하며, 발주자와 설계사/시공사 간에 원활한 협업과 데이터 교환을 위해 정확하게 정의되어야 한다. 반면 소프트웨어 비용은 일반적으로 발주자가 직접 결정하는 사항이며, BIM EIR 문서 자체에는 해당 내용이 포함되지 않는다. 소프트웨어 선택 및 비용 관련 사항은 프로젝트 팀 또는 발주자가 독립적으로 결정하고 처리하는 것이 일반적이다.

06 LOD(Level of Detai)에 대한 설명 중 잘못된 것은 무엇인가?

① 정보의 깊이를 말한다.
② LOD가 깊어질수록 정보를 자세히 묘사하므로 교각 기둥의 재료 뿐 아니라 주철근과 띠철근, 커플러들까지 모델링이 가능할 정도로 상세히 표현될 수 있다.
③ LOD가 작아질수록 모델은 추상화 되고 표현되는 정보가 작아져 모델의 크기는 작아진다.
④ LOD는 서비스 되는 정보의 종류로도 정의할 수 있다.

LOD는 BIM(Building Information Modeling)에서 사용되는 용어로, 모델링된 구성 요소의 상세 수준을 나타낸다. 이것은 단순히 그래픽적인 표현만을 의미하는 것이 아니라, 해당 구성 요소에 관련된 정보와 데이터의 양과 정확도를 포함하고 있지만, LOD가 '서비스 되는 정보의 종류'를 정의하는 것은 아니다.

07 BIM 객체와 3D 모델의 가장 큰 차이점은 무엇인가?

① 3D모델은 주로 형상을 표현하나 BIM 객체는 형상과 정보를 함께 표현함
② 3D모델은 CSG방식으로 형상을 표현하나 BIM 객체는 B-Rep방식으로 표현함
③ 3D모델은 파라메트릭 정보를 포함하지 않으나 BIM은 파라메트릭 정보를 포함함
④ BIM객체는 IFC(Industry Foundation Classes)로 표현되고 관리됨

3D 모델은 일반적으로 주로 시각적인 형상을 표현하는 데 중점을 둔다. 3D 모델링 소프트웨어를 사용하여 구조, 토공 등의 형태를 만들고 시각화를 하지만, 추가 정보나 속성이 포함되지 않는다.
반면에 BIM 객체는 형상뿐만 아니라 관련 정보와 속성도 함께 포함된다. BIM(Building Information Modeling)은 구조물 및 시설물의 생애주기 전반에 걸쳐 데이터를 관리하고 교환하기 위한 프로세스로, 개별 요소의 기하학적인 형태와 함께 실제 성능, 재료, 카테고리 등의 속성 정보 등을 가지고 있다.

08 다음 보기 중 BIM이 성공적으로 수행된 경우 이득을 많이 보는 것으로 평가된 주체를 순서대로 이해관계자를 나열한 것을 고르시오.

① 설계자 → 시공자 → 발주처
② 발주처 → 설계자 → 시공자
③ 시공자 → 발주처 → 설계자
④ 발주처 → 시공자 → 설계자

BIM의 성공적인 수행은 다양한 이해관계자에게 이점을 제공할 수 있지만, 일반적으로 발주처, 시공자, 설계자의 순서로 이득을 더 많이 얻게 된다.
발주처는 BIM을 통해 프로젝트 관리 및 예산 통제, 리스크 관리 등에서 혜택을 받게 되며, BIM은 프로젝트 정보의 투명성과 정확성을 높여 발주처가 의사결정을 내릴 때 신뢰할 수 있는 근거를 제공할 수 있다.
시공자는 BIM 모델을 활용하여 공정계획과 조율, 간섭 검토 및 해결 등 시공 단계에서의 효율성과 정확성을 향상시킬 수 있다. 따라서 시간과 비용 절감에 도움이 되며 공사 질도 개선한다.
설계자는 BIM 모델링과 협업 기능을 활용하여 설계 작업의 정확성과 일관성을 높일 수 있다. 그러나 일반적으로 설계 단계에서 발주처와 시공자보다 상대적으로 적은 이득을 얻는 것이다.

09 BIM에 대한 설명 중 가장 잘못 표현한 것은 무엇인가?

① 건축, 토목, 플랜트를 포함한 건설 전 분야에서 시설물 객체의 물리적 혹은 기능적특성에 의해 시설물 수명주기 동안 의사결정을 하는데 신뢰할 수 있는 근거를 제공하는 디지털 모델과 그의 작성을 위한 업무절차

② 시설물 유지관리를 위해 정보가 포함되지 않은 단순 지오메트리 형상을 말한다.

③ BIM 모델은 각 모델 간 서로 데이터들이 연동되어 모델이 변화가 발생했을 때 연동되어 있는 도면이나 다른 객체가 자동적으로 수정되어 진다.

④ 건설 생애주기 동안에 발생하는 데이터를 효율적으로 관리/활용하기 위한 프로세스를 말한다.

> BIM(Building Information Modeling)은 시설물 등의 물리적 및 기능적 특성을 디지털 모델로 표현하는 것으로, 이는 단순히 지오메트리 형상만을 나타내는 것 뿐 아니라, 구조, 토공, 도로 등 다양한 정보가 포함되며, 이러한 정보들은 생애주기에서 중요한 역할을 하게 된다. BIM의 주요 목적 중 하나는 시설물의 생애주기 동안 발생하는 모든 데이터를 한 곳에서 관리하고 활용하여 의사결정 과정을 개선하는 것으로, BIM은 단순히 형상 정보만을 다루는 것이 아니라 시설물과 관련된 다양한 정보를 포괄하고 있다.

10 BIM 구성 부재에 대한 데이터를 관리하는 시스템은 무엇인가?

① PBS(Product Breakdown Structure)
② PDM(Product Data Management)
③ WBS(Work Breakdown Structure)
④ IFC(Industry Foundation Classes)

> PDM 시스템은 BIM 프로젝트에서도 사용될 수 있으며, BIM 구성 부재에 대한 데이터(예: 3D 모델링 데이터, 속성 정보 등)는 PDM 시스템에 저장되어 다양한 이해관계자들이 필요에 따라 접근하고 사용할 수 있다. 또한 PDM 시스템을 통해 변경 사항이 추적되고 버전이 관리되므로 일관된 정보 공유와 협업을 지원한다.

11 다음 중 4차 산업혁명의 대표 기술인 ICBM에 해당하는 것으로 가장 적절한 것은 무엇인가?

① 인공지능(AI), 사물인터넷(IOT), 클라우드(Cloud), 빅데이터(Big data), 자율주행(Self Driving Car)

② 인공지능(AI), 클라우드(Cloud), 모바일(Mobile), 빅데이터(Big Data), 사물인터넷(IOT)

③ 클라우드(Cloud), 모바일(Mobile), 빅데이터(Big Data), 사물인터넷(IOT), 나노기술(Nano Technology)

④ 클라우드(Cloud), 모바일(Mobile), 사물인터넷(IOT), 생명공학(Bio Technology), 3D 프린팅(3D Printing)

> ICBM은 인공지능(AI), 클라우드(Cloud), 빅데이터(Big Data), 사물인터넷(IoT)의 앞글자를 딴 용어로, 이들 기술이 4차 산업혁명을 주도하는 중요한 요소로 인식되고 있다.

12 미국의 AIA(The American Institute of Architects)에서 LOD 제시한 내용 중에 "정밀 형상 모델 수준 (치수와 관련한 주요 사항이 모두 반영되는 수준으로 그래픽 정보 이외의 정보가 연계될 수 있음)"는 LOD 몇 수준 인가?

① LOD 200   ② LOD 300
③ LOD 400   ④ LOD 500

> 미국의 AIA(The American Institute of Architects)에서 제시하는 LOD(Level of Development) 중에서 "정밀 형상 모델 수준 (치수와 관련한 주요 사항이 모두 반영되는 수준으로 그래픽 정보 이외의 정보가 연계될 수 있음)"은 LOD 300으로, 구성 요소의 정확한 형상과 크기, 위치 등을 표현하는 단계를 나타낸다. 이 단계에서는 설계 의도가 명확하게 표현되며, 그래픽 정보 외에도 비그래픽 정보(예: 재료, 제조사 등)를 연결할 수 있으며, 이는 보다 세부적인 계획 및 분석을 위한 단계로 볼 수 있다.

13 다음 중 각 주체별 BIM 대가에 대한 설명으로 가장 적절하지 않은 것은?

① 한국국토정보공사는 설계 부분 "엔지니어링사업대가기준"의 "실비정액가산방식"으로 산출하고 있으나 BIM 프로젝트는 기본 및 실시설계대가의 17%이내로 증액 적용
② 한국도로공사의 경우 BIM대가 관련 국가기준 마련(2019)전 까지는 전면 BIM발주 공구는 타 공구대비 "기술료"를 "10%p"가산하여 적용
③ 국토부는 BIM 건축설계 대가기준 신설을 위한 건축사 업무범위에 따라 "공공발주 사업에 대한 건축사의 업무범위와 대가기준"개정 ('15.02)
④ 조달청은 "시설사업 BIM 적용 기본 지침서 V1.32"에 근거하여 실비정액가산방식을 적용, 설계자용 BIM 설계 비용 사후 정산을 위한 표준 템플릿 제공 ('17.12)

①번은 한국국토정보공사가 아닌 한국토지주택공사의 상황을 나타내고 있다.

14 영국의 계약 방법에서 정의한 용어설명 중 잘못 된 것은 무엇인가?

① MIDP(Master Information Development Plan): 낙찰 전 제공해야 할 정보 개발 계획
② BEP(BIM Execution Plan): BIM 수행계획서
③ EIR(Employer Information Requirement): 발주처 정보 요구사항(과업지시서)
④ BIM Level 2: 영국에서 목표한 BIM 성숙도 레벨

MIDP는 프로젝트가 수주된 후, BIM Execution Plan (BEP)의 일부로서 작성되며, 프로젝트를 통해 생성되거나 수정되는 정보 모델에 대한 자세한 계획을 제공한다. 이는 프로젝트가 진행됨에 따라 어떤 정보가 언제, 어떻게, 누구에 의해 개발될 것인지를 명시하며, 낙찰 전이 아니라 낙찰 후에 작성하고 제출하는 문서이다.

15 모델의 상세 수준(LOD: Level of Detail 혹은 Level of Development)에 대한 설명이 틀린 것은?

① 3차원 BIM 모델의 용도와 사업 단계에 따라 설정해야 한다.
② LOD는 모델의 주된 활용 목적인 수량 산출, 3차원 조정작업 및 계획에 따라 특정 상세나 정보가 모델에 어느 수준으로 표현되는지를 결정하는 것이다.
③ 모델의 상세수준에는 비 그래픽적 요소인 관련 정보가 포함될 수 없다.
④ 설계 단계별로 특정 수준의 LOD를 모든 구성 요소에 적용하기 보다는 발주자가 모델의 활용성과 투입 비용 및 시간을 고려하여 중요도가 높은 최소한의 모델 범위와 수준을 설정하여야 한다.

LOD는 BIM에서 사용되는 개념으로, BIM 모델이나 그 구성 요소의 상세도와 완성도를 나타낸다. 이는 그래픽적인 디테일(LoD) 뿐만 아니라, 해당 구성 요소와 관련된 비그래픽 정보(속성정보 등, LoI)를 얼마나 자세하게 표현하고 있는지도 포함한다. 따라서 LOD는 BIM 모델이나 구성 요소가 가진 정보의 양과 질을 측정하는 중요한 지표가 된다.

16 미국의 AIA(The American Institute of Architects)에서 LOD 제시 내용중에 "제작 모델 수준(상세나 조합, 설치 정보가 포함되어 제작 도면이나 기계 가공이 가능한 모델 수준)"는 LOD 몇 수준 인가?

① LOD 200　　② LOD 300
③ LOD 400　　④ LOD 500

미국의 AIA(The American Institute of Architects)에서 제시하는 LOD(Level of Development) 중에서 "제작 모델 수준(상세나 조합, 설치 정보가 포함되어 제작 도면이나 기계 가공이 가능한 모델 수준)"은 LOD 400으로, 구성 요소의 형상, 크기, 위치, 수량 등을 정확하게 표현하며 제작과 설치를 위한 세부 정보까지 포함된 상세도가 필요한 단계를 나타낸다. 이는 건설 현장에서 직접 사용될 수 있는 상세한 정보를 요구하는 단계로, 실제 제작이나 설치에 필요한 세부 사항들을 포함한다.

17 토목 BIM 단계별 업무에 대한 설명으로 올바르지 않은 것은?

① 계획단계 - 프로젝트 설계 초기 단계에서 가장 기본적은 형태의 모델을 작성하여 BIM 데이터로부터 기본적인 토공 및 구조물 수량 등을 산출하고 여러 가지 다양한 설계 대안을 제시 및 검토한다.

② 실시설계단계 - 설계만을 위한 데이터로써 BIM 데이터가 설계도면 및 물량이 연계되지 않아 정확한 도면 산출이나 물량산출이 가능하지는 않지만, 분야별 설계 업무를 협업할 수 있도록 각 부문별 모델은 지능형 객체 모델 기반으로 작성되므로 상호 활용할 수 있도록 모델이 작성된다.

③ 시공단계 - 시공단계에서 일어날 수 있는 간섭 및 오류를 파악하고 4D 시뮬레이션을 통해 공정관리를 체계적으로 한다.

④ 시각화/시뮬레이션 단계 - 각 단계에서 생성된 BIM 데이터를 활용하여 시각화하거나 시뮬레이션 작성에 용이하며, 빠른 의사결정을 위한 도구 및 보고자료로 활용될 수 있다.

> 실시설계 단계에서는 BIM 데이터가 매우 세부적으로 작성되며, 이는 정확한 도면 산출과 물량산출을 가능하게 한다. 따라서 실시설계 단계에서는 BIM 데이터가 설계 도면 및 물량과 밀접하게 연결되며, 이 단계에서의 BIM 사용은 공사를 위한 상세 정보 제공, 공정 계획, 자재 주문 등에 필요한 정보를 포함하므로 이를 통해 시공 관리와 효율적인 자원 관리가 가능하게 된다.

18 다음 중 BIM 수행과 직접적으로 연관되지 않은 ISO 규정은?

① ISO 19650　　② ISO 7817
③ ISO 12911　　④ ISO 27701

> ISO 27701은 개인정보 보호를 위한 정보보안 관리 시스템(ISMS) 확장 요구사항을 다루는 표준으로, 이는 개인정보 보호와 관련된 규정으로, BIM 수행과 직접적인 연관성이 없다.

19 조달청 BIM 정보표현 수준에 대한 설명 중 적절치 않은 것은 무엇인가?

① BIL10 : 기획단계 수준
② BIL20 : 계획설계 수준
③ BIL30 : 중간설계 수준
④ BIL40 : 시공수준

> 조달청에서는 BIM 정보표현 수준을 BIL(Building Information Level)로 정의하고 있으며, 이는 다음과 같이 분류된다.
> • BIL10 : 기획단계 수준　• BIL20 : 계획설계 수준
> • BIL30 : 기본설계 수준　• BIL40 : 실시설계 수준
> 따라서, "BIL40"은 "실시설계 수준"을 의미하므로, "시공 수준"으로 설명하는 것은 적절하지 않다.

20 BIM 데이터에 관한 사항 중 적절치 않은 것은 무엇인가?

① BIM 데이터에서 정합성 및 간섭검토에 대하여 설계자와 협의하여야 한다.
② BIM 데이터로부터 도면을 추출 할 때, 상세도 등의 모든 사항을 추출해야 한다.
③ BIM 소프트웨어의 기능적 한계점은 결과보고서에 기술해야 한다.
④ 납품 이전 BIM 소프트웨어의 업데이트로 인한 갱신시 수급인이 담당해야 한다.

> 상세도 등의 사항은 보조도면으로 작성 하도록 규정되어 있다.

21 다음 중 BIM 수행계획서에 포함될 항목이 아닌 것은?

① CDE 협업절차
② BIM 기술환경 확보계획
③ BIM 수행조직 구성
④ 발주자 요구사항

> 발주자 요구사항은 일부 포함은 되지만, 전체는 과업 지시서에 포함된다.

22 다음 중 BIM 데이터를 활용한 수량산출방법이 아닌 것은?

① BIM 전면설계시 BIM 데이터로부터 추출되어야 한다.
② BIM 데이터에서 추출된 수량은 임의 변경이 불가하다.
③ BIM 데이터를 활용한 수량산출방법에는 자동, 연동, 수동 수량산출의 방법이 있다.
④ 수동수량 산출방법에 대하여 발주자와 협의하여 BEP 등에 기술해야 한다.

> BIM 데이터를 활용한 수량산출방법에는 자동, 연동의 방법이 있으며, 수동수량은 불합리한 공정에 대하여 수학적인 접근 방식으로 산출된다.

23 BIM도입에 따른 발주처의 이점을 설명한 것 중 가장 거리가 먼 것은 무엇인가?

① 시공비용절감
② 라이브러리 구축으로 설계기술력 향상
③ 전반적인 프로젝트 결과향상
④ 사업의 신뢰성 및 관리능력 향상

> 라이브러리 구축으로 설계기술력 향상은 발주처 입장에서는 거리가 있다. 일반적으로 BIM 라이브러리 구축은 수급인 쪽에서 주로 진행되며, 이를 통해 그들의 설계 및 제작 과정에서 기술력을 향상시킬 수 있다. 하지만 발주처는 이런 라이브러리를 활용하여 보다 정확하고 효율적인 결정을 내릴 수는 있지만, 직접적으로 그들의 '설계 기술력'에 영향을 주지는 않는다.

24 발주처가 BIM 프로젝트를 발주했을 때 수행사 (설계사 or 시공사) 에게 요청해야 될 내용 중 우선순위가 떨어지는 것은 무엇인가?

① 모델의 상세수준 (LOD and LOI, Level of Detail and Information)
② BIM 데이터의 책임과 권한 (BIM R&R, Role and Responsibility)
③ 목표 ROI(Return on Investment) – 투자 대비 수익률
④ 객체 구성체계(객체 분류체계)

> ROI는 프로젝트가 경제적으로 성공적인지 평가하는 지표일 뿐, 실제 BIM 작업을 수행하는 과정에서 직접적인 영향을 주는 것은 아니다. 따라서 초기 단계에서 이를 요청하는 것보다는 위 세 가지 요소와 같은 기술 및 관리 측면에 더 초점을 맞추어야 한다.
> 그럼에도 불구하고, ROI 계산은 프로젝트 전략 결정 및 비용 – 편익 분석에서 중요한 역할을 하므로 완전히 배제되어서는 안된다.

25 다음 중 BIM 지원 소프트웨어의 특징이 아닌 것은?

① 2차원 설계 지원
② 객체 지향 모델링
③ 파라메트릭 모델링
④ 데이터의 호환

> 2차원 설계 지원은 전통적인 CAD 시스템에서 주로 사용되며, BIM 시스템의 핵심 기능이 아니다. BIM 시스템은 3차원 정보 모델링에 초점을 맞추고 있으며, 이것이 바로 그것이 2D CAD 도구와 가장 크게 차별화 되는 부분이다. 물론 대부분의 BIM 소프트웨어는 2D 도면 생성도 가능하지만, 그것들은 주로 3D 모델에서 파생된 결과물일 뿐이다.

26 다음 중 BIM에 대한 설명으로 가장 적절하지 않은 것은?

① BIM은 실시설계 단계부터 프로젝트 참여자간 협업을 중요하게 생각한다.
② BIM은 갑을 간 상호신뢰에 의한 계약 관계가 중요하다.
③ BIM은 적절한 대가체계와 계약제도하에 정상적으로 동작한다.
④ BIM은 프로젝트 이해당사자들 참여로 개발된 BEP 수행이 필수적이다.

> 협업은 실시설계 단계부터가 아닌 BIM을 시행하는 최초의 설계부터 협업이 포함되어야 한다. 따라서 기본설계부터 시작하는 경우, 기본설계부터 협업을 수행해야 한다.

4 BIM 정보 관리

01 BIM 정보교환 표준 모델

1 BIM 상호운용성

BIM 정보교환은 BIM(Building Information Modeling) 기술을 통해 생성된 건물이나 기타 자산의 가상 모델을 디지털 파일 형식으로 추출, 교환, 네트워크화하는 과정이다. 이러한 정보 교환은 건설 프로젝트의 설계, 시공, 운영, 유지보수 등 건설 전 생애주기에 걸쳐 이루어지며, 다양한 이해관계자들이 효과적으로 협업하고 의사결정을 지원하는데 필요하다.

BIM 정보교환을 수행하기 위하여 정보교환 표준 모델과 정보관리 및 교환 프로세스, BIM 정보를 저장하여 공유하는 플랫폼이 필수적으로 필요한 요소이다.

원활한 BIM 정보의 교환을 위해서 BIM 데이터 상호운용성 확보가 매우 중요하다. 이러한 상호운용성은 건설 프로젝트에 참여하는 다양한 분야와 산업의 소프트웨어 도구가 서로 호환 되고 연결되어 정보를 원활하게 공유하고 협업할 수 있는 능력을 말한다.

(1) BIM 상호운용성을 활용하는 목적

① 협업 효율성 향상

데이터 교환 표준모델을 사용하면 프로젝트 관계자들이 다양한 소프트웨어에서 건설 프로 젝트 데이터를 자유롭게 교환할 수 있어 협업이 원활해진다.

② 정보 활용성 증대

BIM 모델에서 변환된 데이터 교환 표준 모델은 프로젝트의 모든 정보를 포함하고 있으 므로, 이를 사용하면 프로젝트 관계자들이 필요한 정보를 보다 쉽게 활용할 수 있다.

③ 품질 및 안전성 향상

데이터 교환 표준 모델을 사용하면 프로젝트 정보를 보다 정확하고 효율적으로 관리할 수 있어 품질 및 안전성을 향상시킬 수 있다.

(2) BIM 상호운용성을 향상시키기 위한 기술적 요소

① 데이터 모델

BIM 모델의 구조와 내용을 정의하는 것이다. 데이터 모델이 표준화되어 있어야 BIM 모델을 개방형 표준 형식으로 변환할 수 있다.

② 정보 교환 프로토콜

BIM 모델의 데이터를 개방형 표준 형식으로 변환하는 방법을 정의하는 것이다. 정보 교환 프로토콜이 표준화되어 있어야 다양한 소프트웨어에서 BIM 모델을 사용할 수 있다.

③ 데이터 변환 도구

BIM 모델의 데이터를 개방형 표준 형식으로 변환하는 데 사용되는 소프트웨어이다. 데이터 변환 도구가 성능이 좋고 사용하기 쉬워야 BIM 모델의 상호운용성을 높이는 데 도움이 된다.

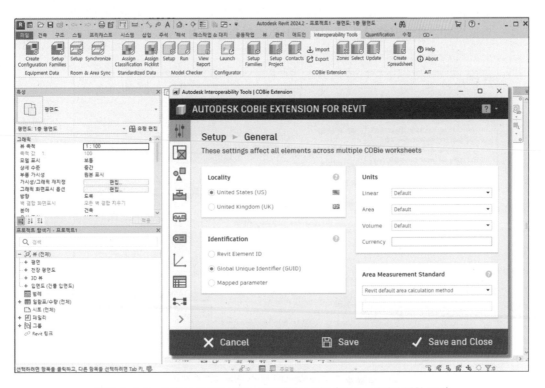

그림 4-1 Revit에서 제공하고 있는 상호운용성 도구 (COBie 데이터 변환 도구)

2 BIM 정보교환 표준 모델

(1) IFC

IFC(Industry Foundation Classes)는 건설 또는 시설 관리 산업 부문의 다양한 참여자가 사용하는 소프트웨어 애플리케이션 간에 교환 및 공유되는 빌딩 정보 모델(BIM) 데이터에 대한 개방형 국제표준이다.

IFC는 국제표준 ISO 16739에 EXPRESS 스키마와 XML 스키마로 정의되어 있으며 해당 파일의 확장자는 다음과 같다.
- *.IFC : STEP 기반의 표준형식
- *.IFCZIP : IFC 파일을 ZIP으로 압축한 형식
- *.IFCXML : XML기반으로 표현된 IFC 데이터 표준형식, 특정 S/W에서 실행
- *.IFCXMLZIP : IFCXML 파일을 ZIP으로 압축한 형식

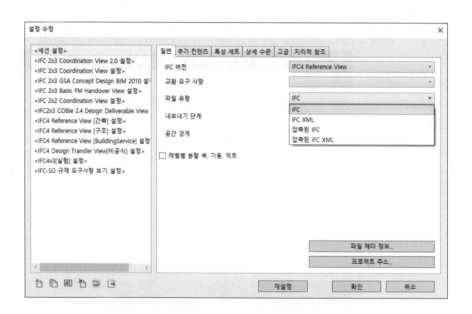

그림 4-2 Revit에 사용할 수 있는 IFC 확장자

(2) COBie

COBie(Construction-Operations Building information exchange)는 미공병단의 주도로 개발된 자산관리를 위한 스프레드시트 기반의 정보교환 데이터 포맷이며, 건설공사가 끝나는 시점에서 시설물 관리와 관련된 방대한 양의 문서를 대체하는 수단으로 개발된 기술이다. COBie는 NIBS(National Institute of Building Sciences)의 NBIMS-US V3의 4장 정보의 교환 편 중 4.2절에 정의되어 있으며, 노란색은 필수 데이터, 연어색은 다른시트 또는 선택목록 참조, 보라색은 S/W 등 외부 참조, 녹색은 필요에 따라 입력하는 데이터 등으로 구분하여 관련 정보를 입력하게 되어 있다.

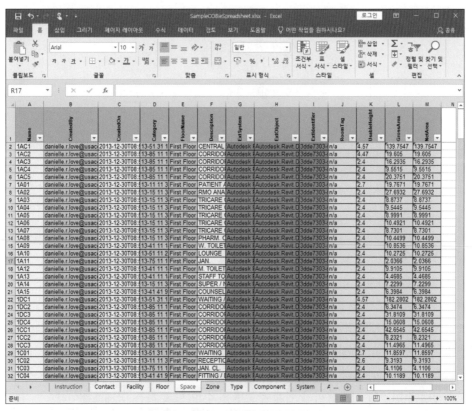

그림 4-3 COBie 스프레드시트 예시

(3) BCF

BCF(BIM Collaboration Format)는 BuildingSMART International에서 개발한 기술로서 BCF는 기존 IFC 모델 레이어 위에 주석 및 스크린샷 등 추가할 수 있어 다양한 설계 검토 내용을 교환하기 위한 XML기반의 개방형 표준 모델이다.

(4) LandXML

LandXML은 US DOT와 Autodesk에서 개발한 토목엔지니어링 분야의 산업 표준적인 데이터 교환 포맷으로 측량, 도로설계, 단지부지, 디지털 지형모델 등의 토목산업 대부분의 모델을 포함할 수 있도록 XML 기반으로 개발되었다.

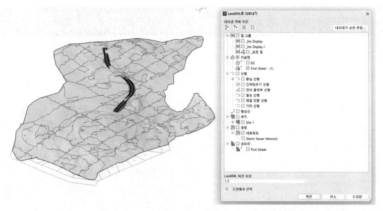

그림 4-4 Autodesk Civil 3D에서 LandXML 모델을 작성

(5) CityGML

CityGML은 OGC(Open Geospatial Consortium)에서 개발한 표준으로 GIS 기반 가상 3D 도시 및 경관모델을 표현하고 교환하기 위한 개방형 데이터 모델이다.

CityGML은 3차원 공간객체 간의 관계를 기하(geometry), 위상(topology), 의미(semantics) 및 모습(appearance) 등의 속성들로 정의하고 있으며, HTML(HyperText Markup Language)이 태그를 활용해 인터넷 페이지를 표현하고 구성하는 것처럼 3차원 공간정보를 인터넷에 연결된 시스템끼리 쉽게 주고받을 수 있도록 하는 국제표준이다.

GML에 대한 스키마는 ISO/TC211에서 개발한 표준을 사용하였으며 ISO/TC211은 공간정보, 좌표체계, 개념적 스키마 언어, 메타데이터, 제품사양 및 서비스 인터페이스 등을 포함한 전반적인 공간정보 체계 및 활용에 대한 폭넓은 표준화를 진행하는 공정표준화기구이다.

(6) gbXML

gbXML(Green Building XML)은 건축 설계 도구와 엔지니어링 분석 소프트웨어 간의 상호 운용성이 가능토록 개발된 XML기반의 표준이다. 건물의 외피, 구역, 기계 장비의 시뮬레이션 등 에너지 분석에 필요한 정보를 포함하는 개방형 표준모델이다.

3	**BIM 정보교환 기술**

(1) MVD

Model View Definition(모델보기정의)는 IFC 데이터 교환의 필수 개념 중 하나로서 데이터 교환에 포함되어 있어야 하는 그래픽 및 영숫자 정보를 정확하게 정의하는 데이터 필터이다. Revit에서는 아래 그림과 같이 Coordination View, Reference View 등으로 표현된다.

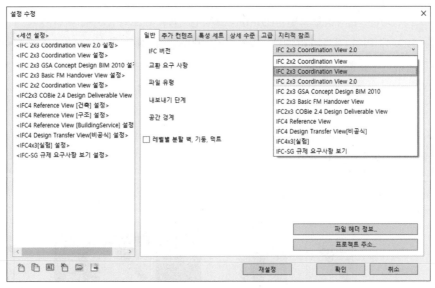

그림 4-5 Autodesk Revit에서 IFC 출력 중 MVD 선택

(2) IDM

IDM(Information Delivery Manual)은 프로젝트 수행 과정에서 생성되는 정보를 누가, 언제, 어떻게 만들어 전달할지에 대한 내용을 작성한 정보 전달 매뉴얼이며, 제작 기준은 국제 표준인 ISO 29481에 기술되어 있다.

(3) IFD

IFD(International Framework for Dictionaries)는 사전을 위한 국제 프레임웍이란 뜻으로 표준 모델이 상호운용성을 확보할 수 있도록 관련 용어를 정의하는 기술이며 ISO 12006-3의 분류체계를 기반으로 작성되어 있다.

1 ISO 19650

ISO 19650은 "빌딩정보모델링(BIM)을 포함한 건축 및 토목공사에 대한 정보 구성 및 디지털화 - BIM에 의한 정보관리"라는 명칭으로 2018년에 처음 발행된 BIM을 위한 새로운 국제표준이다. 이 표준은 건축 및 건설 프로젝트의 정보를 관리하는 방법과 절차를 포함하여 작성, 공유, 검토, 승인, 유지보수 등의 업무에 필요한 정보 제공, 포맷, 교환 등을 규정하고 있다.

ISO 19650은 영국 BSI(British Standards Institution)에서 개발한 표준 BS 1192와 PAS 1192 시리즈가 국제표준인 ISO로 승격된 것으로 시리즈 중 Part 1에서 5까지는 현재 발행이 완료되었고 Part 6은 아직 개발 중이다.

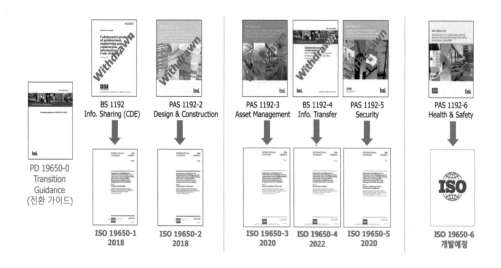

그림 4-6 ISO 19650 표준 시리즈

[출처] BSI 블로그

2 ISO 19650 시리즈의 세부 내용

(1) ISO 19650-1 : 개념 및 원칙 (Concepts and principles)

BIM을 사용할 때 시설물에 대한 자산의 생애주기 동안 정보의 관리 및 생성을 수행하는 프로세스에 대한 권장 개념 및 원칙을 설명하고 있으며, ISO 19650 시리즈에서 사용되고 있는 기본적인 용어에 대한 해설이 수록되어 있다.

(2) ISO 19650-2 : 자산의 이행단계 (Delivery phase of the assets)

프로젝트 수행 단계에서의 각 주체자의 요구사항을 포함한 구체적인 정보관리 프로세스와 작성되는 산출물에 관한 내용을 정의하고 있다.

(3) ISO 19650-3 : 자산의 운영단계 (Operational phase of the assets)

자산의 운영 단계에서 필요한 생성된 데이터 및 정보의 구체화와 관리 방법을 정의하고 있다.

(4) ISO 19650-4 : 정보의 교환 (Information exchange)

프로젝트 운용 단계에서 프로세스 단계별 정보교환에 대한 명확한 프로세스와 기준을 정의하고 있다.

(5) ISO 19650-5 : 보안 (Security-minded approach to information management)

BIM 프로세스 및 산출물을 활용 시, 보안은 염두한 접근법을 채택하는 방법을 제시하고 있다.

(6) ISO 19650-6 : 안전 보건 (Health and Safety)

BIM을 사용하여 보건 및 안전 정보를 관리하는 방법 및 이를 개선하는 방법을 포함하고 있다. 해당 분야는 현재 개발 중으로 필요시 PAS 1192-6을 사용하고 있다.

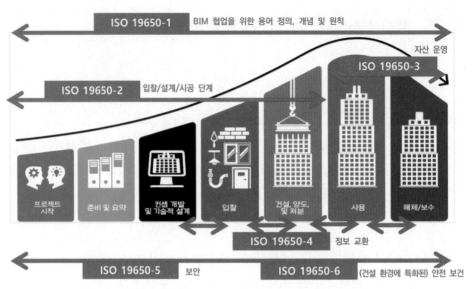

그림 4-7 건설 생애주기 단계에 대한 ISO 19650 표준의 적용

[출처] BSI 블로그

(7) ISO 19650에서 정의되는 공통정보관리환경 (CDE) 워크플로우

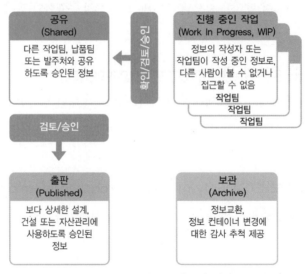

그림 4-8 공통정보관리환경(CDE) 개념

[출처] ISO 19650-1 그림 10

공통정보관리환경(CDE)은 자산관리 및 건설 프로젝트 진행 시 정보를 관리하는 데 사용하여야 한다. 공통정보관리환경(CDE) 내의 정보컨테이너는 진행 중인 작업(WIP), 공유(Shared), 출판(Published)의 상태 중 하나여야 하며, 프로젝트 종료 시 모든 정보컨테이너에 대한 감사 추적을 제공하는 보관소(Archive)로 전송 및 보관된다.

(8) ISO 19650에서 사용되는 주요 용어

	용어	해설
수행 주체 및 조직	Appointing Party	발주처 (AP)
	Lead Appointed Party	주 계약사 (LAdP)
	Appointed Party	협력사 (AdP)
	Appointment	계약
	Project Team	프로젝트를 수행하는 팀
	Delivery Team	계약에 따른 업무를 수행하는 팀
	Task Team	특정 작업을 수행하기 위한 팀
정보 요구 사항	Level of information need	정보 요구 수준
	OIR	Organizational Information Requirements 조직정보 요구사항
	AIR	Asset Information Requirements 자산정보 요구사항
	PIR	Project Information Requirements 프로젝트정보 요구사항
	EIR	Exchange Information Requirements 정보 교환 요구사항
납품 계획	information delivery milestone	정보교환을 위해 사전에 계획한 일정
	MIDP	Master Information Delivery Plan 모든 관련 작업 정보 제공 계획을 통합하는 계획
	TIDP	Task Information Delivery Plan 특정 작업팀에 대한 정보 제공 계획
성과물	PIM	project information model 전달 단계와 관련된 정보 모델
	AIM	asset information model 운영 단계와 관련된 정보 모델
	information container	파일과 같은 정보의 집합
정보 교환 주체	information provider	정보 컨테이너에 정보를 제공하는 자 (Task Team)
	information receiver	정보 컨테이너에서 정보를 제공받는 자 (AP, LAdP)
	information reviewer	정보 및 해당 정보 컨테이너를 검토하는 자 (Task Team Leader)

3 　다른 경영시스템 표준과의 관계

ISO 표준 간에는 서로 상호 보완적으로 운영되고 있다. ISO 19650의 경우 시설물의 생애주기 전체에 대한 프로젝트 관리의 개념으로 ISO 9100 품질관리 시스템의 내용을 준용할 수 있으며, 자산 및 프로젝트 관리의 경우 ISO 55000 자산관리 시스템과 ISO 21500 프로젝트 관리 표준을 적용하여 정보관리 업무를 수행할 수 있다. 이외에도 ISO 27001 정보보호와 ISO45001 안전보건 표준을 활용할 수 있다.

그림 4-9 일반 프로젝트 및 자산정보관리 수명주기

[출처] ISO 19650-1 그림 3

표 4-1 ISO 19650 시리즈와 연관된 경영시스템 표준

BIM 표준	경영시스템 표준
ISO 19650 - 2	ISO 9001 품질경영
ISO 19650 - 3	ISO 55000 자산관리
ISO 19650 - 5	ISO 27001 정보보호
ISO 19650 - 6	ISO 45001 안전보건

[출처] BSI 블로그

4 UK BIM Framework

UK BIM Framework는 ISO 19650 시리즈에서 제공하는 정보관리 프레임워크를 사용하여 영국에서 BIM을 구현하기 위한 접근방식을 제시하고, 안내 및 지원하는 기관이다.

UK BIM Framework에서는 아래의 그림과 같이 가이드를 제공하고 있다. 가이드 1과 가이드 A~F는 ISO 19650 시리즈의 구현을 지원하고, 가이드 2~5까지는 해당 ISO 19650 시리즈 중 주요 사항에 관한 내용을 지원한다.

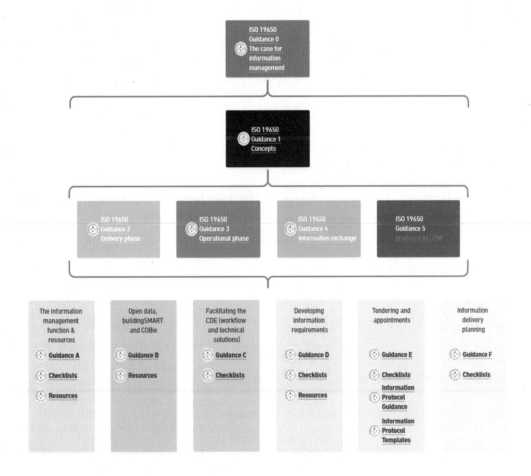

그림 4-10 ISO 19650 기반의 UK BIM Framework

[출처] UK BIM FRAMEWORK

01 BIM 정보 관리 국제표준인 ISO 19650에서 제시하고 있는 정보관리 대상이 아닌 것은?

① Asset   ② Finance

③ Safety   ④ Security

> ISO 19650에서는 Part 3 Asset(자산), Part 5는 Security (보안), Part 6는 Safety(안전)에 대한 내용을 다루고 있으며 ISO 19650는 Finance에 대한 내용이 없다.

02 COBie(Construction—Operations Building information exchange)는 자산관리를 위한 스프레드시트 기반 정보교환 데이터 포맷이며, BIM 환경에서 운용가능하도록 설계되어 있다. 이러한 COBie가 정의되어 있는 지침 및 기준은 어느 것인가?

① Asset Informaition Requirement (AIR)

② 건설공사 BIM 시행지침

③ ISO 19650 Part 3

④ NIBS NBIMS—US V3

> COBie는 NIBS에서 개발한 NBIMS—US V3 기준서 4장 정보의 교환편 중 4.2절에 정의되어 있다.

03 IDM 프로세스 맵의 구성요소가 아닌 것은?

① Task

② Exchange Requirement

③ Object

④ Stakeholder

04 IDM과 가장 가까운 의미를 선택하시오.

① 건설 정보를 효과적으로 교환하기 위한 체계

② 건설 정보 용어를 표준화한 사전

③ 소프트웨어 구현을 위한 모델 뷰

④ 건설 정보 교환을 위한 표준 파일

> ② 건설 정보 용어를 표준화한 사전 : IFD (International Framework for Dictionaries)
> ③ 소프트웨어 구현을 위한 모델 뷰 : MVD (Model View Definition)
> ④ 건설 정보 교환을 위한 표준 파일 : IFC (Industry Foundation Classes)

05 IFC(Industry Foundation Classes)의 대한 설명은 무엇인가?

① 다양한 소프트웨어들이 서로 모델정보를 공유 또는 교환을 통하여 개방형 BIM을 구현하는데 사용되는 공인된 국제표준(ISO 16739) 규격

② BIM 사업 기획 초기부터 관련된 참여자들이 모두 포함되어 협업을 통해 계획을 수립하고 정보를 공유하는 사업 수행체계

③ BIM 구성 부재에 대한 데이터를 관리하는 시스템

④ 사업의 진행 과정에서 정보를 실시간으로 공유하고 BIM 모델의 변경, 승인, 공유의 절차를 관리하기 위한 정보공유 환경으로 하드웨어와 소프트웨어 환경

> ② IPD (Integrated Project Delivery) 에 대한 설명
> ③ PDM (Product Data Management) 에 대한 설명
> ④ CDE (Common Data Environment, 공통정보관리환경) 에 대한 설명

06 IFC(Industry Foundation Classes)의 설명 중 옳지 않은 것은?

① 설계에서 유지관리까지 건축물 생애주기 전체에서 사용될 수 있도록 개발 중인 정보 모델이다

② IFC는 정보보안을 위하여 건물생애주기 전체에서 사용되는 건물 설계와 관련된 모든 정보를 기술할 수 없다.

③ 건설관련 소프트웨어들 간에 건물의 구성 요소와 관련된 방대한 정보를 일관되게 생성하고 교환하기 위하여 개발되었다.

④ IFC는 3차원 형태를 기술하기 위한 다양한 기하학적 표현방법이 있다.

07 IFC에 대한 설명 중 옳지 않은 것은 무엇인가?

① Industry Foundation Classes의 약자로 소프트웨어 업체들간의 상호운용성을 위한 표준정보 모델

② IFC로 작성된 파일은 BIM기반의 프로그램들에서 일부 속성정보를 불러들일 수 있고 편집이 가능하다

③ 모든 건설객체를 포괄하는 ISO표준이다.

④ 건설산업계와 소프트웨어 업계의 연합으로 구성된 IAI의 주도로 만들어짐

> 현재 토공 선형분야에 대한 IFC 스키마는 계속 개발 중이다.

08 ISO 12006-3에 근거한 용어 정의 사전으로 IFC와 호환에 대해 설명한 것은 무엇인가?

① IPD(Integrated Project Delivery)

② IDM(Information Delivery Manual)

③ IFD(International Framework for Dictionaries)

④ XML (Extensible Markup Language)

09 ISO 19650 표준시리즈 중 BIM의 기본 개념 및 원칙을 설명하는 번호는?

① ISO 19650-1

② ISO 19650-2

③ ISO 19650-3

④ ISO 19650-4

> ② ISO 19650-2 : 자산의 이행단계
> ③ ISO 19650-3 : 자산의 운영단계
> ④ ISO 19650-4 : 정보 교환

10 다양한 소프트웨어들이 서로 모델정보를 공유 또는 교환을 통하여 개방형 BIM을 구현하는데 사용되는 공인된 국제표준(ISO 16739) 규격은 무엇인가?

① IFD(International Framework for Dictionaries)

② IPD(Integrated Project Delivery)

③ IDM(Information Delivery Manual)

④ IFC(Industry Foundation Classes)

11 다음 ISO표준에 대한 설명 중 부적합한 것은 무엇인가?

① ISO16739-1 : 시공 유지관리 산업에서 데이터 공유를 위한 IFC

② ISO19650-1 : 빌딩 정보 모델링을 사용한 정보관리, 개념 및 원칙

③ ISO19650-2 : 빌딩 정보 모델링을 사용한 정보관리, 자산의 공급단계

④ ISO19650-3 : 빌딩 정보 모델링을 사용한 정보관리, 정보관리에 대한 보안 지향적 접근

> ISO19650-3는 자산의 운영단계에 필요한 정보관리 내용이 수록되어 있으며, 정보관리의 보안은 ISO19650-5에 수록되어 있다.

12 다음 중 건설 자산의 유지관리에 필요한 공간 및 장비를 포함하는 자산정보를 정의한 국제표준 (ISO 15686-4)은 무엇인가?

① COBie(Construction operations building information exchange)
② FMS(Facility management system)
③ IFC(Industry foundation classes)
④ IFD(International Framework for Dictionaries)

ISO 15686-4은 BIM을 사용한 서비스수명계획에 대한 표준이며 표 형식 데이터의 정보교환을 위해 COBie 표준을 준용하고 있다.

13 다음 중 시설물 운영 및 유지관리를 위한 정보 교환 체계를 뜻하는 용어는?

① COBie(Construction operations building information exchange)
② FMS (Facility management system)
③ IFC (Industry foundation classes)
④ IPD(integrated project delivery)

14 사업 참여 주체들 간의 정보 전달의 방식을 구체적으로 명시한 지침서는 무엇인가?

① PDM(Product Data Management)
② IDM(Information Delivery Manual)
③ ISO(International Organization for Standardization)
④ XML(Extensible Markup Language)

15 토목분야의 표준적인 데이터 교환 포맷으로 토목 엔지니어링에 관련된 모든 정보, 예를 들어 측량, 도로설계, 단지 부지, 디지털 정보모델 (DTM), 빗물, 오수, 관망 등 대부분의 모델을 포함하고 있는 파일 포맷은?

① LandUML
② IFC
③ LandXML
④ EAS-E

16 프로젝트에서 필요로 하는 모델, 도면, 시방, 데이터에 대한 목록을 포함하고 언제 프로젝트 정보가 준비되고 누가 어떤 목적으로 활용하는지를 정의하는 것을 무엇이라고 하는가?

① Task Team Information Delivery Plans (TIDP)
② Master Information Delivery Plan (MIDP)
③ BIM Execution Plan(BEP)
④ Project Information Model(PIM)

17 CityGML에 대해서 설명한 것 중 틀린 것은 무엇인가?

① OGC(Open Geospatial Consortium)에서 개발하는 GIS기반 개방형 객체모델
② ISO TC211표준으로 도시객체 모델 정보 상호운용성을 위한 포맷으로 GML기반 응용스키마
③ GML에서 부족한 2차원 도면을 보다 효율적으로 생성하기위해 개발
④ 도시 인프라스트럭쳐 객체 정보모델레 초점을 맞춰 개발되었으며, 모델의 추상화와 성능을 고려해 LOD(Level of Detail)정보를 표현할 수 있다.

18 LandXML에 대해서 가장 잘 설명한 것은 무엇인가?

① 측량, DTM, 선형, 횡단객체를 엔지니어링이 가능한 정도로 표현한 정보모델로 AutoCAD Civil3D로 출력 가능한 포맷

② 파일 포맷은 STEP, GML등이 있다.

③ 공간객체 정보 표준화 기관인 OGC(Open Geospatial Consortium)에서 지형파일등을 LandXML로 통합하고 있다.

④ OGC와 Autodesk에 의해 개발된 정보모델

19 다음 중 IFC(Industry Foundation Classes)에 대한 설명으로 옳지 않은 것은?

① 건설관련 소프트 웨어들 간에 건물의 구성요소와 관련된 방대한 정보를 일관되게 생성하고 교환하기 위해 개발되었다.

② 확장가능한 "골격 모델(Framework model)"로 설계되었다.

③ 건물생애주기 전체에서 사용되는 건물설계와 관련된 모든 정보를 기술할 수 있도록 만들어졌다.

④ Express언어와 별개로 자체의 언어로 설계되었다.

IFC는 Express와 XML으로 작성되어 있다.

20 정보교환을 위한 데이터 호환 포맷이 아닌 것은 무엇인가?

① gbXML

② Tcl

③ LandXML

④ SAT(Standard ACIS Text).

21 BIM에 있어 상호운용성에 대한 설명으로 옳지 않은 것은?

① 상호운용성이 필요한 이유는 프로젝트 참여자 간 신속한 정보교환을 통한 의사결정과 프로세스 간 정보 재활용을 위해서이다.

② 상호운용성은 정확하고 신속한 의사결정을 통해 고객이 원하는 가치를 제공하기 위한 정보 교환 행위라 할 수 있다.

③ 데이터를 운용하는 시스템 모델이 서로 상이해도 상호운용성의 문제는 발생하지 않는다.

④ BIM에서 상호운용성을 위해 주로 사용되는 모델링언어는 EXPRESS와 UML언어이다.

22 사용자가 작성한 데이터를 구조화하고 편집할 수 있도록 개발된 언어이며, BIM, 문서작성의 표준형식으로 사용되는 형식은 무엇인가?

① XML

② SVN

③ PIM

④ PIR

23 개방형 BIM에 관한 내용에 가장 적합한 설명은 무엇인가?

① S/W들이 공개된 표준에 따라 자료 정보를 공유 교환할 수 있다.

② BIM 소프트웨어는 제약 없이 사용할 수 있어야 한다.

③ S/W간 공인된 국제표준 DWG를 지원하도록 한다.

④ 각종 데이터 및 분류 체계는 업무 수행자별로 자유롭게 지정할 수 있다.

24 개방형 BIM(Open BIM)과 개방형 표준에 대한 설명으로 올바르지 않은 것은?

① 개방형 BIM(Open BIM)은 적용 가능한 공개 표준을 체계적인 절차에 따라 사용함으로써, 특정 소프트웨어에 귀속되지 않고 정보의 원활한 공유교환과 일관성 있는 업무수행을 가능하게 하는 BIM 적용 방식을 의미한다.

② BIM 데이터 및 관련 산출물을 개방형 표준을 적용하여 작성 및 제공하는 것은 BIM 정보의 생애주기 단계에 일관된 사용을 보장하기 위함이다.

③ 개방형 표준 형식이 정해지지 않은 계약 결과물의 경우, 독점적인 BIM 소프트웨어 외에도 건설정보를 재사용할 수 있도록 상호 합의된 형식으로 제공되어야 한다.

④ BIM 모델은 저작도구의 원본 파일 포맷으로만 사용할 수 있도록 한다.

> 저작도구의 원본 파일은 해당 저작도구에서만 활용할 수 있어 타 저작도구에서는 활용 불가함 이에 해당 내용은 openBIM에 대한 설명이 아니다.

25 ISO 표준은 서로 상호 보완적으로 운용되고 있다. ISO 19650과 연관된 ISO 표준 중 올바르지 않은 것은?

① ISO 19650 – 2 → ISO 9001
② ISO 19650 – 3 → ISO 29481
③ ISO 19650 – 5 → ISO 27001
④ ISO 19650 – 6 → ISO 45001

> ISO 19650 – 3은 자산의 운영단계의 정보 관리로서 ISO 55000과 연관이 있으며 ISO 29481은 IDM과 관련된 규정이다

26 COBie(Construction—Operations Building information exchange)의 기준 중 노랑색은 무엇을 의미하는가?

① 선택항목 참조
② 선택적 입력 항목
③ 외부 참조
④ 필수 데이터

> ① 선택항목 참조 : 연어색
> ② 선택적 입력 항목 : 녹색
> ③ 외부 참조 : 보라색

27 ISO 19650에서 사용하는 용어에 대한 해설이 올바르지 않는 것을 고르시오.

① Lead Appointed Pary – 원도급사
② Appointment – 계약
③ Information Container - 정보 전달 도구
④ Level of Information Need – 정보 요구 수준

> Information Container는 파일과 같은 정보의 집합을 의미한다.

28 건설 프로젝트의 정보를 관리하는 방법과 절차를 포함하여 작성, 공유, 검토, 승인, 유지보수 등의 업무에 필요한 정보 제공, 포맷, 교환 등을 규정하고 있는 국제표준은 무엇인가?

① ISO 19650
② ISO 12006
③ ISO 15686
④ ISO 29481

> ② ISO 12006 : IFD (International Framework for Dictionaries)
> ③ ISO 15686 : BIM기반 생애주기 계획
> ④ ISO 29481 : IDM (Information Delivery Manual)

29 ISO 19650은 영국 BSI에서 개발한 표준이 ISO로 승격된 국제표준으로 연결이 올바르지 않는 것을 고르시오.

① BS 1192 → ISO 19650-1
② PAS 1192-3 → ISO 19650-3
③ PAS 1192-4 → ISO 19650-4
④ PAS 1192-6 → ISO 19650-6

ISO 19650-4 정보 교환은 BS1192-4에서 승격이 된 것이다.

30 ISO 19650 시리즈에서 제공하는 정보관리 프레임워크를 사용하여 영국에서BIM을 구현하기 위한 접근 방식을 제시하는 기관을 고르시오.

① British Standards Institution
② UK BIM Framework
③ National Institute of Building Sciences
④ Open Geospatial Consortium

① British Standards Institution : 영국의 표준을 개발 및 인증을 담당하는 기관
③ National Institute of Building Sciences : 미국 정부 설립 연구기관으로 건설에 대한 표준, 가이드라인 등을 개발하고 제공하는 기관
④ Open Geospatial Consortium : 지리정보 및 지리 공간데이터 표준을 개발하고 유지하는 국제표준 개발 조직

31 설계도구와 에너지 분석 S/W와의 상호운용성을 위하여 개발된 개방형 표준 모델은 무엇인가?

① LandXML   ② gbXML
③ ifcXML   ④ aecXML

aecXML는 자원을 표현하기 위하여 개발된 표준

32 다양한 설계 검토내용을 교환하기 위해 개발된 XML기반의 개방형 표준 모델은 무엇인가?

① LandXML   ② ifcXML
③ BCF   ④ CityGML

33 BIM 상호 운용성을 활용하는 목적이 아닌 것은?

① 협업 효율성 향상
② 정보 활용성 증대
③ 품질 및 안전성 향상
④ 설계 업무의 자동화

설계 업무의 자동화는 업무의 생산성 증가를 위하여 활용

34 BIM 상호 운용성을 향상시키기 위한 기술적 요소가 아닌 것은?

① 데이터 변환 도구
② 정보 교환 프로토콜
③ 데이터 모델
④ 고성능의 3D 스캔장비

고성능의 3D 스캔장비는 데이터 모델 즉 정보를 작성하기 위한 장비임

35 ISO 19650 part4에서 제시한 정보교환의 주체(행위자)가 아닌 것은?

① information container
② information provider
③ information receiver
④ information reviewer

① information container는 정보 교환의 대상인 정보의 집합

MEMO

5

BIM 플랫폼

01 건설정보모델링(BIM) 역량

1 | BIM 역량 정의

전문 기관, 조직 및 교육 기관은 발전하는 시장 요구 사항을 충족시키기 위해서 BIM 소프트웨어 도구를 채택하고 있다. 이러한 조직 내에서 각각 개인의 BIM 역량을 식별하는 것이 중요하다.

BIM 도구와 워크플로우는 설계, 건설 및 운영(DCO) 산업 내에서 계속 확산되고 있다. 현재 및 미래의 업계 전문가에게 협업 워크플로우 및 통합 프로젝트 산출물에 참여하는 데 필요한 지식과 기술을 갖추려면 교육 기관에서 가르치거나 직장에서 훈련해야 하는 역량을 식별하는 것이 중요하다.

BIM 학습자와 학습 제공자를 위한 지식 기반 역할을 하는 통합 역량 항목은 BIM 학습 모듈을 개발하여 학생, 실무자, 기술자 또는 관리자 등 다양한 대상의 학습 요구 사항을 충족하여야 한다. 즉, BIM 역량이란 건설산업 BIM 기본지침 요구 사항을 충족시킬 수 있는 학습자의 전문성 정도라고 할 수 있다.

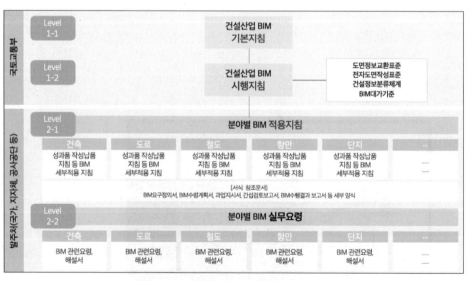

그림 5-1 건설산업 BIM 기본 지침

[출처] Smart Construction Report 월간 스마트건설리포트 Vol.1. 2020 한국건설기술연구원

2 BIM 역량 평가

디자인, 방법론 및 접근법 측면에서 최신 BIM 기술을 확립하기 위해 문헌 및 갭 분석 기술을 사용하는 질적 연구가 수행된 바 있다. BIM은 기술 혁신으로 정의되었으며 여러 혁신의 시스템이다. BIM 구현을 위해서는 정보통신 역량이 가장 중요한 역량이다.

BIM 구현을 위한 역량 기반 접근 방식은 실용적인 의미, 사회적 의미, 독창성/가치가 포함되어야 한다. 또한, 이를 위해서는 다양한 시장, 분야 및 회사 규모에 따른 조직별 비공식적 자체 역량평가와 공식적인 상세 역량평가가 요구된다.

유지관리 측면에서 BIM 역량으로 요구 사항 문서화, BIM 결과물의 품질 및 정확성 평가, 시설 관리(FM)가 중요한 역할로 제시된 바 있다. 이러한 BIM 역량 평가를 위해 델파이(Delphi) 기법을 사용하여 사전 자격을 갖춘 BIM 전문가의 인식을 바탕으로 BIM 역량 평가에 영향을 미치는 중요 요소를 식별하고 우선순위를 지정하는 방법이 활용된 바 있다.

즉, BIM 역량은 건설산업 BIM 기본지침을 바탕으로 평가 및 개선을 가능하게 하기 위해서 조직 규모에 따른 정보통신기술, 실무기반 실용성, 사회적인 파급성, 독창성 및 유지관리로 평가되어야 하며, 지속적인 모니터링과 델파이 기법을 활용한 평가 방법 개선이 요구된다.

BIM 역량 평가 영역은 BIM 도구 및 기술의 이해와 사용능력인 기술적 역량(Technical Competence), 팀 내외의 협업 및 효과적인 의사소통능력인 협업 및 의사소통(Collaboration and Communication), BIM을 통한 프로젝트 계획, 일정 및 예산 관리 능력인 프로젝트 관리(Project Management), BIM에서 생성된 데이터의 효과적인 관리와 품질 향상인 데이터 관리 및 품질(Data Management and Quality), BIM과 관련된 최신 기술 지식과 교육 수준인 기술 지식 및 교육(Technical Knowledge and Education) 수준을 통해 조직 또는 개인이 BIM 분야에서 어떤 역량이 강조되고 어떤 부분에서 발전이 필요한지를 파악할 수 있다. 즉, BIM 역량의 균형을 측정하고 개선할 수 있는 방향을 찾을 수 있다.

02 공통정보관리환경(CDE) 운영

1 BIM CDE 정의

BIM CDE 프로젝트에서 사용되는 중앙 집중식 데이터 관리 플랫폼이다. BIM 프로젝트에서는 다양한 팀과 전문가들이 함께 작업하며, 건축물 또는 인프라 프로젝트의 디지털 모델을 생성하고 관리한다. 이 때, 각 팀이 생성한 정보들을 조정하고 공유하는 효율적인 방법이 필요하며, 이를 위해 BIM CDE가 사용된다.

BIM CDE는 다양한 BIM 모델과 관련된 문서, 그림, 스케줄, 비용 정보 등을 하나의 중앙 데이터 저장소에 저장하고 관리한다. 이렇게 모든 정보를 중앙에서 관리를 함으로써 BIM 프로젝트의 성공과 효율성에 매우 중요한 역할을 수행하며, 프로젝트 수명주기 동안 다양한 이해관계자들이 원활하게 협업하고 의사 결정을 내릴 수 있도록 지원한다.

BIM CDE는 협업 및 통합 측면에서 다른 조직 및 팀 간의 협업을 간소화하고, 모든 이해관계자들이 최신 정보를 사용할 수 있도록 한다. 모든 참여자들이 동일한 버전의 모델과 정보를 사용함으로써 일관성을 유지하고 오류를 방지하여 일관성을 유지할 수 있다.

그리고 누가 언제 어떤 정보를 수정했는지 추적하고, 변경 사항 등 정보 추적 및 감사를 할 수 있다. 보안 측면에서도 중요한 프로젝트 정보를 보호하고, 접근 권한을 관리함으로써 보안성을 강화한다. 이러한 이점으로 데이터를 중앙에서 관리하므로 정보의 검색과 공유가 간단해지며, 작업 효율성이 향상된다.

BIM CDE의 구성요소는 사용자와 그들의 역할을 정의하고 각 사용자에 대한 접근 권한을 지정하는 사용자 및 권한 관리, BIM 프로젝트에서 생성된 및 사용되는 모든 데이터를 저장하는 중앙 데이터 저장소, 데이터의 버전 관리 및 변경 이력을 추적하여 언제 어떤 내용이 수정되었는지를 버전 및 변경 관리, 건설 프로젝트와 관련된 모든 문서 및 BIM 모델을 저장하고 프로젝트 문서 및 모델 관리, 팀 간의 협업을 촉진하고 효과적인 의사소통을 지원하는 협업 도구 및 통신, 각 데이터 및 모델에 대한 추가 정보 및 설명을 관리하기 위한 메타데이터 시스템을 구축하는 프로젝트 메타데이터 관리, 프로젝트 데이터 및 모델이 적절한 산업 표준 및 규정을 준수하는지 확인하는 표준 및 규정 준수, 데이터의 기밀성과 무결성을 보장하기 위한 보안 및 데이터 무결성으로 구성된다.

2 CO-BIM 정의

CO-BIM은 협업(BIM Collaboration)을 강조하는 BIM 플랫폼으로, 다양한 이해관계자들 간에 정보를 공유하고 협업하는 데에 중점을 둔다. CO-BIM은 다양한 협업 기능을 제공하여 건설 프로젝트의 생애주기 동안 효율적인 의사 결정과 작업을 지원하며, 팀 간의 의사소통과 정보 공유를 간소화한다. 즉, CO-BIM은 건설 산업에서 프로젝트 효율성과 협업을 강화하는데 도움을 주는 유용한 도구로 인식되고 있다.

이러한 협업 플랫폼은 건설 프로젝트를 더 효율적으로 진행하고, 프로젝트의 성공을 이끌어 내는데 중요한 역할을 수행한다.

CO-BIM의 협업 기능은 다른 팀 및 이해관계자들과의 협업을 간편하게 할 수 있도록 다양한 기능을 제공한다. 예를 들어, 실시간 채팅, 댓글 기능, 작업 스트림 등을 통해 팀원들과 쉽게 소통하고 정보를 교환할 수 있다.

또한, 중앙 데이터 저장소로서 CO-BIM은 중앙 집중식 데이터 저장소를 제공하여 모든 이해관계자들이 동일한 버전의 BIM 모델과 정보를 접근할 수 있도록 한다. 이를 통해 일관성과 정보 불일치를 방지할 수 있다.

그리고 문서 및 파일 공유 측면에서 BIM 모델 외에도 다양한 문서 및 파일을 공유할 수 있는 기능을 제공한다. 설계 도면, 보고서, 사진 등을 플랫폼에서 쉽게 업로드하고 공유할 수 있다. 즉, 협업 프로세스 관리 역할을 수행하여 프로젝트의 협업 프로세스를 관리하고 추적하는 기능을 제공한다.

작업 흐름, 업무 분담, 협업 일정 등을 통합적으로 관리하여 효율적인 협업을 지원한다. 마지막으로 보안 및 권한 관리 측면에서 프로젝트 정보의 보안을 강화하고 접근 권한을 관리함으로써 프로젝트 데이터의 안전성을 보장한다.

CO-BIM은 건설 프로젝트에 참여하는 다양한 이해관계자 간의 협력을 강조하며, 정보를 효율적으로 공유하고 활용하는 것을 목표로 한다. CO-BIM은 프로젝트를 중심으로 데이터와 정보를 통합하고 정보를 교환할 수 있는 프로젝트 중심(Project-Centric), 효과적인 팀 협업과 의사소통을 강조하여 다양한 이해관계자들 간의 원활한 소통 역할의 협업 및 의사 소통(Collaboration and Communication), 건설 프로젝트의 전 과정을 아우르며, 기획, 설계, 건설, 유지보수 등의 단계에서 협력과 정보 교환이 이루어지는 프로젝트 생애주기(Project Lifecycle), 다양한 데이터 소스에서 나오는 정보를 통합하여 관리하여 중복을 최소화하고 일관성 있는 정보를 유지하는 데 도움이 되는 통합된 데이터 관리(Integrated Data Management), 정보의 투명성과 신뢰성으로 다양한 이해관계자들이 동일한 데이터를 기반으로 작업할 수 있도록 하는 투명성과 신뢰성(Transparency and Trust), 관련 표준과 규정을 준수하여 프로젝트의 효율성과 안정성을 확보하는 표준 및 규정 준수 (Compliance with Standards and Regulations)로 구성된다.

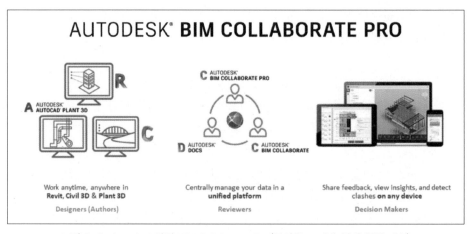

그림 5-2 Autodesk사의 BIM Collaborate Pro(클라우드 기반 설계 협업 예시)

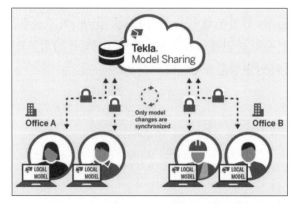

그림 5-3 Tekla사의 Model Sharing(클라우드 기반 설계 협업 예시)

03 디지털 트윈 및 토목분야 BIM 협업 플랫폼 적용사례

1 디지털 트윈 정의

디지털 트윈(Digital Twin)은 현실 세계의 물리적인 개체나 시스템을 디지털적으로 모사하여 생성히는 기술이다. 이를 통해 실제 개체나 시스템의 동작과 성능을 디지털 환경에서 시뮬레이션하고 모니터링 할 수 있다. 즉, 다양한 산업 분야에서 디지털 트윈이 적용된 사례들이 있다.

이외에도 디지털 트윈은 다양한 산업과 분야에서 적용되고 있으며, 기술의 발전에 따라 새로운 적용 사례가 지속적으로 발전하고 있다. 디지털 트윈은 현실 세계와 디지털 세계를 융합시키는 혁신적인 기술로서 미래의 다양한 산업에 긍정적인 영향을 미칠 것으로 기대된다.

2 토목분야 BIM 협업 플랫폼 적용사례

제조업 분야에서 제조업체들은 제품 생산 과정을 디지털 트윈으로 모델링하여 생산 라인의 최적화와 문제 해결에 활용한다. 예를 들어, 자동차 제조업체는 자동차의 디지털 트윈을 생성하여 제조 과정을 최적화하고 불량률을 줄이는 데 사용할 수 있다.

에너지 산업에서는 발전소나 정유 공장과 같은 에너지 시설은 디지털 트윈을 사용하여 운영 상태를 실시간으로 모니터링하고, 설비의 성능을 최적화하여 효율성을 향상시킨다.

건축 및 건설 분야에서는 건물이나 인프라 프로젝트의 디지털 트윈은 설계 단계부터 운영 단계까지 사용된다. 건물의 건축 및 시설 설계를 디지털 트윈으로 시뮬레이션을 수행하여 건축 시뮬레이션 및 시공 계획에 활용한다.

또한 건물의 운영 단계에서는 시스템 모니터링 및 유지보수에 활용된다. 운송 및 물류 분야에서는 운송 수단(기차, 비행기 등)의 디지털 트윈은 운영 상태를 감시하고 예측 유지 · 보수를 수행하는 데 활용된다.

물류 시설이나 창고 등에서도 디지털 트윈을 활용하여 작업 효율성을 개선한다. 헬스케어 분야에서는 환자의 생체 정보를 디지털 트윈으로 생성하여 개인 맞춤형 치료와 진단에 활용한다. 또한, 의료 장비의 성능을 디지털 트윈으로 모니터링하고 유지 및 보수할 수 있다.

마지막으로 도시 및 스마트 시티 분야에서 도시의 도로, 교통 시스템, 환경 조건 등을 디지털 트윈으로 모델링하여 스마트 시티 프로젝트에 활용한다. 이를 통해 도시의 효율성과 안전성을 향상시킬 수 있다.

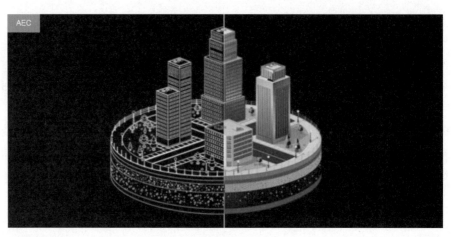

그림 5-4 BIM과 디지털트윈 예시

[출처] https://blog.hexagongeosystems.com/digital-twins-when-bim-matches-reality/

항공기 엔진 정비 훈련을 VR로 진행하는 모습

그림 5-5 롤스로이스 항공기 정비 훈련 VR(가상현실) 프로그램 도입

[출처] https://www.epnc.co.kr/news/articleView.html?idxno=96899

그림 5-6 버추얼 싱가포르(디지털 트윈 예시)

[출처] https://www.epnc.co.kr/news/articleView.html?idxno=16934

이러한 디지털 트윈 측면에서 특히, 토목분야 BIM 플랫폼은 인프라 프로젝트의 설계, 시공, 운영 단계에서 디지털 정보를 통합하여 협업하고 관리하는 데 사용된다.

교량 및 도로 프로젝트에서 교량과 도로는 토목분야에서 가장 일반적인 프로젝트 유형 중 하나이다. BIM 플랫폼은 교량과 도로의 설계 단계에서 3D 모델을 생성하여 설계자, 시공자 및 관리자들이 동시에 작업하고 협업할 수 있도록 도와준다. 이를 통해 충돌을 사전에 감지하고 공정을 최적화하여 프로젝트 일정과 비용을 효율적으로 관리할 수 있다.

터널 건설 프로젝트에서는 복잡한 공간에서 진행되는 작업이기 때문에 BIM 플랫폼의 적용이 유용하다. 터널 내부 및 외부의 모든 요소를 디지털 모델로 구축하여 작업자들이 안전하게 작업할 수 있도록 도와준다.

하천 및 강변 개선 프로젝트에서는 하천과 강변 개선 프로젝트에서 BIM 플랫폼은 홍수 피해 예측 및 방지를 위한 모델링, 경사면 최적화, 방재 시설 설계 등에 활용된다. 이를 통해 홍수 위험을 줄이고 주변 환경을 보호하는데 도움이 된다.

지하수 및 폐기물 관리 시설 프로젝트에서는 지하수 및 폐기물 관리 시설은 지하 공간을 활용하는데 있어서 안전성과 효율성이 중요하다. BIM 플랫폼을 사용하여 지하 시설의 설계와 구축 단계에서 모의 시뮬레이션을 통해 안정성을 검증하고 운영 및 유지보수 단계에서 시설의 성능을 모니터링 할 수 있다.

항만 및 해상 시설물 프로젝트에서는 항만과 해상 시설물은 바다에서 작업하는 공간으로 특수한 환경적 요건이 필요하다. BIM 플랫폼을 통해 항만 시설물의 설계, 환경 영향 평가, 기존 시설물과의 호환성 등을 고려하여 항만 운영을 최적화할 수 있다.

이처럼 토목분야에서 BIM 플랫폼은 프로젝트의 생애 주기 전반에 걸쳐 다양한 측면에서 활용되어 효율성과 협업을 향상시키는데 큰 도움을 주고 있다.

이러한 흐름에 맞춰 관련 기술들이 개발되고 있다. "인프라 BIM기반 건설 생애주기 정보공유 체계 구축 기술"은 도로, 하천 등 인프라 시설의 BIM표준을 기반으로 새로운 설계(준공)도서 납품체계를 구축한다.

그리고 설계 생산성 증대를 위한 객체기반의 설계 지원체계 구축을 통해 생애주기 동안 발생하는 BIM 정보의 통합, 협업, 관리 및 운영체계를 지원하는 기술이다.

여기서, 객체기반의 설계란 1997년 OMG(Object Management Group)에서 표준으로 채택한 통합모델링언어인 UML(Unified Modeling Language)과 같이 객체인 모델을 만드는 표준언어를 활용하여 BIM 소프트웨어를 개발시 IFC에서 토목 구조 관련 Class들을 구성하고 각 Class들 간의 다양한 Use Case들을 검토하여 유지관리 하는데 용이하도록 설계를 지원하는 것을 뜻한다.

이는 BIM 표준, 라이브러리, 납품검증, 설계 지원, 생애주기 BIM 데이터 통합체계와 이를 기반으로 건설 단계별 정보 서비스 지원 및 유지관리 기술을 포함한다.

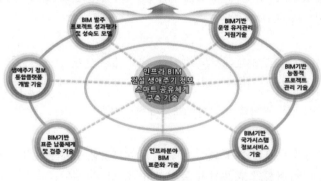

그림 5-7 인프라 BIM 기술(정보공유체계 구축 개념도)

[출처] 플랜트 인프라 시설물 설계정보체계 및 건설 시뮬레이터 개발 기획 2015. 한국건설기술연구원 외 2

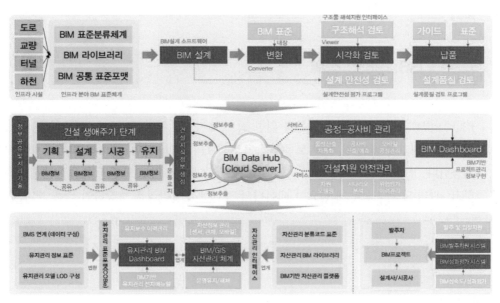

그림 5-8 인프라 BIM 기술(최종 클라우드 기반 BIM 시스템 기술 개발 개념도)

[출처] 플랜트 인프라 시설물 설계정보체계 및 건설 시뮬레이터 개발 기획 2015. 한국건설기술연구원 외 2

그림 5-9 스마트 건설기술 구현을 위한 BIM/GIS 플랫폼 개념도

[출처] Smart Construction Report 월간 스마트건설리포트 Vol.1. 2020 한국건설기술연구원

04 ISO 19650

1 ISO 19650 정의

ISO 19650은 "건축 및 토목공학을 위한 정보 모델 관리를 위한 국제 표준"이다. 이 표준은 정보 모델링과 관련된 건축 및 토목공학 프로젝트의 관리, 협업, 데이터 교환에 대한 지침을 제공한다. ISO 19650은 건설 프로젝트의 모든 단계에서 정보 모델의 효율적인 활용을 촉진하고, 관리 및 유지보수에 필요한 데이터의 정확성과 일관성을 보장하기 위해 개발되었다.

2 ISO 19650 상세

ISO 19650은 ISO 19650-1과 ISO 19650-2로 구분된다. ISO 19650-1은 조직과 사용자 간의 정보 모델을 위한 요구사항 및 프로세스로 이 부분은 정보 모델 관리에 대한 일반적인 프레임워크와 용어를 제공한다.

프로젝트 수행 시 정보 모델을 사용하는 모든 당사자 간의 협업과 커뮤니케이션을 원활하게 하기 위한 프로세스와 원칙에 대해 설명한다. 또한, ISO 19650-2는 정보 모델의 수행에 대한 요구 사항으로 이 부분은 구체적으로 건축과 토목공학 분야에서 정보 모델을 만들고, 관리하고, 교환하는 방법에 대한 세부 사항을 다룬다.

프로젝트의 생애주기 동안 정보 모델을 효과적으로 관리하기 위한 지침과 최선의 실천 방법에 대해 설명한다. 즉, ISO 19650은 전 세계적으로 건설산업에서 정보 모델링과 BIM 프로젝트의 표준으로 채택되고 있으며, 건설 프로젝트의 효율성과 품질 향상을 위해 적용되고 있다. 이를 준수하는 것은 프로젝트 협업과 데이터 관리에 있어서 통일성과 일관성을 확보하는 데 기여한다.

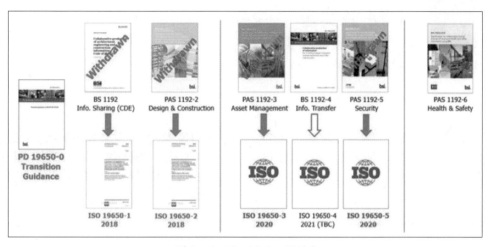

그림 5-10 ISO 19650 표준시리즈

[출처] BIM Trend Report, Vol.1, 2021 한국건설기술연구원

그림 5-11 ISO 19650-0:2019 표지

[출처] 해외표준 PD 19650-0:2019, 한국표준협회 한국표준정보망

01 BIM을 기반으로 하는 건설 프로젝트에서 협업을 위하여 구축하는 정보교환 환경을 지칭하는 것은 무엇인가?

① Common Data Environment
② Information Management
③ Information Delivery Chain
④ PMIS

CDE(Common Data Environment)기반의 프로젝트 관리는 단순히 데이터를 저장하고 공유하는 범주가 아니라 프로젝트를 진행하는 동안에 발생되는 모든 디지털 정보와 형상들을 관리하기 위함이고, 이를 위해서는 우선적으로 프로젝트 진행 과정 동안 생성되는 정보들은 디지털화 하여야 하고 생성된 디지털 정보들은 지정된 폴더와 파일 이름으로 CDE(Common Data Environment)에 저장되어지고 공유 되어야 한다.

02 공통정보관리환경 CDE(Common Data Environment)의 협업에 필요 기능이 아닌 것은?

① 프로젝트 생성
② BIM 모델 작성
③ 팀 멤버 등록
④ 이슈 관리 및 업무 전달

CDE(Common Data Environment)기반의 프로젝트 관리는 단순히 데이터를 저장하고 공유하는 범주가 아니라 프로젝트를 진행하는 동안에 발생되는 모든 디지털 정보와 형상들을 관리하기 위함이고, 이를 위해서는 우선적으로 프로젝트 진행 과정 동안 생성되는 정보들은 디지털화 하여야 하고 생성된 디지털 정보들은 지정된 폴더와 파일 이름으로 CDE(Common Data Environment)에 저장되어지고 공유 되어야 한다.

03 다음 중 실제 오브젝트를 대상으로 촬영한 이미지들을 이용하여 3차원 포인트 클라우드를 생성하는 기술을 의미하는 용어로 가장 적절한 것은?

① Computer Vision
② Machine Learning
③ Photogrammetry
④ LiDAR

Photogrammetry는 사진 이미지와 전자기 복사 이미지 및 기타 현상의 패턴을 기록, 측정 및 해석하는 과정을 통해 물리적 개체 및 환경에 대한 신뢰할 수 있는 정보를 얻는 과학 및 기술로서 BIM 유지관리 협업 분야에서 활용된다.

04 건설 사업의 진행 과정에서 정보를 실시간으로 공유하고 BIM 모델의 변경, 승인, 공유의 절차를 관리하기 위한 정보공유 환경으로 하드웨어와 소프트웨어 환경을 포함하는 것은 무엇인가?

① IFD(International Framework for Dictionaries)
② IDM(Information Delivery Manual)
③ CDE(Common Data Environment)
④ IPD(Integrated Project Delivery)

CDE(Common Data Environment)기반의 프로젝트 관리는 단순히 데이터를 저장하고 공유하는 범주가 아니라 프로젝트를 진행하는 동안에 발생되는 모든 디지털 정보와 형상들을 관리하기 위함이고, 이를 위해서는 우선적으로 프로젝트 진행 과정 동안 생성되는 정보들은 디지털화 하여야 하고 생성된 디지털 정보들은 지정된 폴더와 파일 이름으로 CDE(Common Data Environment)에 저장되어지고 공유 되어야 한다.

05 CDE(Common Data Environment)의 대한 설명은 무엇인가?

① 사업의 진행 과정에서 정보를 실시간으로 공유하고 BIM 모델의 변경, 승인, 공유의 절차를 관리하기 위한 정보공유 환경으로 하드웨어와 소프트웨어 환경을 포함

② BIM 데이터를 속성정보인 위치정보, 형상정보, 물량정보, 재료정보, 시공정보 등으로 체계적인 분류를 하기 위한 기준

③ BIM을 적용하는 사업에서 최종적으로 완성된 BIM산출물의 집합

④ 사업 기획 초기부터 관련된 참여자들 이 모두 포함되어 협업을 통해 계획을 수립하고 정보를 공유하는 사업 수행체계

CDE(Common Data Environment)기반의 프로젝트 관리는 단순히 데이터를 저장하고 공유하는 범주가 아니라 프로젝트를 진행하는 동안에 발생되는 모든 디지털 정보와 형상들을 관리하기 위함이고, 이를 위해서는 우선적으로 프로젝트 진행 과정 동안 생성되는 정보들은 디지털화 하여야 하고 생성된 디지털 정보들은 지정된 폴더와 파일 이름으로 CDE(Common Data Environment)에 저장되어지고 공유 되어야 한다.

06 다음 중 COBIE에 대한 설명으로 옳은 것은?

① 자산관리를 위한 스프레드시트 기반 정보 교환 데이터 포맷

② OGC(Open Geospatial Consortium)에서 개발하는 GIS 기반 개방형 객체 정보 모델

③ 토목 엔지니어링에 관련된 모든 정보, 즉 측량, 도로설계, 단지부지, 디지털 지형모델(DTM) 등 대부분의 모델을 포함

④ 토목 엔지니어링 모델 형상을 잘 표현하고 있는 모델

COBie(Construction Operations Building Information Exchange)는 시설물 관리 프로젝트에 필요한 정보를 여러 경로에서 수집하고 문서화하는 표준정보포맷이다. ①은 COBIE에 대한 내용이며, ②는 City GML에 대한 내용이고, ③과 ④는 Land XML의 내용이다.

07 BIM에서 "UML"은 무엇을 의미하며, 토목 건설 분야에 어떤 영향을 미칠 수 있는지 올바른 것은?

① BIM 소프트웨어를 개발시 토목 구조 관련 Class들을 구성하고 각 Class들간의 다양한 Use Case들을 검토하여 유지관리 하는데 용이한 프로그래밍 언어이다.

② BIM 소프트웨어를 개발시 토목 구조 관련 Class들을 구성하고 각 Class들간의 정해진 Use Case들을 검토하여 유지관리 하는데 용이한 프로그래밍 언어이다.

③ BIM 소프트웨어를 개발시 토목 구조 관련 Method들을 구성하고 각 Method들간의 다양한 Use Case들을 검토하여 유지관리 하는데 용이한 프로그래밍 언어이다.

④ BIM 소프트웨어를 개발시 토목 구조 관련 Method들을 구성하고 각 Method들간의 정해진 Use Case들을 검토하여 유지관리 하는데 용이한 프로그래밍 언어이다.

UML이란 Unified Modeling Language의 약자로 1997년 OMG(Object Management Group)에서 표준으로 채택한 통합모델링언어이다. 즉, 모델을 만드는 표준언어인 것이다. BIM 소프트웨어를 개발시 토목 구조 관련 Class들을 구성하고 각 Class들간의 다양한 Use Case 들을 검토하여 유지관리 하는데 용이한 프로그래밍 언어이다.

08 디지털 트윈 모델 기반의 유지관리를 구성하는 BAS를 구성하는 기술은?

① Big Data/AI/Simulation

② BIM/AI/Simulation

③ Big Data/Automation/Simulation

④ BIM/Automation/Simulation

디지털 트윈은 실시간 예측, 최적화, 모니터링, 제어 및 개선된 의사 결정을 위해 데이터 및 시뮬레이터를 통해 활성화된 물리적 자산의 가상 표현으로 정의할 수 있다. 즉, 빅 데이터, 인공 지능, 시뮬레이션 등을 통해 디지털 트윈의 가능하며, 유지관리가 용이해 진다.

09 BIM에서 협업과 관련하여 "공통정보관리환경 (CDE)"은 무엇을 의미하며, 왜 중요한지 올바른 것은?

① 단순히 데이터를 저장하고 공유하는 것으로 프로젝트를 진행하는 동안에 발생되는 모든 디지털 정보와 형상들을 관리하기 위함이고, 이를 위해서는 우선적으로 프로젝트 진행 과정 동안 생성되는 정보들은 디지털화 하여야 하고 생성된 디지털 정보들은 지정된 폴더와 파일 이름으로 저장되어야 한다.

② 프로젝트를 진행하는 동안에 발생되는 일부 디지털 정보와 형상들을 관리하기 위함이고, 이를 위해서는 우선적으로 프로젝트 진행 과정 동안 생성되는 정보들은 디지털화 하여야 하고 생성된 디지털 정보들은 지정된 폴더와 파일 이름으로 저장되어지고 공유 되어야 한다.

③ 단순히 데이터를 저장하고 공유하는 범주가 아니라 프로젝트를 진행하는 동안에 발생되는 모든 디지털 정보와 형상들을 관리하기 위함이고, 이를 위해서는 우선적으로 프로젝트 진행 과정 동안 생성되는 정보들은 디지털화 하여야 하고 생성된 디지털 정보들은 지정된 폴더와 파일 이름으로 CDE(Common Data Environment)에 저장되어지고 공유 되어야 한다.

④ 프로젝트를 진행하는 동안에 발생되는 일부 디지털 정보와 형상들을 관리하기 위함이고, 이를 위해서는 우선적으로 프로젝트 진행 과정 동안 생성되는 정보들은 디지털화 하여야 하고 생성된 디지털 정보들은 지정된 폴더와 파일 이름으로 저장되어지고 공유 되어선 안 된다.

> CDE(Common Data Environment)기반의 프로젝트 관리는 단순히 데이터를 저장하고 공유하는 범주가 아니라 프로젝트를 진행하는 동안에 발생되는 모든 디지털 정보와 형상들을 관리하기 위함이고, 이를 위해서는 우선적으로 프로젝트 진행 과정 동안 생성되는 정보들은 디지털화 하여야 하고 생성된 디지털 정보들은 지정된 폴더와 파일 이름으로 CDE(Common Data Environment)에 저장되어지고 공유 되어야 한다.

10 다음 중 CDE (Common Data Environment)에 대한 내용으로 올바르지 않은 것은?

① 업무수행 과정에서 다양한 주체가 생성하는 정보를 중복 및 혼선이 없도록 공동으로 수집, 관리 및 배포하기 위한 환경을 의미한다.

② 수급인(설계자)은 CDE를 구축할 경우, 협업 절차에 BIM모델작성, 의사결정, BIM 모델 조정, 협업 관리에 관한 세부적인 수행 절차를 제시하여야 한다.

③ ISO 19650-1에서는 구축된 자산의 수명주기 동안 정보의 관리 및 생산을 지원하기 위해 빌드환경 분야 전반의 비즈니스 프로세스에 대한 개념과 원칙을 설정한다.

④ ISO 19650-2에서는 프로젝트 목표를 달성하고 필요한 결과물을 도출하기 위해 실행하는 작업을 계층구조로 세분해 놓은 것을 의미한다.

> CDE(Common Data Environment)기반의 프로젝트 관리는 단순히 데이터를 저장하고 공유하는 범주가 아니라 프로젝트를 진행하는 동안에 발생되는 모든 디지털 정보와 형상들을 관리하기 위함이고, 이를 위해서는 우선적으로 프로젝트 진행 과정 동안 생성되는 정보들은 디지털화 하여야 하고 생성된 디지털 정보들은 지정된 폴더와 파일 이름으로 CDE(Common Data Environment)에 저장되어지고 공유 되어야 한다. ④는 작업분류체계에 대한 내용이다.

11 디지털 트윈 모델 기반의 유지관리를 구성하는 BAS를 구성하는 기술은?

① BIM/Automation/Simulation
② BIM/AI/Simulation
③ Big Data/Automation/Simulation
④ Big Data/AI/Simulation

디지털 트윈은 실시간 예측, 최적화, 모니터링, 제어 및 개선된 의사 결정을 위해 데이터 및 시뮬레이터를 통해 활성화된 물리적 자산의 가상 표현으로 정의할 수 있다. 즉, 빅 데이터, 인공 지능, 시뮬레이션 등을 통해 디지털 트윈의 가능하며, 유지관리가 용이해 진다.

12 ISO 19650기반 CDE(공통정보관리환경)의 주요기능 및 요구사항으로 맞지 않는 것은?

① 조직 구성 및 역할지정
② 정보 공유 및 참조
③ 모델 신규 추가 작성
④ 품질 검토 및 확인

③ 모델 신규 추가 작성
적합성 및 안정성을 확보한 타 기하학적 모델과의 공간적 조정 기능 등은 제공되어야 하나 CDE 환경 내에서 모델을 신규로 추가 작성을 해야 하진 않는다.

13 COBie (Construction Operations Building Information Exchange) 표준을 이용한 발주자 정보 교환 요구사항에 대해 제시한 표준은 무엇인가?

① BS 1192:2007
② PAS 1192-2
③ PAS 1192-3
④ BS 1192-4

COBie(Construction Operations Building Information Exchange)는 시설물 관리 프로젝트에 필요한 정보를 여러 경로에서 수집하고 문서화하는 표준정보포맷이다.

14 다음 중 BIM 역량 평가 영역이 아닌 것은?

① 기술적 역량(Technical Competence)
② 협업 및 의사소통(Collaboration and Communication)
③ 프로젝트 관리(Project Management)
④ 데이터를 만들고 저장하고 관리하는 기술 (DataBase Management System)

DBMS(DataBase Management System)는 대용량 데이터베이스 관리 역량에 해당된다.

15 다음 중 BIM 역량 평가 영역이 아닌 것은?

① 데이터를 만들고 저장하고 관리하는 기술 (DataBase Management System)
② 협업 및 의사소통(Collaboration and Communication)
③ 프로젝트 관리(Project Management)
④ 데이터 관리 및 품질(Data Management and Quality)

DBMS(DataBase Management System)는 대용량 데이터베이스 관리 역량에 해당된다.

16 다음 중 BIM 역량 평가 영역이 아닌 것은?

① 기술 지식 및 교육(Technical Knowledge and Education)
② 협업 및 의사소통(Collaboration and Communication)
③ 데이터를 만들고 저장하고 관리하는 기술 (DataBase Management System)
④ 데이터 관리 및 품질(Data Management and Quality)

DBMS(DataBase Management System)는 대용량 데이터베이스 관리 역량에 해당된다.

17 다음 중 BIM 역량 평가 영역이 아닌 것은?

① 기술 지식 및 교육(Technical Knowledge and Education)
② 데이터를 만들고 저장하고 관리하는 기술 (DataBase Management System)
③ 기술적 역량(Technical Competence)
④ 데이터 관리 및 품질(Data Management and Quality)

> DBMS(DataBase Management System)는 대용량 데이터베이스 관리 역량에 해당된다.

18 다음 중 BIM CDE 구성요소가 아닌 것은?

① 사용자 및 권한 관리
② 데이터 저장소
③ 버전 및 변경 관리
④ 촘스키 계층

> 촘스키 계층(Chomsky hierachy)는 형식언어(Formal Language)를 생성하는 형식문법(Formal Grammar)들을 분류해 놓은 계층구조이다.

19 다음 중 BIM CDE 구성요소가 아닌 것은?

① 사용자 및 권한 관리
② 데이터 저장소
③ 촘스키 계층
④ 보안 및 데이터 무결성

> 촘스키 계층(Chomsky hierachy)는 형식언어(Formal Language)를 생성하는 형식문법(Formal Grammar)들을 분류해 놓은 계층구조이다.

20 다음 중 BIM CDE 구성요소가 아닌 것은?

① 사용자 및 권한 관리
② 촘스키 계층
③ 표준 및 규정 준수
④ 보안 및 데이터 무결성

> 촘스키 계층(Chomsky hierachy)는 형식언어(Formal Language)를 생성하는 형식문법(Formal Grammar)들을 분류해 놓은 계층구조이다.

21 다음 중 BIM CDE 구성요소가 아닌 것은?

① 촘스키 계층
② 프로젝트 메타데이터 관리
③ 표준 및 규정 준수
④ 보안 및 데이터 무결성

> 촘스키 계층(Chomsky hierachy)는 형식언어(Formal Language)를 생성하는 형식문법(Formal Grammar)들을 분류해 놓은 계층구조이다.

22 다음 중 BIM CDE 구성요소가 아닌 것은?

① 협업 도구 및 통신
② 프로젝트 메타데이터 관리
③ 촘스키 계층수
④ 보안 및 데이터 무결성

> 촘스키 계층(Chomsky hierachy)는 형식언어(Formal Language)를 생성하는 형식문법(Formal Grammar)들을 분류해 놓은 계층구조이다.

23 다음 중 BIM CDE 구성요소가 아닌 것은?

① 협업 도구 및 통신
② 프로젝트 메타데이터 관리
③ 프로젝트 문서 및 모델 관리
④ 촘스키 계층

촘스키 계층(Chomsky hierachy)는 형식언어(Formal Language)를 생성하는 형식문법(Formal Grammar)들을 분류해 놓은 계층구조이다.

24 다음 중 CO–BIM의 구성요소가 아닌 것은?

① 프로젝트 중심(Project–Centric)
② 협업 및 의사 소통(Collaboration and Communication)
③ 프로젝트 생애주기(Project Lifecycle)
④ 품질보증(Quality Assurance)

품질보증(Quality Assurance)은 품질 요구 사항을 보증하는 체계적인 문서를 의미한다.

25 다음 중 CO–BIM의 구성요소가 아닌 것은?

① 품질보증(Quality Assurance)
② 협업 및 의사 소통(Collaboration and Communication)
③ 프로젝트 생애주기(Project Lifecycle)
④ 통합된 데이터 관리(Integrated Data Management)

품질보증(Quality Assurance)은 품질 요구 사항을 보증하는 체계적인 문서를 의미한다.

26 다음 중 CO–BIM의 구성요소가 아닌 것은?

① 투명성과 신뢰성(Transparency and Trust)
② 품질보증(Quality Assurance)
③ 프로젝트 생애주기(Project Lifecycle)
④ 통합된 데이터 관리(Integrated Data Management)

품질보증(Quality Assurance)은 품질 요구 사항을 보증하는 체계적인 문서를 의미한다.

27 다음 중 CO–BIM의 구성요소가 아닌 것은?

① 투명성과 신뢰성(Transparency and Trust)
② 표준 및 규정 준수 (Compliance with Standards and Regulations)
③ 품질보증(Quality Assurance)
④ 통합된 데이터 관리(Integrated Data Management)

품질보증(Quality Assurance)은 품질 요구 사항을 보증하는 체계적인 문서를 의미한다.

MEMO

6

설계
BIM 활용

01 설계 BIM 프로세스

1 개요

BIM 설계의 정의는 설계·시공 등 건설사업의 각종 업무수행에서의 활용을 목적으로, BIM 저작도구 및 응용도구를 통해 BIM 데이터를 작성하고, 도면 등 그 외 필요한 설계도서를 BIM 데이터로부터 생성하는 것을 의미한다. BIM 설계 프로세스는 다음과 같은 순서로 진행된다.

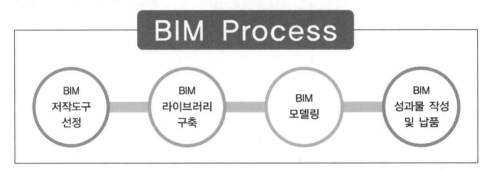

그림 6-1 BIM 설계 프로세스

기존 설계방식은 각 단계별로 재설계와 설계오류 수정 등 발생된다. 이 과정이 반복되어 설계일정과 설계 피로도를 증가시키며, 설계 품질에도 영향을 미치게 되어 성과품의 질적 저하로 이어지게 된다. BIM 설계 적용 시 재설계와 오류로 인한 반복작업 최소화할 수 있고 설계 품질의 향상에도 영향을 주게 된다.

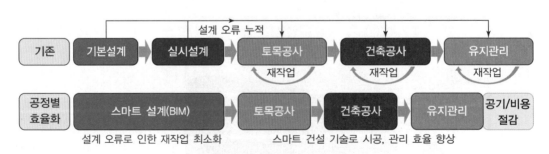

그림 6-2 BIM 적용에 따른 기대효과

[출처] BIM 기반 건설산업 디지털 전환 로드맵, 2021. 06. 국토교통부

2   BIM 저작도구 및 응용도구 선정

BIM 설계에 적합한 BIM 저작도구 및 응용도구를 선정한다. 과업내용서의 요구사항에 따라 성과품 작성이 가능하며 데이터 공유 및 교환용 표준 파일 포맷을 지원해야 하며, 또한 필요한 경우 각 분야별로 여러 저작도구 및 응용도구를 활용할 수 있다.

표 6-1 BIM 저작도구 선정기준 사례

번 호	선정 기준
1	• BIM 작성의 목표달성에 부합하는가?
2	• BIM 객체 설계를 지원하는 라이브러리를 제공하는가?
3	• 지형데이터의 입력과 작성이 가능한가?
4	• BIM 객체의 속성입력이 가능한가?
5	• 개방형 BIM 표준을 지원하는가?
6	• BIM 데이터로부터 수량산출이 가능한가?
7	• BIM 데이터 작성 후 관련 문서를 작성할 수 있는가?
8	• 설계 방법을 지원할 수 있는 Add-in 프로그램의 확장성이 용이한가?
9	• 협업설계를 지원하는가?
10	• 프로젝트 관리 프로그램과의 직접적 결합 또는 연계가 가능한가?
…	…

사업 공종의 BIM 데이터는 다양한 조건에서 만들어지므로 BIM 설계 시 활용했던 소프트웨어와 호환성을 가지는지 검토할 필요성을 가진다. 이 프로그램은 다음의 조건을 고려하여 선정할 수 있다.

표 6-2 BIM 통합검토 소프트웨어의 최소요구기능 사례

공통기능	최소 요구기능
BIM 파일변환	• 모든 BIM 형식을 검토용 소프트웨어와 호환되는 형식으로 변환 가능
간섭검토	• BIM 모델 간 물리적 간섭과 여유 공간검토 가능
공정검토	• 공정계획을 호환할 수 있는 형식으로 작성
좌표설정 / 화면 뷰 저장	• 사용자가 화면을 저장, 저장된 목록을 외부로 내보내어 관련자가 의견을 3차원 뷰와 함께 검토할 수 있어야 함
측정	• 길이, 면적, 부피 측정이 가능해야 함
색상설정	• 검토자가 프로젝트팀이 설정한 칼라코드에 맞추어 색상을 임의로 변경 및 설정할 수 있어야 함
검토의견 게시	• 검토자가 의견을 3차원 객체 상에 게시할 수 있어야 함
검토의견 공유 및 관리	• 검토자가 게시한 의견을 CDE를 통해 관련 팀원과 공유 및 승인 가능
3차원 보기	• 3차원 보기 및 회전, 조건부 필터링, 투명/반투명 보기 등 시각적 검토를 지원해야 함

시설물의 표준 상세도 등을 바탕으로 BIM 라이브러리를 구축한다. BIM 라이브러리는 반복적으로 활용되는 3차원 설계 객체를 작성하고 형상 및 속성 관리, 설계 및 물량산출을 위한 기본 BIM 데이터로 활용될 수 있는 표준 객체이다.

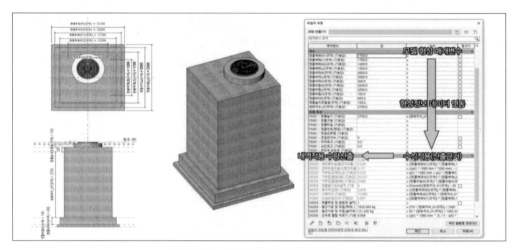

그림 6-3 BIM 라이브러리 작성 예시

[출처] 건설산업 BIM 적용지침(단지분야 토목부문) 2022.12. 한국토지주택공사

라이브러리 개발 시 기본 속성이나 분류체계를 적용하고, 파라메트릭(매개변수)기법을 도입하여 단일 라이브러리가 다양한 형태로 변형 가능하도록 제작하며, 또한 현재 공개된 라이브러리 공유체계를 활용할 수 있다.

그림 6-4 BIM 라이브러리 공유체계 예시

[출처] https://www.calspia.go.kr/bim/

4 BIM 데이터 작성

① BIM 저작도구와 BIM 라이브러리를 활용하여 3차원 BIM 데이터를 작성한다.

② BIM 데이터 작성 시 설계자의 의도나 지식을 반영한 파라메트릭 모델링 기법을 활용할 수 있다. 파라메트릭 모델링은 치수와 공차를 고려해 모델 작성 시 제약사항을 주어서 각 객체 간의 관계 성립 조건을 지정하여 그 조건에 따라 작동하는 모델링 기법이다.

③ BIM 작업의 핵심 중 객체기반 변수모델링의 경우 시설물의 구성요소를 객체로 나타내고, 이들 객체의 속성을 변수로 정의하는 방식이다. 이렇게 하면 시설물의 구성요소를 더욱 정확하게 표현할 수 있으며, 구성요소 간의 관계를 더욱 명확하게 파악할 수 있다.

④ BIM 데이터의 품질확보를 위해 형상의 완성도를 높이고 요구되는 속성정보를 정확하게 반영할 수 있도록 한다. BIM 데이터는 선형, 구조물, 시설물 등의 세부 요소를 포함하며 각 형상 객체가 물리적인 간섭 없이 통합되고 분류체계 등 논리적인 정보 또한 오류 없이 통합 운영될 수 있도록 관리하여야 한다. 또한 협업 및 검토를 위해 다른 분야와의 연계성을 고려한다.

교량 통합모델	기능에 따른 분류	부재별 세부분류		
	상부구조물	상부슬래브	거더	가로보
	하부구조물	교대 벽체	교대 기초	교대 날개벽
		교각 코핑	교각 기둥	교각 기초

그림 6-5 구조물 형상 작성 예시

[출처] 건설산업 BIM 시행지침(설계자편) 2022.07. 국토교통부

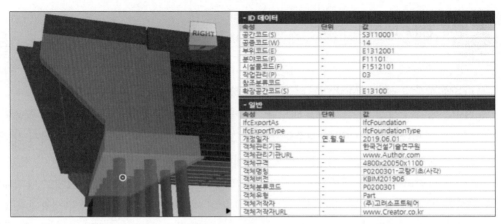

그림 6-6 구조물 속성 작성 예시

[출처] 고속도로분야 BIM 정보체계 표준지침서(v2.0) 2022.07. 한국도로공사

5   BIM 성과품 작성 및 납품

BIM 데이터를 기반으로 설계도면, 설계수량 등의 BIM 성과품을 작성하고 납품한다. BIM 성과품은 국토교통부의 건설산업 BIM 기본지침 및 시행지침, 각 발주처의 BIM 적용지침에 따라 표준화되어야 한다.

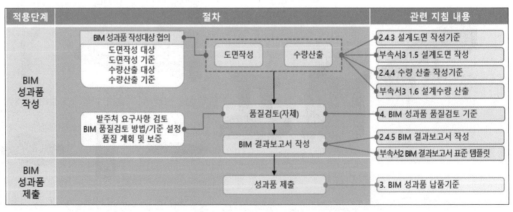

그림 6-7 고속도로 BIM 성과품 작성 절차

[출처] 고속도로 BIM 적용지침(설계자편) 2023.09 한국도로공사

6 BIM 활용

① BIM은 엔지니어링과 모델링 내용의 가시화를 통해 주체들 간의 신속하고 원활한 협의에 기여할 수 있다.

② 시설물, 건축물, 구조물, 지형 및 지반정보 등에 대한 공간, 형상 및 속성정보를 포함함으로써 도면을 추출하고 설계 수량을 자동적으로 산출할 수 있다.

③ 모델기반의 정보 유통을 통해 고품질의 설계가 가능하고 사전제작 구조물에 대한 시공성 확보를 통해 설계 역량을 증대시킬 수 있다.

④ 3차원 가시화를 통해 시공 및 유지관리 단계에서 발생할 수 있는 문제점을 설계단계에서 사전 검토할 수 있다.

⑤ BIM 데이터를 활용한 각종 시뮬레이션 및 고급분석 결과를 평가할 수 있다.

그림 6-8 디지털 건설기술의 활용 방향

[출처] 미래 건설산업의 디지털 건설기술 활용 전략 2019.05. 한국건설산업연구원

02 설계단계 BIM 활용

공정별 BIM 활용사례

(1) 현황 모델링

측량 및 지반조사 결과를 3차원 BIM 데이터로 구축하고, 건축물 및 인프라 구조물의 현재 상태를 BIM 데이터로 작성하여 설계, 시공, 유지보수 등 건설 생애주기 전반에 걸쳐 발생하는 정보를 통합적으로 관리하고 활용한다.

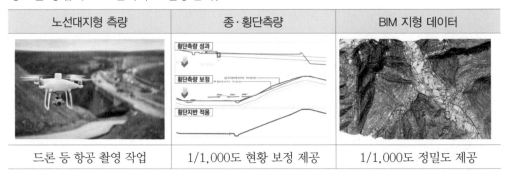

노선대지형 측량	종·횡단측량	BIM 지형 데이터
드론 등 항공 촬영 작업	1/1,000도 현황 보정 제공	1/1,000도 정밀도 제공

그림 6-9 BIM 지형 데이터

[출처] 고속도로 BIM 적용지침(설계자편) 2023.09 한국도로공사

측량조사 및 지반조사 업체와 협업체계를 구축하여 지형 및 구조물의 현재 상태와 비교하여 BIM 데이터에 대한 신뢰성을 확보하여야 한다.

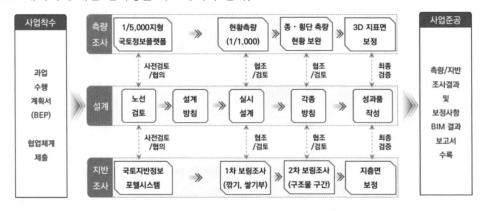

그림 6-10 측량 및 지반조사 BIM 데이터 작성 협업 체계 예시

[출처] 고속도로 BIM 적용지침(설계자편) 2023.09 한국도로공사

(2) 3차원 모델링 자동화

BIM 저작도구 중 비주얼프로그래밍(Dynamo, GC, Grasshopper 등)을 활용하여 3차원 모델링을 자동화할 수 있다.

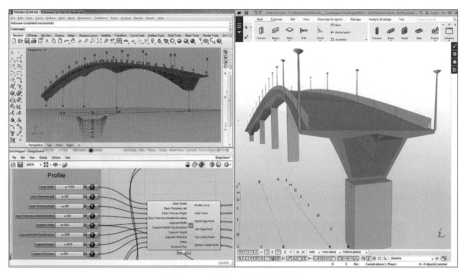

그림 6-11 교량 모델링 자동화

(3) 3차원 간섭검토 및 조정

BIM 데이터를 활용하여 기존 현황과 구조물, 새로 시공되거나 제작될 구조물 등의 3차원 모델을 통하여 서로 간섭이나 부족한 부분을 파악하여 조정, 수정한다.

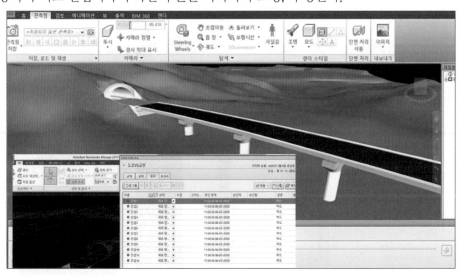

그림 6-12 3차원 간섭검토

(4) 설계검토

설계검토는 건축물 및 인프라 구조물의 설계가 안전하게 이루어졌는지 검토하는 것을 말한다. 일부 BIM 저작도구에서는 해석솔루션을 제공하여 BIM 데이터를 활용하여 설계검토를 수행할 수 있다.

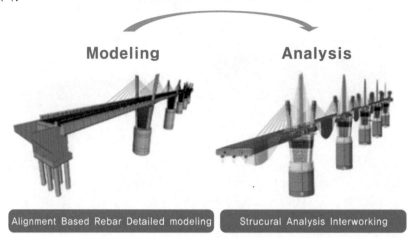

그림 6-13 BIM 설계검토

[출처] ㈜Midas

(5) 설계도면 적정성 검토

BIM 데이터로부터 추출한 설계 도면이 규정에 맞게 작성되었는지 검토하는 것을 말한다.

● 예시

1) 암거 구조도 표준단면도 및 주철근 조립도 확인

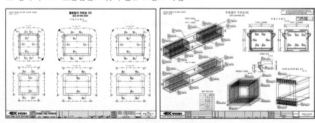

2) BIM 표준단면도 및 주철근 조립도 확인

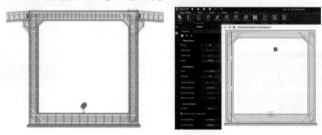

그림 6-14 BIM 기반 도면 검토 예시

[출처] BIM 성과품 품질검토 가이드라인 (V1.0) 2023.08 한국도로공사

(6) 수량 적정성 검토

실제 시공에 앞서 BIM모델에서 파악된 정보을 바탕으로 실제 공사에서의 수량을 선제 파악한다.

● 예시

1) BIM S/W 수량산출 테이블의 항목별 수량 확인

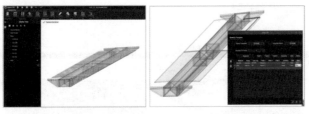

2) BIM S/W에서 추출한 수량과 수량산출서 간 수량 확인

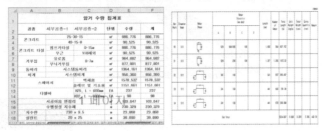

그림 6-15 BIM 기반 수량 검토 예시

[출처] BIM 성과품 품질검토 가이드라인 (V1.0) 2023.08 한국도로공사

(7) 시뮬레이션

BIM 시뮬레이션은 실제 가설, 시공, 유지관리 중에 있어 발생할 수 있는 여러 상황을 미리 구현하여 이에 따른 현황 평가와 문제점을 선제 파악하여, 처리하거나 대비하기 위한 활용도 가 높은 기술이다.

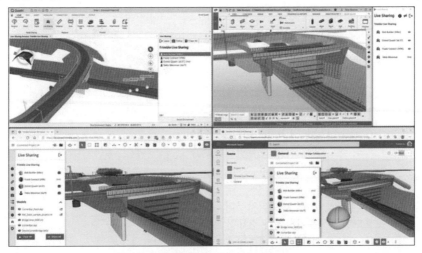

그림 6-16 시공 시뮬레이션

[출처] Trimble

(8) 3차원 전자도면

BIM에서 3차원 전자도면은 건축물의 3차원 입체 정보를 바탕으로 설계·시공하는 기술로, 기존의 2차원 도면으로는 어려운 건축물의 기획·설계·시공·유지관리 등을 통합적으로 수행할 수 있도록 돕는다.

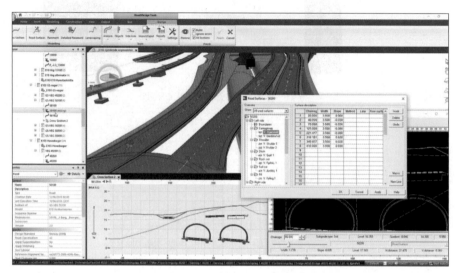

그림 6-17 3차원 전자도면 활용

[출처] Trimble

BIM 기반 도면 작성 시 3D도면과 2D로 구성되는 기본도면과 보조도면으로 구분하여 작성한다.

표 6-3 BIM 기반 도면 작성 구분

형식	도면구분	설명	형상	프로세스
3D	BIM 데이터	• 기존 2차원 도면을 대체하는 3차원 BIM 데이터		BIM모델 → 추출 → 가공 → 성과품 완성
2D	기본도면	• BIM 데이터로부터 추출하여 작성된 도면으로 BIM 데이터에 포함하거나 별도 파일로 구성		참조
	보조도면	• BIM 데이터로부터 추출이 불가하거나 3차원 표현이 어려운 상세도면 등		2D 표준

[출처] 고속도로 BIM 적용지침(설계자편) 2023.09 한국도로공사

2 도로분야 BIM 활용사례

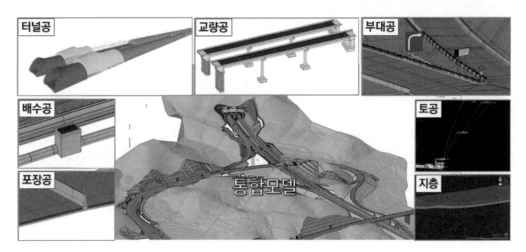

그림 6-18 도로분야 BIM 데이터

[출처] 고속도로 BIM 적용지침(설계자편) 2023.09 한국도로공사

(1) 계획

비교 노선검토, 교량의 형식검토 및 경간장 구성, 터널 갱구부 위치 계획, 출입시설의 형식 검토, 주변 환경과의 조화 등 BIM 데이터를 통하여 계획검토에 활용된다. 또한 Generative Modeling을 통해 파라메트릭 변수를 활용하여 단기간에 여러 안을 검토할 수도 있다.

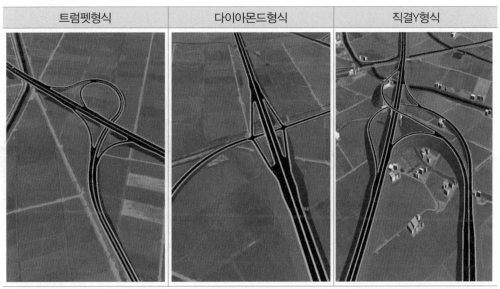

그림 6-19 BIM 기반 출입시설 형식검토 예시

[출처] 고속도로 BIM 적용지침(설계자편) 2023.09 한국도로공사

(2) 토공

기존에는 2차원 평면상의 CAD 도면을 이용하여 평균 토공량을 산출하였기 때문에 수량산출의 정확도가 현저히 떨어지고 시공에 따른 공정을 반영할 수 없으므로 종합적인 검토가 불가능하였으나 BIM 기술을 도입으로 토공의 수량을 3차원으로 정확하게 파악하여 쌓기 및 깎기를 자동으로 결정하고, 운반수량 계산에 활용된다.

(3) 배수공

기존 2차원 설계는 배수 구조물에 대하여 2D 도면과 이론적 계산식으로 작업하여 실제 배수 흐름에 대하여 검증 불가하였으나 BIM 설계는 추가로 3D 모델을 컴퓨터 시뮬레이션과 유체역학을 접목하여 실제상황과 유사한 조건으로 구현하여 배수 피해 예측 및 개선방안 검토에 활용된다.

(4) 포장공

기존 2차원 설계는 대표 포장단면을 2D로 표기하였으나 BIM 설계는 3D 형상으로 작성하여 도로폭, 재료 및 규격, 포장층 두께 등을 모델에서 바로 확인할 수 있어 도로의 변화구간에 대한 수량 및 도면 추출에 활용된다.

(5) 부대공

기존 2차원 설계는 표지판, 차선을 2D 평면상에 표기하였으나 BIM 설계는 3D 형상과 이미지를 통해 운전자 시각의 시거 및 시설물 상호간 시인성 확보 등 실제상황을 구현하여 주행 안전성 검토에 활용된다.

부대시설 포함 데이터(1)	부대시설 포함 데이터(2)	곡선구간의 주행성 확인

그림 6-20 BIM 기반 도로주행 시뮬레이션 예시

[출처] 고속도로 BIM 적용지침(설계자편) 2023.09 한국도로공사

(6) 구조물공

3차원 상세 모델링을 통한 특수 구조물의 형상검토나 간섭검토 등의 시공성 검토와 가설단계 시뮬레이션을 이용한 장비운영 및 시공단계 이해에 활용된다.

PSC 거더교(거더 및 하부형상 검토)

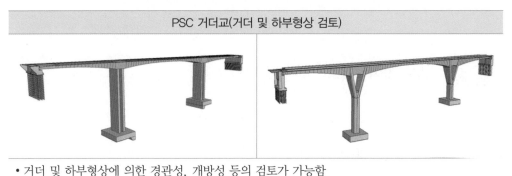

• 거더 및 하부형상에 의한 경관성, 개방성 등의 검토가 가능함

그림 6-21 BIM 기반 구조물 형상 검토 예시

[출처] 고속도로 BIM 적용지침(설계자편) 2023.09 한국도로공사

(7) 터널공

터널, 환기구 구간 등에 대하여 3D 정보모델을 구축하여 설계도면의 오류사항을 사전에 체크하고, 지형 및 지반을 모델링하고 각 지층별 정보를 입력함으로써 실제 시공시 지반변화 등을 파악하고 토공량 산정에 활용된다.

갱구위치 선정 기준	BIM 데이터

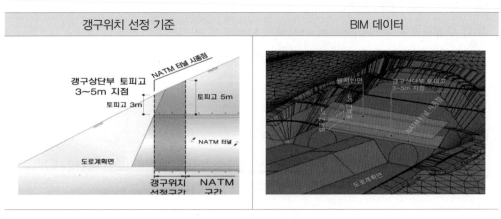

그림 6-22 BIM 기반 갱구위치 선정 예시

[출처] 고속도로 BIM 적용지침(설계자편) 2023.09 한국도로공사

1   BIM 데이터 검토 및 간소화

(1) BIM 저작도구 기본기능 소개

BIM 모델링 작성 및 실습을 위해 Revit 등의 소프트웨어 도구의 기본 용어, 화면 구성, 프로젝트 환경 구성, 뷰 관리 등을 이해하고 활용한다.

(2) BIM 모델링 작성 및 실습

BIM 설계 협업 도구를 이용하여 구조, 건축, MEP 등의 주요 부재를 배치하고 수정하며, 물량산출, 재료견적, 설계 도서 추출 및 작성 등을 수행한다.

(3) BIM 데이터를 활용한 협업

BIM 설계협업 도구를 이용하여 간섭체크 프로세스 및 인터페이스를 수행하고 결과보고서를 작성한다. 또한, BIM 기반 공정관리(4D)와 수량산출(Quantification)에 대한 개념과 이해를 한다.

(4) BIM 기반 구조 인터페이스의 적용성 검토

BIM 기반으로 구조설계와 상세설계의 인터페이스 모듈을 개발하고 구조물에 대한 BIM기반 구조설계 프로세스의 적용사례를 분석한다.

(5) BIM 설계를 위한 데이터 간소화

BIM 모델 저장을 데이터와 알고리즘으로 분리하여 중복되고 불필요한 데이터 정리를 통해 설계를 위한 저장 데이터를 최소화한다.

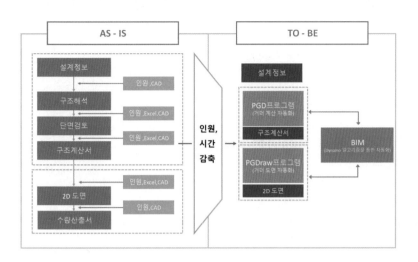

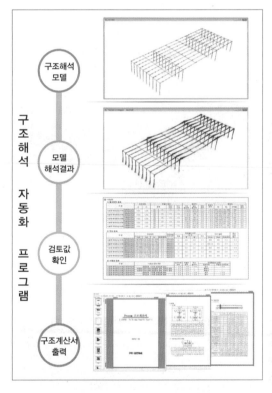

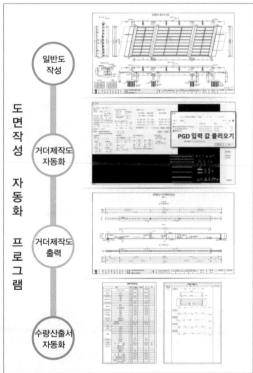

그림 6-23 데이터 기반 BIM 설계 관리

[출처] 스마트건설기술마당 등록기술번호 2022-4, ㈜삼현비앤이

1 도로분야 시뮬레이션 사례

(1) 배수 시뮬레이션

기후변화로 인한 강우패턴의 변화 및 국지성 집중호우 발생 시 설계기준에서 정한 설계빈도 이상의 강우발생이 빈번하여 고속도로의 노면 및 각종 배수 시설물 등의 피해가 발생하여 교통사고의 위험이 증가할 뿐 아니라, 국민의 안전과 재산에도 막대한 피해가 발생할 수 있으므로 도로 계획 및 설계단계에서 배수시뮬레이션을 실시하여 재해 예방을 목적으로 실시한다.

도로개설에 따른 주변 사면의 배수 시뮬레이션

| 개선 전 배수 불량 시뮬레이션 | 개선 후 배수 양호 시뮬레이션 |

그림 6-24 배수 시뮬레이션 예시(1)

도로개설에 따른 주변 지역의 배수 시뮬레이션

| 개선 전 배수 불량 시뮬레이션 | 개선 후 배수 양호 시뮬레이션 |

그림 6-25 배수 시뮬레이션 예시(2)

[출처] 고속도로 BIM 적용지침(설계자편) 2023.09 한국도로공사

(2) 도로주행 시뮬레이션

고속도로 설계 및 시공 전 고속도로의 기하학적 기준은 만족하지만 운전자 중심의 사전 주행 시뮬레이션을 통해 주행 안전의 문제점 분석과 개선으로 안전하고 쾌적한 고속도로를 계획하며, 교통사고를 예방하여 국민의 안전과 재산을 지킴을 목적으로 실시한다.

그림 6-26 도로주행 시뮬레이션 예시

[출처] 고속도로 BIM 적용지침(설계자편) 2023.09 한국도로공사

(3) 교통분석 시뮬레이션

설계 시 출입시설(분기점, 나들목, 접속교차로 등)의 배치나 형식 선정 등에 활용하기 위해 도로이용자와 교통량(O/D)에 대한 계획의 교통수요 분석자료를 활용하여 시뮬레이션을 통해 교통 안전의 문제점을 사전에 분석하고 개선하는데 목적이 있다.

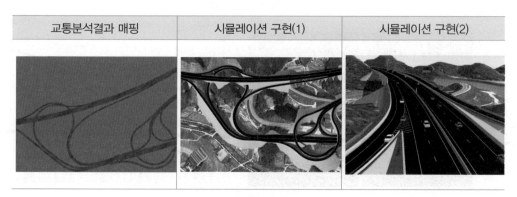

그림 6-27 교통분석 시뮬레이션 예시

[출처] 고속도로 BIM 적용지침(설계자편) 2023.09 한국도로공사

(4) 일조/일영 검토 시뮬레이션

최근 국내 고속도로는 기후변화로 인한 이상 강설, 강우, 기온변화로 인하여 고속도로의 노면의 미끄러짐으로 교통사고의 위험이 증가할 뿐 아니라, 국민의 안전과 재산에도 막대한 피해가 발생되고 있으므로 고속도로 계획 및 설계단계에서 노면 미끄러짐 방지 대책 및 직광 위험도 분석을 통해 일조/일영 시뮬레이션을 실시하여 교통사고 예방을 목적으로 한다.

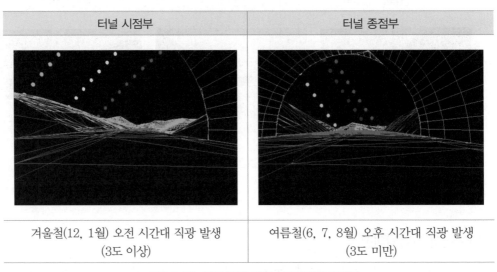

터널 시점부	터널 종점부
겨울철(12, 1월) 오전 시간대 직광 발생 (3도 이상)	여름철(6, 7, 8월) 오후 시간대 직광 발생 (3도 미만)

그림 6-28 일조/일영 검토 시뮬레이션 예시(1)

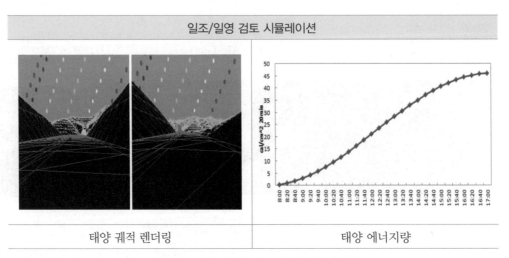

일조/일영 검토 시뮬레이션	
태양 궤적 렌더링	태양 에너지량

그림 6-29 일조/일영 검토 시뮬레이션 예시(2)

[출처] 고속도로 BIM 적용지침(설계자편) 2023.09 한국도로공사

(5) 경관성 검토 시뮬레이션

최근 국내 고속도로는 국민 삶의 질이 향상됨에 따라 경관적으로 우수한 고속도로 시설물의 요구로 과거의 기본기능 외에 심미성, 쾌적성을 추구하게 되었으므로 고속도로 계획 및 설계 단계에서 BIM 데이터를 활용하여 경관성 검토 시뮬레이션을 실시하여 조화롭고 아름다운 시설물 건설을 목적으로 한다.

교량 상·하부 구조 형식 선정시 경관성 검토 시뮬레이션 도입

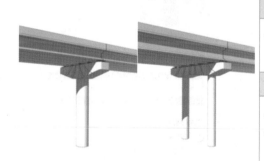

상부 형식

• 슬림하고 개방적이며 일체감을 고려한 형식으로 하부주행 시 교량 측부 조형성 및 개방감 우수

하부 형식

• 교각 타입별 통일성 있는 디자인 적용
• 기둥부 원형단면과 라운드형 코핑부 적용으로 메스감 최소화 및 하부주행 시 위압감 최소화

그림 6-30 경관성 검토 시뮬레이션 예시(1)

○○ 터널 종점부 1안	○○ 터널 종점부 2안

• 터널 입·출구부 대안 검토 예시(터널 갱문위치 및 형식선정 방침)

그림 6-31 경관성 검토 시뮬레이션 예시(2)

[출처] 고속도로 BIM 적용지침(설계자편) 2023.09 한국도로공사

2 교량 BIM 자동화 설계 사례

BIM모델
작성검토

교량 및 거더
선형생성

거더모델링
자동화

교량
모델링

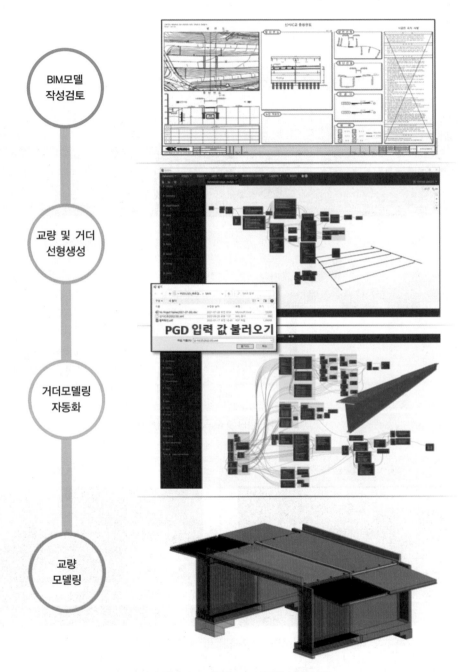

그림 6-32 교량 BIM 자동화 설계 사례

[출처] ㈜삼현비앤이

3 강교 BIM 설계 사례

BIM모델
작성검토

교량 및 거더
선형생성

거더모델링
자동화

교량
모델링

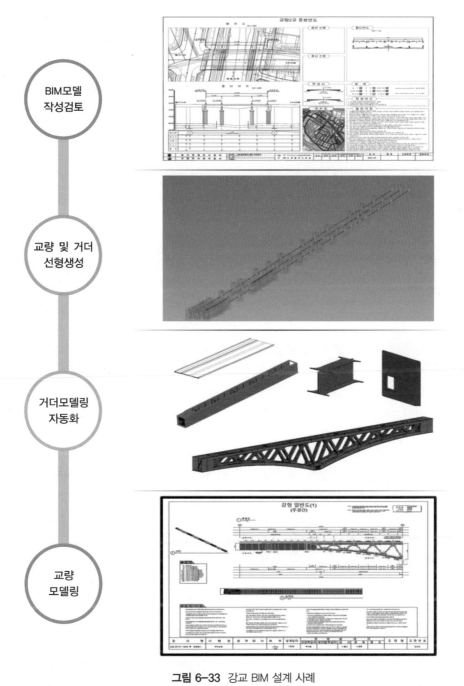

그림 6-33 강교 BIM 설계 사례

[출처] ㈜삼현비앤이

01
3차원 형상을 작성할 때 모델의 각 치수를 변수화 할 수 있어야 하고 모델간의 거리 등의 구속조건을 부여할 수 있어서 모델의 변경 시 수치를 입력하여 수월하게 3차원 형상을 구성할 수 있도록 하는 모델링 방법은?

① 구조해석 모델링　② 파라메트릭 모델링
③ 다이렉트 모델링　④ 개념 모델링

- 파라메트릭 모델링 정의
  3차원 형상을 작성할 때 모델의 각 치수를 변수화 할 수 있어야 하고 모델간의 거리 등의 구속조건을 부여할 수 있어서 모델의 변경 시 수치를 입력하여 수월하게 3차원 형상을 구성한다.

02
BIM과 3D모델링에 대한 설명 중 옳지 않은 것은 무엇인가?

① 3D모델은 단순 시각화는 가능하지만 정보가 없어 데이터 통합과 추가적인 분석을 하지 못한다.
② BIM 모델은 각 모델 간 서로 데이터들이 연동되어 모델이 변화가 발생했을 때 연동되어 있는 도면이나 다른 객체가 자동적으로 수정되어 진다.
③ BIM 모델은 객체를 정의할 수 있지만 변수 정보는 활용할 수 없기 때문에 치수를 변화하더라도 크기나 비율 등의 변수들을 조절할 수 없다.
④ 3D모델이란, 오토캐드나 다른 3D 모델링 도구를 활용하여 만든 지오메트리 형상만을 말한다.

BIM 기술에서 객체기반의 변수모델링이 없다면 3D모델링의 시각화 이외의 엔지니어링 측면에서 큰 의미를 가질 수 없다.

03
3차원 정보모델이 제출되면 이를 검증하고 평가하는데 있어서 고려 사항이 아닌 것은?

① 모델의 안전성
② 설계 결과물의 3차원 정보모델로부터의 연동성
③ 모델의 공유성 및 정밀성
④ 모델의 수정 용이성 및 관리성

- BIM 데이터 품질검토 항목
  물리적 품질검토 항목으로는 간섭 검토와 모델 객체의 위치 및 형상 검수가 있다.
  논리적 품질검토 항목으로는 주요 설계조건, 법규검토, 부재별 최소/최대 요구정보 부합 여부(관련/법/규정 근거), 인터페이스, 교량 다리 밑 공간검토, 건설장비 운영공간 확보, 이동 동선 확보 등이 이에 해당한다.
  속성데이터 품질검토 항목으로는 공종 객체에 따른 속성정보 부여 정합성, BIM 객체의 형상 및 상세수준 검토, 물량산출 결과, 데이터 용량 검토 등이 있다.

04
BIM 도입에 따른 설계단계의 이점으로 잘못된 것은 무엇인가?

① 설계변경이 생겼을 때 낮은 수준에서의 자동수정
② 정확하고 일정한 2D설계도를 생성
③ 다양한 분야와의 조기 협업
④ 보다 나은 시설물 유지관리

① 설계변경이 생겼을 때 낮은 수준에서의 자동수정 : 설계단계
② 정확하고 일정한 2D설계도를 생성 : 설계단계
③ 다양한 분야와의 조기 협업 : 설계단계
④ 보다 나은 시설물 유지관리 : 유지관리단계

정답 01 ② 02 ③ 03 ① 04 ④

05 BIM에서 "Generative Modeling"란 무엇을 의미하며, 건설계획 수립에 어떤 도움을 줄 수 있는지 올바른 것은?

① 기본 및 실시설계 단계에서 비교 노선검토 및 구조물 검토시 상수를 활용하여 장기간에 여러 안을 검토할 수 있는 모델링을 의미한다.

② 기본 및 실시설계 단계에서 비교 노선검토 및 구조물 검토시 상수를 활용하여 단기간에 여러안을 검토할 수 있는 모델링을 의미한다.

③ 기본 및 실시설계 단계에서 비교 노선검토 및 구조물 검토시 파라메트릭 변수를 활용하여 장기간에 여러 안을 검토할 수 있는 모델링을 의미한다.

④ 기본 및 실시설계 단계에서 비교 노선검토 및 구조물 검토시 파라메트릭 변수를 활용하여 단기간에 여러 안을 검토할 수 있는 모델링을 의미한다.

AI(인공지능)과 관련하여 Machine Learning의 종류로서 주어진 학습 데이터의 분포를 따르는 유사한 데이터를 생성하는 모델이다.

06 BIM을 활용한 설계에 대한 설명으로 적절하지 않은 것은?

① 일람표를 작성 후 변경하면 해당 내용이 다른 도면에도 자동으로 반영된다.

② 간섭체크 기능으로 요소 간 충돌이 없는지 모형을 검색해 볼 수 있다.

③ 방대한 라이브러리와 세부 설계 도구를 지원하기 때문에 사전 정렬이 가능하다.

④ BIM 설계시 에너지 분석결과를 평가할 수 없다.

BIM 데이터를 활용하여 IFC와 건물에너지 분야의 산업 규격인 gbXML 파일을 활용하여 에너지 분석을 수행한다.

07 BIM을 활용한 시각화를 통해서 얻어지는 장점이 아닌 것은 무엇인가?

① 간섭체크를 통한 설계오류 확인

② 공정별 공사비를 신속히 산출

③ 3D모델을 이용한 효과적인 의사소통 가능

④ 새로운 공법을 이해하기 위한 도구

BIM 데이터기반으로 세부속성(길이, 면적, 체적, 개수) 정보를 활용하여 산출이 가능하다.

08 LOD 300 수준의 땅깎기 토공 모델링의 정보 수준(LOI)에 포함되지 않는 것은?

① 형태
② 위치(STA)
③ 개략폭
④ 사면 경사

• 토공 : 땅깎기

구분	데이터 예시	상세 수준(LOD)	정보 수준(LOI)
LOD 100		계획 노선 상에서 땅깎이가 발생되는 위치 표현	위치(STA)
LOD 200		• 계획 노선 상에서 땅깎이가 발생되는 위치 및 개량의 형태 표현 • 지층변화에 따른 사면 경사 미고려	• 형태 • 위치(STA)
LOD 300		• 계획 노선 상에서 땅깎이가 발생되는 위치 단의 개수 등 상세 데이터 • 지층에 따른 사면 경사	• 형태 • 위치(STA) • 사면 경사 • elevation
LOD 350		–	–

그림 토공 땅깎기 LOD 수준 예시

09 BIM 모델 안에서 시설물을 구성하는 단위 객체로서, 여러 프로젝트에서 공유 및 활용할 수 있도록 제작한 객체 정보의 집합을 의미하는 것은?

① 작업분류체계(WBS; Work Breakdown Structure)
② BIM 라이브러리(Library)
③ 건설표준정보모델(IFC; Industry Foundation Classes)
④ 객체분류체계(OBS; Object Breakdown Structure)

① 작업분류체계(WBS; Work Breakdown Structure) : 프로젝트 팀이 프로젝트 목표를 달성하고 필요한 결과물을 도출하기 위해 실행하는 작업을 계층 구조로 세분해 놓은 것을 의미한다.
② BIM 라이브러리(Library) : 모델 안에서 시설물을 구성하는 단위 객체로서, 여러 프로젝트에서 공유 및 활용할 수 있도록 제작한 객체 정보의 집합을 의미한다.
③ 건설표준정보모델(IFC; Industry Foundation Classes) : 소프트웨어 간에 BIM 모델의 상호운용 및 호환을 위하여 개발한 국제표준(ISO 16739)기반의 데이터 포맷을 의미한다.
④ 객체분류체계(OBS; Object Breakdown Structure) : 작업 단위가 아닌 BIM객체를 효율적으로 관리하기 위한 객체관점의 공간-시설-부위 단위의 위계 구조를 의미한다.

10 도로명 또는 우편번호와 같은 GIS 데이터를 이용하여 경위도 또는 X, Y등과 같은 좌표로 변환하는 것을 무엇이라고 하는가?

① GeoVisualization
② Geocoding
③ Address Matching
④ Dynamic Segmentation

Geocoding은 주소에서 지리정보를 추출하는 과정이다. 지리좌표(경위도 혹은 직각좌표)를 GIS에서 사용가능하도록 X-Y(또는 경위도)의 수치 형태로 만드는 과정. 좌표계를 갖지 않은 요소(예를 들어, 도로체계로 표현되는 주소)에 위치를 부여하는 것도 포함할 수 있다.

11 BIM 모델링이 객체기반의 변수모델링으로 하는 것이 필요한데 이로 인한 장점으로 볼 수 없는 것은 무엇인가?

① 치수가 완전하게 결정되기 전에 형상을 구현할 수 있다.
② 부재간의 위치나 최소 및 최대 간격 등의 제약사항을 고려한 모델링을 할 수 있다.
③ 복잡한 구조 시스템에서 하나의 변수를 변경하여 전체 모델의 변경을 효율적으로 구현할 수 있다.
④ 최적화된 설계 변수를 결정할 수 있다.

BIM(Building Information Modeling) 모델링에서 객체기반 변수모델링은 모델링 작업의 핵심이다. 이 방식은 건물의 구성요소를 객체로 나타내고, 이들 객체의 속성을 변수로 정의하여 모델링하는 방식이다. 이렇게 하면 건물의 구성요소를 더욱 정확하게 표현할 수 있으며, 건물의 구성요소 간의 관계를 더욱 명확하게 파악할 수 있다. 또한, 변수모델링을 통해 건물의 구성요소에 대한 정보를 더욱 효율적으로 관리할 수 있다. 이러한 이유로 BIM 모델링에서 객체기반 변수모델링이 사용된다.

12 BIM 기법을 이용하여 설계시 장점으로 적절하지 않은 것은?

① 간섭체크 작업을 정확하게 할 수 있다.
② 3차원 BIM모델을 통해서 평면, 입면, 단면의 도면을 일관성 있게 추출 할 수 있다.
③ BIM 모델링 객체와 연계한 수량을 산출할 수 있다.
④ 2D 설계를 작업하는 PC보다 BIM 데이터를 작업하는 PC의 시스템은 낮은 사양으로도 가능함으로, BIM 설계에 필요한 장비의 비용은 줄 일 수 있다.

BIM설계시 PC의 시스템은 고사양이어야 가능하며, 비용은 더 많이 든다.

13 고속도로 스마트설계지침에서 BIM 지형데이터의 기본 설계 단계에서 필요한 정밀도 수준은?

① 1:5000   ② 1:2000
③ 1:1000   ④ 1:500

> BIM 지형데이터는 기본설계 단계에서는 1:5000도, 실시설계 단계에서는 1:1000도 이상의 정밀도를 가져야하며, 현황측량이 완료된 지형도를 이용하여 제작이 가능하다.

14 고속도로 스마트설계지침에서 BIM 지형데이터의 상세 설계 단계에서 필요한 정밀도 수준은?

① 1:5000   ② 1:2000
③ 1:1000   ④ 1:500

> BIM 지형데이터는 기본설계 단계에서는 1:5000도, 실시설계 단계에서는 1:1000도 이상의 정밀도를 가져야하며, 현황측량이 완료된 지형도를 이용하여 제작이 가능하다.

15 고속도로 스마트설계지침에서 LOD300수준의 배수공 구조물 모델링의 정보수준(LOI)에 포함되지 않는 것은?

① Elevation   ② 위치(STA)
③ 재료 및 규격   ④ 철근

> • 배수공 : 측구 터파기(배수토공)
> 배수공 구조물 설치 시에 발생하는 모든 토공에 해당되며 각 상세 수준(LOD)별로 정보수준(LOI)을 입력한다.

구분	데이터 예시	상세수준(LOD)	정보수준(LOI)
LOD 100		터파기 위치 표현	• 위치(STA)
LOD 200		개략 터파기 형상 표현	• 위치(STA) • 깊이 • 개략 폭
LOD 300		터파기 경사, 깊이 등의 상세 데이터	• 위치(STA) • 깊이 • 폭 • elevation
LOD 350	—	—	—

16 분류체계에 대한 설명 중 올바르게 설명한 것은 무엇인가?

① MBS(Model Breakdown Structure)는 비용과 연동하기 위한 분류체계이다.
② CBS(Cost breakdown Structure)는 자산관리를 위한 분류체계이다.
③ WBS(Work breakdown Structure)는 공정을 관리하기 위한 분류체계이다.
④ ABS(Asset Breakdown Structure)는 모델 관리를 위한 분류체계이다.

> 〈WBS〉
> 작업분류체계(WBS)는 시설, 공종, 시설물, 공간 및 부위 등 파셋(facet)분류, 즉 세부 공종과 내역을 결합시키기 위한 분류체계로, BIM 객체와 연계하여 활용할 수 있다.
> 〈CBS〉
> 원가 분류에 필요한 공사정보 분류를 근거로 공정, 비용, 기술을 통합한 체계이며, 건설사업의 수량 및 공사비산출 시 활용한다.
> 〈MBS〉라는 용어대신 〈OBS〉라는 용어를 사용하나 오토데스크사에서 사용하고 있다.
> BIM 모델을 각종 업무에 활용하기 위하여 시설물 전체를 대상으로 건설정보분류체계의 관점에서 객체 단위를 분리하거나 조합하여 체계적으로 분류한 것이다. 시설물 객체에 속성을 구성하기 위한 객체별 속성의 분류로, 식별, 형상, 재료 및 코드 등의 특성을 포함하고 있다.
> 〈ABS〉 자산 관리를 위한 분류체계이다.

17 대지선정 및 수치지적도를 이용하여 대지모델링하는 방법으로 적절치 않은 것은?

① 국토지리정보원 사이트에서 수치 지형도를 다운받아서 사용할 수 있다.
② 지적도를 Revit으로 Import하기 전에 지적도 상의 불필요한 요소를 정리해준다.
③ 캐드상에서 0,0,0으로 원점을 설정하여 Import시킨다.
④ 도로 모델링은 소구역을 생성하여 작성하는 것 외에는 방법이 없다.

> 수치지형도를 활용하여 다양한 구역을 생성할 수 있다.

18 3차원 모델링 작업시 객체 분할의 수준을 결정할 때 고려사항이 아닌 것은?

① 공정   ② 수량산출
③ 에너지분석   ④ 구조계산서

> 구조계산서는 구조물 전체의 거동 및 각 부재의 응력을 계산하여 안전성을 검토한 문서이다.

19 선형요소 BIM 작성에 맞지 않는 것은?

① 선형요소에 대한 BIM 작성은 선형 모델을 구성하기 위한 횡단면 구성요소를 정의하여 작성함을 원칙으로 한다.
② 구조물의 배치를 결정하는 평면 및 종단 계획을 반영한 선형을 작성한다.
③ 특정 부위에 대한 상세수준이 다르게 표현되어야 할 경우 조정하여 반영할 수 있으며, 이에 대한 내용을 발주자 또는 사업관리자에게 별도로 보고하지 않아도 된다.
④ 선형 BIM 데이터의 공간 단위는 선형구간으로 구분함을 원칙으로 하되, 필요시 추가적인 공간 구분을 적용할 수 있다.

> 선형요소 BIM
> • 선형요소에 대한 BIM 작성은 선형 모델을 구성하기 위한 횡단면 구성요소를 정의하여 작성함을 원칙으로 하며, 추가적으로 필요한 요소가 있을 경우, 별도의 횡단 어셈블리를 제작하여 반영한다.
> • 구조물의 배치를 결정하는 평면 및 종단 계획을 반영한 선형을 작성한다. BIM 저작도구의 기능에 따라 3차원 선형을 구성할 수 있다.
> • 선형요소는 모델 구성체계를 준용하여 객체 단위로 구성하여야 하고, 구성된 객체는 레이어(Layer) 또는 객체분류코드를 통해 관리한다.
> • 선형데이터의 모든 객체는 각 객체별로 인식 기능한 명칭과 함께 BIM 활용에 따라 요구되는 속성이 입력되어야 한다.
> • 특정 부위에 대한 상세수준이 다르게 표현되어야 할 경우 조정하여 반영할 수 있으며, 이에 대한 내용을 발주자 또는 사업관리자에게 별도로 보고한다.
> • 선형 BIM 데이터의 공간 단위는 선형구간으로 구분함을 원칙으로 하되, 필요시 추가적인 공간 구분을 적용할 수 있다.

20 BIM 활용에 있어 LOD에 대한 설명으로 옳지 않은 것은?

① Level of Detail 또는 Level of Development의 약어로 각 단계별 성과물의 요구 수준을 말한다.
② 각 단계별로 요구되는 정보의 종류와 양이 다르다.
③ 동일한 사업단계에서는 협력업체들 간의 정보 요구수준이 비슷하다.
④ 프로젝트 초기에 각 협력사들 간의 BIM에 대한 요구 수준을 합의하고 프로젝트를 진행해야 한다.

> 수급인(설계자)은 기본적으로 하나의 시설에는 동일한 상세수준을 적용하는 것이 바람직하나 필요한 경우 발주자와의 협의를 통해 부분적으로 BIM 상세수준을 다르게 적용할 수 있다.

21 작업 단위가 아닌 BIM객체를 효율적으로 관리하기 위한 객체관점의 공간–시설–부위 단위의 위계 구조를 의미를 설명한 것은 무엇인가?

① 객체분류체계(OBS: Object Breakdown Structure)
② 작업분류체계(WBS: Work Breakdown Structure)
③ 비용분류체계(CBS: Cost Breakdown Structure)
④ 수준분류체계(LOD : Level of Development)

> ② 작업분류체계(WBS: Work Breakdown Structure) : 프로젝트 팀이 프로젝트 목표를 달성하고 필요한 결과물을 도출하기 위해 실행하는 작업을 계층 구조로 세분해 놓은 것을 의미한다.
> ③ 비용분류체계(CBS: Cost Breakdown Structure) : 작업 단위가 아닌 BIM 객체를 효율적으로 관리하기 위한 비용(예산 or 원가) 관점의 공간–시설–부위 단위의 위계 구조를 의미한다.
> ④ 수준분류체계(LOD : Level of Development) : 국제적으로 통용되는 BIM 모델의 상세수준으로, 형상정보와 속성정보가 연계되어 단계를 거치면서 최종 준공(as–built) 모델로 생성되는 수준을 의미한다.

22 다음 중 전 국토의 지리공간정보를 디지털화하여 수치지도(digital map)로 작성하고 다양한 정보통신기술을 통해 재해·환경·시설물·국토공간 관리와 행정서비스에 활용하고자 하는 첨단 정보시스템을 무엇이라고 하는가?

① BIM(Building Information Modeling)
② GIS(geographic information system)
③ CPM(Critical Path Method)
④ PLM(Product Lifecycle Management)

① BIM(Building Information Modeling) : 시설물의 생애주기 동안 발생하는 모든 정보를 3차원 모델기반으로 통합하여 건설정보와 절차를 표준화된 방식으로 상호 연계하고 디지털 협업이 가능하도록 하는 디지털 전환(Digital Transformation) 체계를 의미한다.
③ CPM(Critical Path Method) : 일련의 사업 활동 일정을 짜기 위한 수학적인 알고리즘을 통한 프로젝트 일정계획수립 방법이다.
④ PLM(Product Lifecycle Management) : 제품 설계를 위한 아이디어수집, 기획 단계부터 제품 생산을 시작하기 직전까지 관련된 정보를 통합관리 하는 것이다.

23 CAD 기반 빌딩 정보모델에 저장된 빌딩 정보의 전송을 용이하게 하며, 상이한 빌딩 설계와 엔지니어링 분석 소프트웨어 도구간의 상호운용성이 가능하다. 건축가, 엔지니어, 에너지 모델러들이 더 에너지 효율적인 건물을 설계할 수 있도록 돕는 역할을 하는 용어는 무엇인가?

① InfraGML
② gbXML
③ LandXML
④ Cobie

① InfraGML : 인프라 시설 및 토지 지분의 설정과 준공 기록에 필요한 측량을 포함하여 인프라 시설 및 이러한 시설이 건설되는 토지에 대한 정보를 읽고 쓰는 응용프로그램이다.
③ LandXML : 토지개발 및 운송산업에서 일반적으로 사용되는 토목공학 및 조사 측정 데이터를 포함하는 특수 XML 에디터 파일 형식을 의미한다.
④ Cobie : 건설 자산의 유지관리에 필요한 공간 및 장비를 포함하는 자산정보를 정의한 표준(ISO15686-4)을 의미한다.

24 다음 중 전환설계 BIM수행시 담당자별 역할이 잘못된 것은?

① 발주처 – 감독관 – 계약문서 작성 및 승인
② 시공사 – BIM 담당자 – 설계 및 시공 BIM 업무 협업
③ 설계사 – BIM 담당자 – BIM결과 보고서에 따른 설계 성과품 Feedback
④ BIM 수행사 – BIM관리자 – 성과품 검토 및 승인

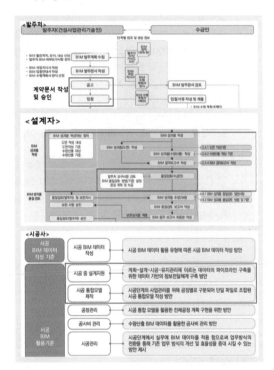

25 설계초기단계에서 3차원지형을 구축하기 위해 필요한 지형파일이 아닌 것은 무엇인가?

① x, y, z 좌표가 있는 점 데이터
② 스캔된 지도
③ 레이저 스캐닝 데이터
④ 표고값이 있는 등고선

스캔된 지도는 정보가 없는 자료이다.
레이저 스캐닝 데이터 : 대지측량 및 현황 파악, 지도 작성과 GIS를 위한 공간 정보 수립에 주로 이용된다.

26 BIM(Building Information Models)에 저장된 건물 데이터를 엔지니어링 분석도구로 쉽게 전송할 수 있도록 개발된 개방형 스키마는?

① GML
② BLIS-XML
③ IFC
④ gbXML

① GML : Geography Markup Language의 약자로, XML을 기반으로 공간(지리)정보의 저장 및 정보 교환을 지원하기 위해 제정한 표준언어이다.
② BLIS-XML : EXPRESS기반 정보를 XML 형식으로 인코딩하는 방법이며, BLIS_XML 스키마는 EXPRESS 스키마에서 자동으로 생성됨. BLIS-XML을 개발하게 된 동기는 IFC모델을 사용할 수 있도록 하기 위함이다.
③ IFC : 소프트웨어간에 정보 교환을 유용하게 하기 위함 데이터 표준이고, ISO에 의해 ISO/PAS 16739로 등록되었다.
④ gbXML : gbXML이란 에너지 분석을 하는 툴로 3차원 CAD의 데이터를 전달할 이용되는 파일 형식을 말하며, 다른 3D BIM과 건축/엔지니어링 분석 소프트웨어가 서로 정보를 공유할 수 있게 해주는 건물의 언어이다.

27 다음 중 좌표계에 대한 설명으로 가장 적절하지 않은 것은?

① 한국에서 사용하는 좌표계는 모두 GRS 80 중부원점을 사용한다.
② 동경측지계는 1910년 토지조사사업에서 채택된 측지계로 베셀(Bessel)타원체를 채택하여 정의된 좌표계이다.
③ GRS 80은 최신의 지구 타원체를 사용한다.
④ 좌표계는 크게 지리좌표계와 평면직각좌표계로 정의할 수 있고 여기서 지리좌표계는 위도와 경도로 이루어진 좌표계를 말한다.

한국에서 사용하는 좌표계는 GRS 80에 따른 서부원점, 중부원점, 동부원점, 동해원점을 사용한다.

28 파라메트릭 모델링에 대한 설명으로 옳지 않은 것은?

① 파라메트릭 모델링에서는 설계자의 의도나 지식을 반영할 수 있다.
② 치수와 공차를 고려해 모델 디자인시 제약사항을 주어서 설계할 수 있는 방법이다.
③ 파라메트릭이란 BIM소프트웨어가 제공하는 좌표 및 변경관리를 가능하게 하는 모든 모델 요소간의 관계를 말한다.
④ 파라메트릭 모델링에서 한 객체는 다른 객체를 특정한 방법으로 형상을 제약할 수 없다.

Object-based Parametric Modeling
■ 장점
• We begin with simple, conceptual models with minimal detail; this approach conforms to the design philosophy of "shape before size."
• Geometric constraints, dimensional constraints, and relational parametric equations can be used to capture design intent.
• The ability to update an entire system, including parts, assemblies and drawings after changing one parameter of complex designs.
• We can quickly explore and evaluate different design variations and alternatives to determine the best design.
• Existing design data can be reused to create new designs.
• Quick design turn-around.

29 제품의 부품을 쉽게 생산하기 위한 설계와 제품을 쉽게 조립할 수 있는 설계를 말하며, 이를 위해 설계단계에서 생산 및 조립에 관한 정보를 도입하는 것을 의미하는 용어(약어)는?

① LOD(Level of development)
② Digital Twin
③ BIM 라이브러리
④ DfMA(Design for Manufacturing and Assembly)

• DfMA
제품의 부품을 쉽게 생산하기 위한 설계와 제품을 쉽게 조립할 수 있는 설계를 말하며, 이를 위해 설계단계에서 생산 및 조립에 관한 정보를 도입하는 것을 의미한다.

30 지형 모델링에서 다음 용어 중 잘못된 것은 무엇인가?

① DSM(수치표면모델) : 실제 세계의 모든 정보를 표시
② DTM(수치표고모델) : 건물, 수목, 인공구조물 등을 포함한 지형도
③ Orthmosaic(정사영상) : 정사보정을 통한 수직방향의 사진 데이터
④ NVDI(정규식생지수) : 분광반사의 특성을 이용한 물리량을 영상의 형태로 출력

DTM (수치지형모델) : 식생과 건물 같은 물체가 없는 지표면을 표현하는 모델이다.

31 다음 중 기존 생산방식과 달리 컴퓨터 기반의 수치 제어를 통해 설계, 제작, 시공을 통합적으로 관리하는 3차원 기반의 관리 및 프로세스를 뜻하는 용어로 가장 적절한 것은?

① Digital Fabrication
② Virtual Mock-up
③ Reverse Engineering
④ Digital Twin

② Virtual Mock-up : 가상의 실물모형이다.
③ Reverse Engineering : 역설계로써 레이저 스캐닝 데이터 : 대지측량 및 현황 파악, 지도작성과 GIS를 위한 공간 정보수립에 주로 이용한다.
④ Digital Twin : 디지털 트윈 기술을 활용하면 가상세계에서 장비, 시스템 등의 상태를 모니터링하고 유지·보수 시점을 파악해 개선할 수 있다.

32 BIM은 엔지니어와 모델링 내용을 각 주체들 간의 신속하고 원활한 협의를 위해 활용되어지며 활용의 범위에는 일반적으로 설계, 시공, 유지관리로 나누어진다. 다음 중 BIM 설계를 활용하기 위한 방법에 해당되지 않는 것은?

① 디지털 협업
② 데이터 기반 설계
③ 물리적구조의 가상화
④ 가상 핸드오버 및 시운전

가상 핸드오버 및 시운전은 유지관리를 위한 방안 및 비용 절감을 위한 목적으로 이루어지는 활용법에 속한다.

MEMO

7

시공 BIM 활용

1 시공 BIM의 필요성 및 정의

건설산업은 일반적으로 예비타당성조사 및 타당성조사와 관련된 기본계획 단계를 시작으로 기본설계단계 – 실시설계단계 – 조달단계 – 시공단계 – 유지관리단계의 다양한 생애주기 (Life Cycle)를 거쳐 완성되는 복합 공종 프로젝트라고 할 수 있다.

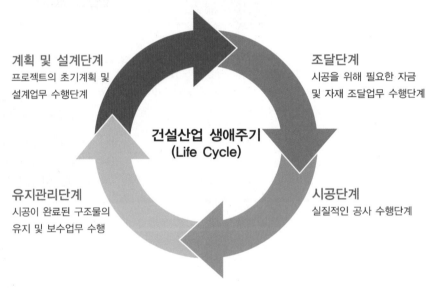

그림 7-1 건설산업의 생애주기(Life Cycle)

이 중 시공단계는 건설프로젝트의 진행에 있어 실질적인 공사가 최초로 발생하고 자본과 시간이 건설 전 단계에서 가장 많이 투입되는 핵심단계이기 때문에 시공 중에 발생 가능한 품질, 안전, 공기 등 공사 중 발생 가능한 다양한 시공 리스크를 사전에 검수하여 건설공사의 안전사고를 예방하고 견실시공을 도모해야 한다.

이에, 정부에서는 시공단계의 건설사업관리계획 수립 및 업무처리요령을 공표하여 총공사비 5억 원 이상인 토목공사, 연면적 660제곱미터 이상인 건축물의 건축공사, 총공사비가 2억 원 이상인 전문공사, 기타 발주청이 건설사업관리계획을 수립할 필요가 있다고 인정하는 건설공사에 대해 업무처리요령 [그림 7-2]를 준수하도록 하였다.

업무처리요령 [그림 7-2]는 「건설기술 진흥법」 같은 법 시행령 및 시행규칙에 따라 발주청의 "시공단계의 건설사업관리계획 수립·제출"을 위해 그 절차와 관리방법 등 업무처리의 효율성을 확보하기 위하여 그 운영에 필요한 세부사항을 규정함을 목적으로 하며, 법 제39조의2, 영 제59조의2, 규칙 제34조의2에 따라, 시공단계의 건설사업관리계획 수립·제출 기관(발주청), 건설사업관리계획 접수·관리 접수된 현황 및 작성내용의 적정성 검토와 보완 등 관리업무무 수탁기관(한국건설엔지니어링협회), 제도 운영기관(국토교통부)에 공통으로 적용한다.

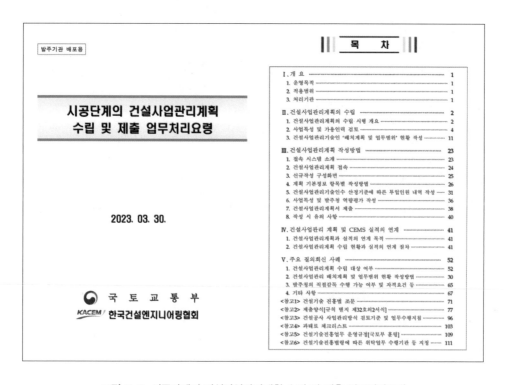

그림 7-2 시공단계의 건설사업관리계획 수립 및 제출 업무처리요령

건설공사는 아래의 [표 7-1]과 같이 준공되는 구조(시설)물의 사용 목적과 성격에 따라 다양한 종류로 공종을 구분할 수 있으며, 분류된 공종 또한 도로, 철도, 댐, 플랜트 등의 공사의 전체적인 성격을 담당하는 대분류와 토공, 콘크리트 타설, 강구조물 등 대분류 내에서 작업되는 소분류 공사로 나뉜다.

표 7-1 건설공사의 종류

공사종류	
대 분 류	소 분 류
1. 도 로	1. 토 공
2. 고속국도	2. 미장, 방수
3. 국 도	3. 석 공
4. 교 량 [일반교량, 장대교량(100m이상)]	4. 도 장
5. 공 항	5. 조 적
6. 댐	6. 비계·구조물해체
7. 간척·매립	7. 금속구조물창호
8. 단지조성	8. 지붕·판금
9. 택지개발	9. 철근콘크리트
10. 농지개량	10. 철 물
11. 항만관개수로 [항만, 관개수로]	11. 기계설비
12. 철도 [철도노반시설, 철도궤도시설]	12. 상·하수도설비
13. 지 하 철	13. 보링·그라우팅
14. 터 널	14. 철도·궤도
15. 발 전 소	15. 포 장
16. 쓰레기소각시설	16. 준 설
17. 폐수종말처리시설	17. 수 중
18. 하수종말처리시설	18. 조경식재
19. 산업시설	19. 조경시설물설치
20. 환경시설	20. 건축물조립
21. 저장·비축시설	21. 강구조물
22. 상수도시설[상수도, 정수장]	22. 온실설치
23. 하 수 도	23. 철강재설치
24. 공용청사	24. 삭도설치
25. 송 전	25. 승강기설치
26. 변 전	26. 가스시설시공
27. 하천 [하천정비(지방 / 국가)]	27. 특정열 사용 기자재시공
28. 통신·전력구	28. 온돌시공
29. 기 타	29. 시설물유지관리
	30. 화약관리(발파)
	31. 소방설비
	32. 실내건축
	33. 기 타

[출처] 건설기술인 등급 인정 및 교육·훈련 등에 관한 기준, 건설기술인협회

이처럼, 건설공사는 일관된 성격의 프로젝트가 아닌, 구조(시설)물이 형성되는 환경, 조건, 목적, 성격에 따라 변화하는 다형성 프로젝트이기 때문에 공사를 진행하는 절차와 방법도 각기 다르지만 일반적인 건설공사는 아래의 단계와 같이 진행된다.

① 공사 착공 준비

설계도면 검토, 현장 사무실 개설, 공사에 필요한 인력조달, 시공(공정) 계획 수립, 공사 진행 관련 인허가 및 민원대응 등 본격적인 공사에 착공 하기전 수행해야 하는 업무

② 가설공사

공사가 진행되는 구간의 도로 및 지장물 등 기존 시설물에 대한 사용에 문제가 없도록 도로 우회 공사, 지장물 이설 공사를 진행하고 안전을 위한 현장 가설울타리 및 방음벽 설치

③ 토공사

건설공사를 통해 시공될 구조물의 기초 및 기반을 형성하는 작업

④ 구조물 공사

기존에 설계된 항목에 따라 콘크리트, 철근, 철골 등의 건설부재를 활용하여 구조물의 전체적인 형상을 시공하는 작업

⑤ 외부 및 내부 마감공사

배수, 소방, 전기 등 설비 시설과 타일, 인테리어, 외벽 등 마감 공사가 진행되는 단계

⑥ 준공 및 유지관리

건설공사가 완료된 후 준공허가를 받아 발주처(사업주)에게 인계와 동시에 준공된 구조물의 유지관리 업무 수행

---

2 시공 BIM 개념 및 절차

시공 BIM은 기본적으로 설계단계에 작성된 BIM 성과품을 기반으로 시공단계에 필요한 다양한 건설업무(공사, 공무, 안전, 품질)를 BIM을 통해 대체 수행하는 것을 의미한다.

시공 BIM은 시공단계의 다양한 분야에 활용이 가능하며, 시공 중 현장여건 및 설계오류로 인한 설계변경지원, BIM 데이터를 활용한 간섭 검토, 가설 구조물의 시공성 검토, 공사용 가설도로의 대안 검토, 기존 시설물과 신설 시설물의 간섭 검토, 대외 홍보자료 및 민원 협의 자료를 위한 시각화 자료, 공사 대금 수령을 위한 기성신청의 근거 자료, 스마트 건설장비와의 연계를 위한 지형데이터 작성 등 시공 중 발생하는 모든 문제들에 대하여 BIM 데이터를 적절하게 활용하는 것을 목적으로 도입된다.

표 7-2 시공단계 BIM 적용사례

분야	적용사례	시공단계 BIM 적용 (예시)
공사	설계오류 검토	
	설계변경 검토	
	디지털 목업	
	시공성 검토	BIM 간섭검토 기능 / 설계품질 및 시공성 향상
공무	공정(4D) 검토	
	기성(5D) 검토	
	장비 운영성 검토	
	설계 VE 지원	BIM 공정검토 기능 / 공사관리 효율성 향상
안전	안전 시뮬레이션	
	주행성 검토	
	안전교육자료	
	관제 플랫폼 연계	BIM 안전검토 기능 / 시공 안전성 향상
품질	라이다 계측 연계	
	드론 측량 연계	
	증강현실(AR) 연계	
	품질 플랫폼 연계	BIM 품질검토 기능 / 시공품질 향상

[출처] 대우건설 토목기술팀

시공 BIM 데이터 작성 기준	시공 BIM 데이터 작성	시공 BIM 데이터 활용 유형에 따른 시공 BIM 데이터 작성 방안
시공 BIM 활용기준	시공 중 설계지원	계획-설계-시공-유지관리에 이르는 데이터의 파이프라인 구축을 위한 데이터 기반의 정보전달체계 구축 방안
	시공 통합모델 제작	시공단계의 사업관리를 위해 공정별로 구분되어 단일 파일 로 조합된 시공 통합모델 작성 방안
	공정관리	시공 통합 모델을 활용한 전체공정 계획 구현을 위한 방안
	공사비 관리	수량산출 BIM 데이터를 활용한 공사비 관리 방안
	시공관리	시공단계에서 실무에 BIM 데이터를 적용 함으로써 업무 방식의 전환을 통해 기존 업무 방식의 개선 및 효율성을 증대 시킬 수 있는 방안 제시
	안전관리	시공 현장의 무재해 준공을 목적으로한 안전관리 기법에 대한 사례 및 예시 제시
	스마트건설	스마트건설과의 연계 활용방안
	탈 현장 시공	DfMa, 프리팹, 모듈러 시공 등 시공의 효율성을 증대시키고, 현장 시공을 최소화 시킬 수 있는 방안에 대한 제시
BIM 성과품 납품 및 품질검토 기준	BIM 성과품 납품기준	BIM 성과품 납품을 위한 성과품 구성 및 성과품 납품방법, 기본 절차 제시
	BIM 성과품 품질검토 기준	성과품 품질완성도 향상을 위한 성과품 납품 전/후의 성과품 품질 검토 방법 및 절차에 대한 제시
BIM 활용 방안	BIM 활용 개념도	프로젝트 생애 주기(설계/시공/유지관리)에 따른 BIM 데이터 활용의 페러다임 변화 및 적용 기술에 대한 정의
	BIM 활용 사례 및 예시	시공단계에서 활용될 수 있는 시공BIM 데이터의 활용사례 및 소개, 효과에 대한 제시

그림 7-3 시공 BIM 업무수행 프로세스

시공 BIM의 수행절차는 [그림 7-3]과 같이 진행되며, 상세 수행절차는 다음과 같다.

(1) 설계 BIM 데이터의 활용 준비

① 발주자가 설계단계의 BIM성과품을 제공한 경우 수급인(시공자)은 이를 최대한 활용해야
하며, 수급인(시공자)은 시공단계의 분야별 업무방식을 반영한 설계 BIM 데이터 작업
주체, 담당, 책임을 지정하여 세부적인 BIM 활용 계획을 상호 합의하에 결정하고, "BIM
수행계획서"에 반영 하여 검토 및 승인 후 관리하도록 한다.

② 설계 BIM 데이터 인수 전 BIM 소프트웨어 종류, 버전, 데이터의 구성, 종류, 작성기준,
범례 및 호환 관계 등을 사전 점검하도록 한다.

③ 설계 BIM 데이터에 대한 검수를 진행한 후, 오류, 누락 및 수정 필요한 부분에 대해 리스트
를 작성하여 발주자 확인을 거쳐 설계자가 반영하도록 한다.

(2) 시공단계 신규 BIM 데이터의 작성

① 설계 BIM 데이터 인수 후 시공에 필요한 BIM 데이터는 수급인(시공자)이 작성하도록 한다.
② 시공에 필요한 추가 모델은 인접 지형, 인접 도로, 공통가설, 토목가설, 장비 및 안전시설물 등이며, 그 종류와 범위 및 검토 내용 등은 주변 현황에 따라 조율하도록 한다.

(3) 시공 중 설계지원 BIM 데이터 작성

• 시공 중 민원으로 인한 발주자의 계획 변경, 공법 개선을 위한 시공자의 공법 개선 등 현장의 여건 변화에 의하여 설계가 변경될 경우 시공성 검토, 설계의 완성도 검토를 위하여 BIM을 활용할 수 있다. 계획-설계-시공-유지관리에 이르는 데이터 파이프라인 구축해 설계 변경 이력 데이터를 작성한다.

• 또한, 수급인의 수행 목적에 따른 구조물, 토공별 활용도를 고려하여 공종별 상세수준(Level of Development)은 발주자와 사전 협의를 통해 BIM 수행계획서에 정의되어야 한다.
 – 수급인(설계자) : 원 설계에 대한 간섭, 오류 및 민원으로 인한 수정으로 인한 데이터 작성
 – 수급인(시공자) : 상세, 공법, VE 등 시공개선 활동으로 인한 수정으로 인한 데이터 작성
 – 수급인(설계자)과 수급인(시공자)사이의 공동작업 등이 필요한 경우 해당 과업을 설정하고, 상호 의사소통 및 작업이 가능하도록 협업체계를 마련하여 제시해야 한다.

① 설계변경

• 시공 중 설계 성과품에 대하여 현장 여건의 변경 혹은 시공 중 발생하는 민원으로 인한 설계가 변경될 경우 수급인(시공자) 측면에서의 BIM 데이터 작성에 대한 사항들을 명시한다.

• 설계변경 시 BIM 데이터는 개방형 BIM 또는 폐쇄형 BIM을 적용하며, 설계단계에서 적용한 소프트웨어 환경(종류, 버전 등)을 우선 적용하여 작성하고, 소프트웨어를 변경하거나 추가할 경우는 발주자와 상의하여 결정한다.

• 시공 중 설계 성과품을 활용하여 현장에 필요한 BIM데이터를 작성하는 경우는 설계 성과품의 성과품 소프트웨어 환경을 우선 적용하여 BIM데이터의 연속성을 확보하여야 하며, BIM데이터의 변경이력에 대한 기록을 반드시 해야 한다.

• 설계 변경 혹은 대안 검토를 위한 상세 수준은 공종별로 상세 수준을 설정하되, 발주자와 사전 협의를 통해 원안 설계 모델의 상세 수준을 기준으로 한다. 단, 대안에 대한 상세 수준은 협의에 의하여 높은 수준의 상세를 적용할 수 있다.

• 설계 변경 발생으로 설계 BIM 데이터 수정이 필요한 경우 이를 반영 후 관련조직 및 협력업체에 동일한 정보가 배포되도록 한다.

• 변경요인, 요구, 책임, 담당 등의 구분을 설계자와 상호 합의하도록 하며, 변경에 따른 BIM데이터 및 설계도서 기록 및 관리방안을 사전에 마련하도록 한다.

• 공법 적용에 따른 일부 변경의 경우 수급인(시공자)이 직접 일부 수정을 하도록 한다.

② 시공상세도

- 설계 단계의 BIM모델과 현장의 정합성이 검증된 BIM 모델로, 실제로 현장에서 사용될 건설 중장비 및 지형을 반영한 BIM 모델로부터 시공상세도를 작성하는 것을 원칙으로 한다.

- 시공상세도는 공종별 토공 및 구조물에 대하여 상세가 복잡하거나 단계별 시공 순서에 대한 이해가 필요한 경우의 도면을 추출하는 것으로, 시공상세도의 추출 범위는 복잡구간 및 단계별 시공계획에 대한 이해를 필요로 하는 곳에 선별적으로 적용한다.

- 시공상세도의 상세 수준은 최소 LOD 300 이상으로 해야 하나, 구조물, 토공, 부대공 등과 같은 공종에 따라서 발주자와 협의에 의해 상세수준을 결정한다.

- 시공상세도 작성 시, 지하공간 공사의 경우는 지하시설물(상수도, 하수도, 통신, 난방, 전력, 가스), 지하구조물(지하철, 공동구, 지하상가, 지하도로, 지하보도, 지하주차장), 지반정보(시추, 지질, 관정)의 데이터를 포함하여야 하며, 지상공간 공사의 경우 발주자와 협의하여 지하시설 물, 지하구조물 그리고 지반정보 데이터의 포함여부를 결정한다.

- 설계 BIM 데이터를 활용하여 시공상세도를 작성하는 것을 권장하되, 필요에 따라 사전 합의하여 그 범위를 결정할 수 있다. 그 적용 범위는 업무 효율성에 가장 우선순위를 두고 결정한다.

- 모든 대상을 3D 기반으로 작성하는 것보다 필요에 따라 기본 3D 형상 정보에 2D 상세를 조합하여 작성할 수 있다. 다만, 이 경우 정보연동에 대한 방안을 마련해야 한다.

③ 제작도면

- 제작도면은 주로 철근 가공, 거푸집 제작, 철골 제작을 위한 용도로 사용되며, 시공상세도의 범위에 포함될 수 있다. 구조물의 실제 시공과 직결되는 사항으로, 거푸집 제작, 철근 가공도 등의 도면 제작을 위해서는 거푸집 및 철근의 가공, 이음을 고려하여 높은 상세수준의 BIM 데이터를 작성해야 한다.

- 제작도면의 작성 대상은 거푸집의 수량이 많거나, 거푸집 형상이 복잡하여 정확한 수량 및 형상 파악이 불가능함으로 인해 제작에 어려움이 있는 경우 2차원 도면 혹은 3차원 PDF 도면을 작성할 수 있다.

- 철근의 제작 도면은 2차원 설계 도면에서 표현하기 곤란한 철근 구부림 길이, 현장에 반입되는 가동 전 직선철근의 길이를 고려하여 현장의 철근 겹이음 길이를 반영한 BIM 데이터를 작성한다.

- 철골 제작도면은 강재의 재질, 형상, 치수, 접합위치와 방식(볼트, 리벳, 용접), 부속자재(볼트, 플레이트, 스티프너 등)에 대한 정보가 누락되지 않도록 작성하며 주요부재의 경우(대형부재, 비정형 등)에는 필요에 따라 양중/설치/안전을 위한 가설부재(승강용 트랩, 구명줄 설치용 고리 등)를 가능한 한 반영하도록 한다.

- 프리캐스트 구조물, 모듈러 구조물 등 사전 제작에 의해 시공이 되는 경우 세그먼트의 위치, 체적 등 세그먼트 별 특성을 고려한 BIM 데이터를 작성한다.

- 설계 BIM 데이터를 활용 또는 참고하여 전문 제작업체가 제작도면을 작성하도록 권장하되 전문 업체 역량을 고려하여 적용 여부를 결정한다.
- BIM 데이터를 제작 장비와 연계하여 제작할 경우 연결할 제작 장비와 호환이 되도록 BIM 데이터를 작성해야 하며, BIM 데이터는 제작 장비와 호환되는 포맷을 사용하여 연계해야 한다.
- 현장의 작업을 위한 스마트 건설 장비에 입력되어야 하는 도면 및 데이터는 건설 장비 제공 업체 별로 장비 특성을 고려하여 별도의 변환작업을 수행할 수 있으며, 장비의 특성을 고려하여 별도의 협의를 진행하여야 한다.

(4) 시공통합모델 제작 BIM 데이터 작성

통합모델 작성은 BIM 모델링 수행 시 통합모델의 활용 목적을 명확하게 정의하여 적용 대상에 따라 모델링 체계, 속성정보, 상세수준 등을 정의하여 BIM 수행계획서에 근거하여 작성되어야 한다.

① 통합모델 구성
- 시공 중 활용 가능한 모델은 하나의 단위 시설을 구성하여 활용하거나, 사업 구간 전체의 통합 모델을 구축할 수 있다.
- 도로 및 철도와 같이 노선이 길어서 하나의 모델로 다루기 어려운 규모의 사업은 구간, 구역 등에 의하여 단위시설을 분할하여 구성할 수 있다.
- 가설구조물의 공사계획 및 공사 중 사용하는 장비운영 계획에 대한 BIM 데이터 작성은 발주자와 협의하여 통합모델로 작성할 수 있다.

② BIM데이터 구성(구간 및 데이터 분할)
- 수급인(시공자)은 공종분야별(시설단위별) BIM 데이터 파일을 공종분야별로 구분하여 작성하며, 예외가 필요한 경우는 발주자와 협의하고 그 내용을 BIM 수행계획서에 제시하여야 한다.
- 수급인(시공자)은 BIM 데이터의 파일크기 제약을 극복하기 위해 구간의 분할이 필요한 경우 분할을 최소화하고 공종별로 분리하여 구성할 수 있다.
- 수급인(시공자)은 통합 모델의 활용 목적에 따라 발주자가 구간 및 객체 분할에 대한 기준을 제시할 경우 이에 따라 속성정보가 포함된 BIM 데이터를 작성한다.
- 통합모델의 BIM 데이터는 반드시 속성정보를 포함하여야 하며, 설계 BIM모델과 정보의 연속성을 확보하기 위하여 설계 모델과의 속성정보 연속성을 확보하여야 한다.

- 설계 BIM 데이터를 활용하여 시공통합모델을 제작하되 필요시 모델은 설계 BIM 모델과 시공 통합모델을 분리하여 작성할 수 있으며, 시공통합모델은 설계 BIM 모델을 기본으로 하는 것을 원칙으로 하고, 필요 시 도면 레이아웃 부분을 제외 또는 필요한 일부 레이아웃과 필요 정보만을 남기고 활용할 수 있다.
- BIM모델을 분리 또는 부분활용할 경우 설계 BIM 모델과의 연동성에 관한 기준과 관리 방안을 별도로 마련하도록 한다.
- 각 공종별, 부분별 시공모델 제작에 관련한 담당, 책임 등의 권한을 지정하고, 통합모델에 대한 수급인(시공자) 담당자를 지정하여 관리하도록 한다.

(5) 시공통합모델 BIM 품질검토 기준

① BIM 데이터 품질검토 목적

- 수급인(시공자)인 BIM 성과품을 납품하기 전에 발주자 요구사항에 부합하도록 BIM 성과품의 품질검토 업무를 지원하기 위함이다.

② BIM 데이터 품질검토 원칙과 기준

- BIM 품질관리는 발주자의 요구나 품질검수 기준에 부합되는지 여부를 검증하여 오류를 교정하기 위해 성과품을 작성단계에서 최종 납품단계까지 수행할 수 있다.
- 품질관리는 품질계획을 수립하여 품질검수를 수행하며, 품질검수 대상, 시기, 기준, 방법 등을 발주자와 협의하여 "BIM 수행계획서"에 포함하고 관리한다.
- 품질검수를 실시하여 품질이 미흡한 경우 품질기준에 부합되도록 반드시 수정 및 보완 작업을 수행한다.
- 수급인(시공자)은 BIM 품질검토를 수행하기 전에 BIM 데이터 작성에 활용된 발주자 요구 사항을 검토한다.
- 수급인(시공자)은 BIM 품질검토 수행 전 발주자 요구사항을 기준으로 발주자와 협의를 통해 BIM 품질검토 기준을 설정한다.
- 납품 전 품질검토 방법은 자동적 방법과 수동적 방법을 활용한다.
- 수급인(시공자)은 BIM성과품 품질검토 수행 및 보완 작업을 수행한 후 설정된 BIM 품질 검토 기준에 적절한 BIM성과품을 작성하였는지 결과보고서를 작성한다.
- 발주자는 수급인(시공자)이 제출한 결과보고서에 따라 납품 후 품질검토를 수행한다.
- 수급인(시공자)은 발주자가 납품 후 품질검토 수행 결과에 따라 BIM데이터를 보완하여 성과품을 재작성한다.

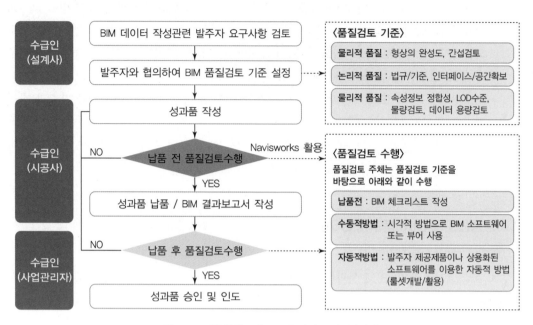

그림 7-4 시공통합모델 BIM 품질검토 절차 (예시)

(6) 시공통합모델 BIM 활용 및 연계방안

① BIM 데이터 활용의 목적

- 앞의 (4) 시공통합모델 제작 BIM 데이터 작성 내용을 준수하여 작성된 자료는 아래와 같은 업무에 활용하도록 한다.
  - 시공 중 현장의 여건 변경으로 인한 설계변경지원, BIM 데이터를 활용한 간섭 검토, 가설 구조물의 시공성 검토, 공사용 가설도로의 대안 검토, 기존 시설물과 신설 시설물의 간섭 검토, 대외 홍보자료 및 민원 협의자료를 위한 시각화 자료, 공사 대금 수령을 위한 기성 신청의 근거자료, 스마트 건설장비와의 연계를 위한 지형데이터 작성 등 시공 중 발생하는 모든 문제들에 대하여 BIM 데이터를 적절하게 활용하는 것을 목적으로 한다.
- 아래의 [표 7-3]과 같이 시공통합모델 BIM은 다양한 건설 분야에 활용될 수 있으며 건설 전 과정에 대한 BIM 기반의 안정성 및 생산성 향상을 목적으로 도입된다.

표 7-3 분야별 BIM 활용사례

분야	활용사례	주요 내용
공통	설계오류 검토	BIM 기술 적용을 통한 설계오류 검토
	설계 대안 검토	BIM 형상 정보를 바탕으로 한 설계 대안의 사전 검토
	설계변경	BIM 형상 정보를 바탕으로 한 설계변경 전후 사전 검토
	설계 VE 지원	BIM 기술을 활용한 주요시설물의 대안 평가 및 분석 지원
	경관 및 환경성 검토	BIM 형상 정보를 통한 주변 경관 및 환경성 사전 검토
	현장의 장비 운영성 검토	건설 현장 장비 운용에 대한 작업 반경 및 안전성 검토
	디지털 목업	실제 샘플 구조물 목업을 통한 디테일링 검토
	공사비 산정	BIM 데이터를 활용한 계략 공사비 산정
	시공성 검토	BIM 데이터를 활용한 시공 현장에서 발생할 수 있는 문제점 사전분석 및 시공성 사전 검토
	공정시뮬레이션	공정계획정보를 반영한 공정 진행상의 문제점 파악 및 대처
건축	스페이스 프로그램 분석	설계안에 대한 공간분석
	에너지 분석	에너지 효율성 검토
	간섭검토	BIM 형상 데이터를 통한 공종 간의 간섭 검토
	디자인 검토	BIM 데이터를 활용한 시설물의 디자인 검토
토목	주행성 검토 (교차로, 교통분석)	BIM 형상 정보를 바탕으로 시설물에 대한 주행 또는 교통량 분석 및 검토
	하천수위 검토	3차원 지형을 활용한 하천의 확폭 또는 수위 검토

② BIM 데이터와 스마트건설 기술의 연계방안

시공통합모델 BIM은 이론상 설계단계에서부터 유지관리단계까지 발생된 공사정보가 누적되어 있는 건설정보 모델이다. 그렇기 때문에 아래 표와 같이 작성된 BIM 공사정보를 기반으로 다양한 스마트건설 기술을 연계 활용할 수 있으며 건설 전 단계에 BIM을 기반으로 한 스마트건설기술 도입을 통해 건설 생산성을 향상시킬 수 있다.

설계 단계	시공 단계	유지관리 단계
• Lidar, Camera 등을 활용한 건설 현장 정보 수집 • Big Data 활용 시설물 배치 계획 • VR기반 대안 검토 • BIM기반 설계 자동화	• Drone을 활용한 현장 모니터링 • IoT기반 현장 근로자 안전관리 • 스마트 건설장비 자동화 & 로봇 시공 • 3D 프린터를 활용한 급속 시공	• IoT 센서를 활용한 예방적 유지관리 • Drone을 활용한 시설물 모니터링 • AR기반 시설물 운영

BIM 데이터 작성단계에서는 수급인은 BIM 수행계획서에 따라 BIM 기술환경을 확보하고 "건설산업 BIM 시행지침 시공자편(2.3 BIM 데이터 작성 기준)"에 따라 분야별 BIM 데이터를 작성한다. 작성이 완료된 분야별 BIM 데이터는 통합모델 구성을 통해 각종 검토를 진행하며, BIM 데이터의 적정성을 검토한다.

시공 BIM 데이터를 작성함에 있어 고려해야하는 사항은 크게 5가지로 나눌 수 있다.
① 단위 및 축척   ② 좌표계 및 표고   ③ 치수   ④ 재료표현   ⑤ 지형·지층

시공 BIM의 기본 데이터를 작성하기 위한 주요 절차는 7단계로 구성된다.
① 3D 수량 산출방식에 따라 모델링 체계를 분류
② 시공계획에 따라 관리용 Activity 공종을 선정
③ 시공 계획 공정을 고려하여 설계 수량을 분개
④ 3D와 시공정보 연계를 위한 코드체계를 계획
⑤ '① ~ ④' 기준에 따라 공정별 3D 모델링
⑥ 3D 모델 수량과 단위비용으로 내역을 재구성
⑦ '⑥ 코드체계'에 따라 시공정보를 연계함

표 7-4 시공 BIM 기본 데이터 작성 절차

절차						
① 분류기준	② 관리공종	③ 수량분개	④ 코드체계	⑤ 모 델 링	⑥ 내역변환	⑦ 정보연계

[출처] 한울씨앤비

2 BIM 데이터 구축

시공 BIM의 기본 데이터를 바탕으로 BIM 데이터를 구축하기 위한 단계별 세부 내용을 아래와 같이 정리할 수 있다.

(1) 분류기준

① BIM기반 3D 수량을 산출하기 위한 모델 분류체계
② 모델 수량 산출 방식에 따라 3가지로 분류

    (3D) : 3D 모델 정보 수량(제석, 길이 등)
    (3D-비례) : 3D 수량 + 산식(할증, 리바운드율 등)
    (3D-1식) : 산식 수량(2D 설계수량)

표 7-5 공종별 모델 분류체계 예시

공종별 모델 분류체계								
토공			**교량공**			**터널공**		
3D	3D-비례	3D-1식	3D	3D-비례	3D-1식	3D	3D-비례	3D-1식
땅깎기(발파암)	땅깎기(링빌암기)	벌개제근	터파기	되메우기	가도 및 축토	굴착	땅깎기 기계굴착	신진수평보링
흙쌓기(노상, 노체)	땅깎기(미진동압파배)	노상준비공	말착자재	말착천공	흙막이 가시설	라이닝	강제거푸집	계측
흙쌓기(암성토)	땅깎기(링빌진동제어)	유동토운반(도저)	콘크리트 타설	말착천공	계측	숏크리트	강관동바리	철근가공조립
비탈면고르기	땅깎기(소규요진동제어)	유동토운반(덤프)	커터제작 및 설치	투부정리	카설계단	콘크리트 타설	철근저집방지용앵커	임시가시설
NAILING공	땅깎기(줄규요진동제어)	기존구조물철거	교량받침	말착이용	철근가공조립	거푸집	배면그라우팅	앵커 경관
수평배구송	땅깎기(일반발파)	토공규산출		강관비계	카설계단	암문	숏크리트 타설	방음문
	NAILING 천공	포트제거		표면처리	철근가공조립		산측이음	배수처리시설
	NAILING 그라우팅	비탈면인확도 작성	방호벽	시공이음	비파괴검사	암볼트	시공이음	카S/P
	수평배수공 천공	비탈면제척		스페이서	교량배수시설		암볼트 림핑핌	
				밧수공				
				교대수축이음	핌거			

[출처] 한울씨앤비

(2) 관리공종

① 원도급社 계획공정의 진도율, 기성률 관리를 위한Activity 공종을 선정
② 3D 모델의 Acrivity 공종으로 공사관리가 이루어지므로 목적물 기준으로 선정
③ 작성 절차
　　㉠ 공정계획 분석
　　㉡ 공사관리를 위한 목적물 분할
　　㉢ 관리 공종, 관리 수량, 단위 정립

표 7-6 공종별 관리공종 작성 절차 예시

공종별 관리공종 작성 절차

① 원도급社 공정계획의 Acrivity 공종을 분석

② 공사관리를 위한 목적물 단위로 분할
- 사업구간내 구조물, 토공 단절부로 구간 분할
- 현장특성에 따라 대구간 내 소구간으로 분할
- (토 공) 공사 선후행, 위치, 구조물에 따라 상세 분할
- (교량공) 구조물 시공 선후행, 기간을 고려하여 분할
- (교량공) 시기가 다르거나 여러 시공단계일 경우 분할
- (터널공) 터널 시공 선후행, 지보패턴을 고려하여 분할
- (터널공) 패턴별 굴착/보강순서, 시공단계로 분할

☞ 선후행
　- Activity 공정의 시작일, 종료일이 특정되어 각 Activity 공정간의 연결관계

③ 관리 공종, 관리 수량, 단위 정립
- 분할된 세부 공정을 관리하기 위한 공정 결정
- 관리공정의 진도율을 적용하기 위한 수량, 단위 정의
- (토 공) 깎기, 쌓기 등 3D 단위 모델이 관리공종
- (교량공) 교대벽체, 기초 등 3D 단위 모델이 관리공종
- (터널공) 굴착/보강, 라이닝 등 3D 단위 모델이 관리공종

☞ 기존방식
　- 2D 수량의 공종 항목으로 수량이 산출되는 공사종류로 단위 가격(단가)이 매겨지는 최하위 공종

(3) 수량분개

① 모델 분류기준에 따라 숲공정으로 설계수량을 분할

② 설계수량은 사업비 산출을 위해 공종별 합계된 수량

　　→ 공정별 공사관리(기성)가 불가능하여 재산출 필요

　　(설계수량) 개별 공종(토공, 교량공, 터널공 등)별 수량산출 → 수량 합계

　　(수량분개) 설계수량 → 계획 공정별로 수량 분할

표 7-7 공종별 수량분개 절차 예시

공종별 수량분개 절차
① 관리공종, 관리 수량, 단위에 따라 공정별 수량 분개
② 설계수량을 3D Activity 공종별 수량 분할 • (토　공) 위치, 유동 계획에 따라 구간별로 수량을 분할 • (교량공) 작업, 타설 순서에 따라 부위별로 수량을 분할 • (터널공) 굴착순서, 시기에 따라 패턴별로 수량을 분할

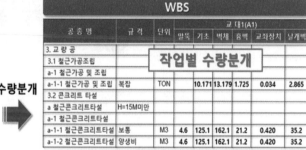

[출처] 한울씨앤비

(4) 코드체계

① 개별모델 데이터의 연계성 확보를 위한 코드체계 정립
② 코드체계는 원도급社가 관리할 수 있는 방식으로 선정
③ 추후 모델링시 공종별 코드체계 입력

(5) 모델링

시공관리를 위해 유의미한 공정단위로 객체 모델링을 하기 위한 「시공단계 EX–BIM 매뉴얼
(한국도로공사)」의 BIM 성과품 작성 절차 및 방법을 준용하여 모델링을 작성한다.
BIM 모델을 각종 업무에 활용하기 위하여 시설물 전체를 대상으로 건설정보 분류체계의 관점
에서 객체 단위를 분리하거나 조합하여 체계적으로 분류해야 하며, 시설물 객체에 속성을 구성
하기 위한 객체별 속성의 분류로 식별, 형상, 재료 및 코드 등의 특성을 포함하고 있어야 한다.

표 7–8 공종별 단위객체 모델링 작성 예시

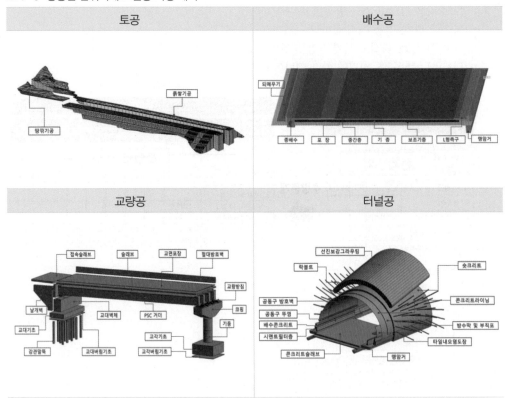

[출처] 한울씨앤비

(6) 내역변환

① 객체별 모델에 수량, 가격 정보를 포함한 내역서 구성

② 객체기반 공사비 내역으로 변환

　위의 과정으로 설계, 도급 수량산출 및 공사비 비교 검토로 오류를 확인할 수 있으며 공종별 공사비 추정으로 변경설계 예산 계획이 가능하다.

그림 7-5 객체기반 공사비 내역 예시

(7) 정보연계

① 모델 고유코드, 속성을 활용한 정보연계

② 모델 수량과 단위가격 연동 → 기성관리(공사비)

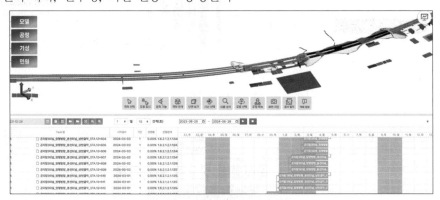

그림 7-6 모델 고유코드, 공사비 연동 예시

③ 모델과 시기, 선후행, 기간 연동 → 공정관리

그림 7-7 모델 공정관리 연동 예시

④ 양방향 커뮤니케이터 활용

그림 7-8 양방향 커뮤니케이터 예시

03 시공 BIM 데이터 활용

1 BIM 기반 공정관리

기존 2D 텍스트 의존 공정관리는 시각적 이해도가 부족하여 현장 내 인력, 장비 계획 수립이 어려워 체계적 공정관리를 위해 BIM 데이터는 공정계획 데이터를 시공통합모델에 공정정보를 연계하여 최종 전체공정 계획을 구현하도록 하며, 공정계획 검토, 진도관리, 시공 시뮬레이션 등 시공성 검토 및 건설사업관리에 활용할 수 있다.

(1) 4D 공정관리를 해야 하는 이유

① 선후 공정을 반영한 공정 시뮬레이션으로 이해도 향상
② 모델에 공정, 비용 정보 입력으로 일괄관리 편의성 확보
③ 직관적 공정 진행률 비교로 공기지연 대안 수립
④ 투명한 공정관리로 크레임에 대한 분쟁 억제

(2) 4D 공정관리 절차

① 공정별 모델 확인
  • 계획 공정표 확인, 공정과 모델의 비교
② 공사기간 입력
  • 최초 공사 진행모델 공사 시작일 입력, 모델에 공사기간 입력
③ 선후행 관계 입력
  • 모델별 공사발생 순서 입력, 모델에 입력된 공사기간 변경 시 종료일 자동 변경
④ 공정 시뮬레이션
  • 공사기간과 선후행 관계를 반영한 시뮬레이션 검토
  • 공사 순서 역전현상 등 오류 검토
⑤ 계획과 실제공정의 비교
  • 계획공정에 대한 정보 확인(공정률, 기성률)
⑥ 공정계획 수정
  • 진행 공정에 대한 실제 인력 및 장비 투입 현황 확인
  • 공정별 효율(수량/인력)을 고려하여 공정계획 수정

국내 기성관리는 효율성보다 투명성의 비중이 치중되어 기성처리 간소화 및 생산성 향상을 위하여 5D 기성관리를 하여야 한다. 또한, BIM 데이터는 실제 진도를 반영하여 정기적인 기성보고에 활용할 수 있도록 하며, 진도관리를 위한 세부작업관리 체계를 포함하고 있어야 한다.

(1) 5D 기성관리를 해야 하는 이유

① (인력소모) 수량 자동 집계로 기성서류 작성 인력 감소
② (시간소모) 웹기성 서류 작성으로 반복작업 최소화
③ (직관성) 3D모델별 기성수량 검토로 객관성 향상
④ (투명성) 정확한 기성금 산출로 지급금에 대한 분쟁 억제

(2) 5D 기성관리 절차

① 연차 계획(안) 작성
② 계획(안)별 모델 확인
③ 연차 계획(안) 선정
④ 일일공사일지 작성
  • 해당 모델 업로드, 수량 검토, 공정률 기입, 특이사항 입력, 모델 집계 공사비 확인
⑤ 상시 기성금 확인
⑥ 기성검사 기준 확인
⑦ 기성 현황 확인
⑧ 공사비 산정
  • 모델별 공사비 집계, CBS vs OBS 비교
⑨ 기성서류 작성
  • 기성검사원 및 3D 현황도 작성
  • 웹기반 공사일지 및 기타 기성서류 첨부
⑩ 기성검사
  • 디지털 기성승인, 기성서류 출력

3 | BIM 기반 시공관리

2D 도면을 바탕으로 시공 현황에 대한 위치, 길이, 형상에 대한 관리, 검측 어려운 실정으로 3차원 좌표가 반영된 3D 모델과 스마트 장비를 활용하여 현장에 모델을 투영함으로써, 시공 단계별 현황을 스마트 건설기술을 이용하여 시뮬레이션, 육안 검측 등을 쉽게 시행할 수 있다.

(1) 스마트 시공관리를 해야하는 이유

① 목적물에 대한 위치, 좌표, 길이, 형상에 대한 정확한 정보로 간편히 현장 확인 가능
② 공정을 고려한 3D 모델로 분할 공정에 대하여 시공 위치, 형상에 대하여 명확한 파악 가능
③ 3D+시공정보를 스마트 시공관리 기기로 쉽게 확인 가능

(2) 스마트 시공관리 절차

① VR(Virtual Reality) 가상현실
  • 시공 시뮬레이션 가상체험으로 안전정보 제공
  • 가상현실에서 장비, 인력, 시공계획 검토
  • 공사중 위험사항 사전 체험

② AR(Augmented Reality) 증강현실
  • 3D모델을 현장에 투영하여 시각화
  • 공정단위 모델로 공사단계별 육안 검측 시행
  • 현장 시공 현황 시각화로 추후 시공계획 수립 및 단계별 간섭사항 검토 가능
  • 길이, 경사 측정으로 현장 검측 가능

③ MR(Mixed or Merged Reality) 혼합현실
  • GNSS 수신이 불가능한 현장(터널, 산간 등)에 적용 → QR코드 인식
  • 잠재적 간섭 이슈, 설치계획 등 현장 사전 확인
  • 현장에서 직접 이슈를 등록, 사진(캡쳐)과 메모를 추가하여 공유/협업
  • 현장 관측점으로 모델 투영으로 비교 확인
  • 길이, 경사 측정으로 현장 검측

기존 2D 방식의 불완전한 시공계획의 한계를 극복하고 장비 배치, 인력 투입계획, 시공 순서 등을 보다 효과적으로 관리할 수 있게 한다. 또한, 실제 환경을 기반으로 한 가상공간을 통해 작업자들의 안전교육을 강화하여 건설현장의 안전성을 확보하기 위하여 3D 안전관리가 필요하다.

(1) 3D 안전관리를 해야 하는 이유

① 입체적(3D) 검토로 사고 위험성 감소
② 모델 연계된 정보 제공으로 이해도 향상
③ 상세 공사계획 시뮬레이션 공유로 공감대 증대
④ 안전 사전 검토로 잠재적 위험요소 도출 및 개선

(2) 3D 안전관리 절차

① 안전관리 협의체 구성
  • 구성원별 주요업무 확인

② 2D 공사계획서 작성
  • 공종별 가설계획서 및 주요 투입계획서 작성

③ 3D 공사계획서 검토
  • 인력 투입 계획(인력 배치, 동선, 장비 운영간 이격거리)
  • 장비 투입 계획(장비 제원 반영, 투입 장비 배치, 동선, 운영 검토)
  • 자재 결속 방법(자재 제원 및 결속 위치 반영)
  • 교통 여건 반영(도로 현황 및 운행 차량 동선 반영)
  • 현장 여건 반영(3D지형 및 지장물 구현)

④ 시공단계별 시뮬레이션
  • 공종별 가설 시뮬레이션
  • 복잡구간 가설 단계별 검토

⑤ 3D 공사정보 공유
  • 제작 장비 운용방안 사전검토
  • 작업자 안전 교육 및 회의 자료 활용

5 BIM 기반 양방향 커뮤니케이터

다양한 소프트웨어로 작성된 BIM 모델을 통합 및 공정, 기성 등에 대한 정보를 관리하고 공유할 수 있는 시스템 부재로 인하여 BIM 자료를 활용한 실시간 협업이 어려운 상황으로 공간과 시간의 제약 없이 누구나 활용 가능한 BIM 통합관리 플랫폼이 필요하다.

(1) 양방향 커뮤니케이터를 해야 하는 이유

① BIM기반 공정, 기성, 민원관리 등 시공환경에 최적화
② 다양한 S/W로 작성된 BIM 모델을 단일 플랫폼으로 셜합
③ 인터넷 기반으로 특정 S/W 없이 자유롭게 정보확인
④ 모든 건설참여자(발주처, 원도급, 하도급)에게 정보제공

(2) 양방향 커뮤니케이터 데이터 입력 절차

① BIM 통합관리 플랫폼 접속
  • 프로젝트별 도메인 주소 부여
② 사업관리 데이터 입력
  • 프로젝트 전반적인 사항으로 사업명, 사업목적, 착수일, 준공일 등
③ 사업관리 관계사 입력
  • 발주처, 원도급사, 하도급사, 감리사, BIM사 등
④ 사업관리 부수정보 입력
⑤ 공정 파일 입력
  • 시공사 예정공정표 기반 객체별 계획표
⑥ BIM 모델 데이터 입력
  • 공종별 모델 등록 및 업로드 확인
⑦ 모델 공정데이터 입력
  • 모델 ↔ 공정 자동 연계
⑧ 기성 데이터 입력
  • 모델 ↔ 내역(OBS) 자동 연계
  • 목적물 관리를 위한 모델별 대표수량 정립

6 3D프린팅 및 가상목업 (Digital Mockup)

기존의 프린터는 문서나 그림파일 등 2차원 자료를 종이에 인쇄하는 방식이었으나, 플라스틱 소재를 사용하여 3차원 모델링 파일을 출력하는 인쇄방식을 3D프린팅이라고 한다.

목업은 실물과 동일하게 또는 축척을 적용하여 만든 모형을 의미하며, 3차원 데이터를 실물 모형으로 출력하는 디지털 시각화 기술을 가상목업(Digital Mockup)이라고 한다.

(1) 3D 프린팅을 해야 하는 이유

① 건설현장에서 가상현실 BIM 객체의 활용성을 높이기 위해서 실제 이미지와의 이질감 해소
② 공정관리 분야 적용 시 가상현실 공정모습과 실제 공정모습 간의 괴리감을 감소

(2) 3D 프린팅 절차

① 공종별, 부재별 BIM 객체 작성
② 3D 프린트 가능 변환 프로그램 편집실행
③ 제작될 모델 형상 시뮬레이션 실행
④ 3D 프린터 모델 제작 실행
⑤ 최종 준공모델 모형 제작

(3) 가상목업 (Digital Mockup) 을 해야 하는 이유

① 가상현실 내 현장 시공성 검토를 구현
② 가상현실 내 다양한 검토로 인한 공사비용 절감에 용이
③ 현장 작업 지시 용이 및 시공 생산성 증대 기여
④ 정확한 철근 3D 디테일링으로 철근의 손실 감소에 따른 자재비 절감 효과

(4) 가상목업 (Digital Mockup) 절차

① 실제 시공 모델과 동일한 상세수준의 공종별, 부재별 BIM 객체 작성
② 작성된 모델을 가상환경으로 변환
③ 가상환경에서의 다양한 시공성 검토 수행
④ 작업 절차에 따른 시공 시뮬레이션 구축

04 시공단계 BIM 활용 사례

1 공정관리 사례

(1) 디지털 공정관리

[출처] 한울씨앤비

(2) 공정 시뮬레이션

토공

터널

교량

정거장

[출처] 한울씨앤비

2　기성관리 사례

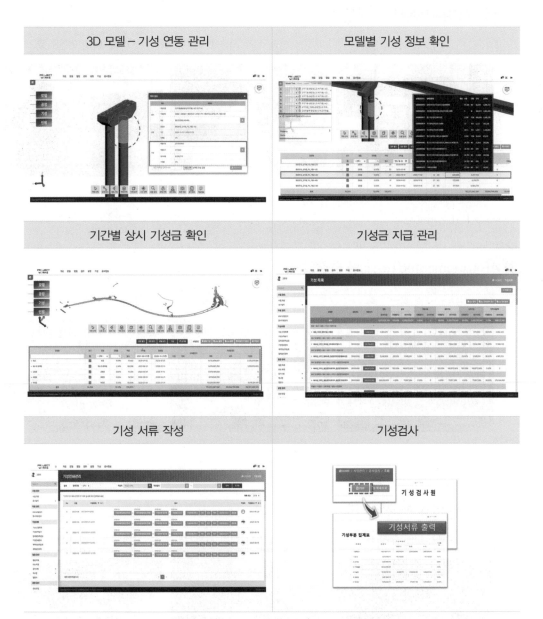

[출처] 한울씨앤비

(1) VR (Virtual Reality) 가상현실

사전시공 교육	가상건설 시공 시뮬레이션	추락, 낙하 안전교육

[출처1] 한울씨앤비
[출처2] 철도건설 안전교육에서의 VR(가상현실) 기술 적용 만족도에 관한 연구
[출처3] VR/AR 기반의 스마트 건설 가상화 시뮬레이션 기술 개발

(2) AR (Augmented Reality) 증강현실

공사단계별 육안 검측	단계별 간섭사항 검토	시설물 유지관리 시뮬레이션

[출처] 한울씨앤비
[출처] VR/AR 기반의 스마트 건설 가상화 시뮬레이션 기술 개발(3/3)

(3) MR (Mixed or Merged Reality) 혼합현실

1:1스케일 모델 현장 투영	잠재적 간섭, 설치계획 사전검토	길이, 경사 등 현장 검측

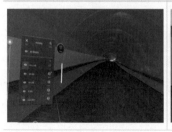

[출처] 한울씨앤비

(4) 시공성 검토

터널 내 장비 운용성 검토	케이블 가설 시공성 검토
	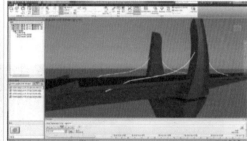
정밀 장비 작업 시공성 검토	반복 정밀 시공성 검토
 좁은 공간에서의 정밀 장비 작업 시공성 검토	 반복 되는 정밀 시공의 검토

[출처] 건설산업 BIM 시행지침(시공자편)

(5) 가설 검토

인양시 가설벤트 – 강거더 간섭 검토	강거더 – 인양장비 간섭 검토

인양장비 회전시(시계방향) 도로 상공 침범	인양장비 회전시(반시계방향) 도로 상공 침범 해결

[출처] BIM 안전설계 매뉴얼

4 안전관리 사례

(1) 위해요소 검토 (인력)

교통처리 인력 투입계획 검토	작업자 위치 및 투입계획 검토

용접공 안전수칙 검토	작업자 안전계획 검토

[출처] 한울씨앤비, BIM 안전설계 매뉴얼

(2) 위해요소 검토 (장비)

크레인 배치 계획 검토	사토장 장비 진출입 검토

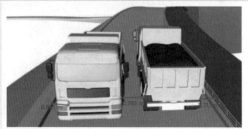

장비 작업 시 영향 범위 검토	장비 이동경로 검토

[출처] BIM 안전설계 매뉴얼

(3) 위해요소 검토 (교통)

공용중 고속도로 통제계획 검토	단계별 교통 통제구간 상세 계획 검토

교통 여건을 고려한 교량 가설계획 검토	야간 공사시 작업자 안전성 확보계획 검토

[출처] 한울씨앤비

(4) 위해요소 검토 사례 (현장여건)

고속도로 인접한 제작장 계획 적정성 검토	하천 횡단 장비운용을 고려한 가도 계획 검토
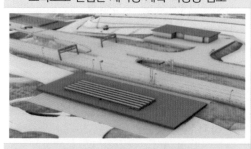	
강교량 지조립장 가설계획 검토	고성토 장비 진입 검토계획 검토

[출처] 한울씨앤비, BIM 안전설계 매뉴얼

01 시공 BIM의 주요 목적으로 적절하지 않은 것은?

① 시공 중 설계변경지원
② 가설 구조물의 시공성 검토
③ 정확한 2D설계도 작성
④ 장비운용성 검토

BIM 설계단계 이점

02 스마트 안전관리의 목적으로 적절하지 않은 것은?

① 작업자 실시간 이동 동선 모니터링으로 잉여인력 파악
② 가스폭발 및 화재 실시간 확인
③ 기후변화에 따른 근로자 건강관리
④ 드론 등 무인기 활용으로 위험요소 파악

작업자의 실시간 이동 동선 파악, 장비와 근로자의 협착, 가스누출, 폭염, 폭우에 대한 근로자 건강관리, 시공 중·후 축적된 데이터를 활용한 최적 설계안 도출, 리스크 도출, 유지관리 등에 활용할 수 있다.
드론 등 무인기를 활용하여 공사현장의 상황과 인접구조물에 대한 정보를 정확하게 파악하여 3차원 데이터로 구축할 수 있으며, 이를 활용하여 위험요소 파악 및 안전관리에 활용할 수 있다.

03 BIM기반 시공관리의 목적으로 적절하지 않은 것은?

① 공정 선후행 관계 검토
② 공법계획검토
③ 물리적인 형상과 위치 위주의 검측
④ 자재운송 계획 검토

BIM 기반 공정관리 목적

04 시공 중 BIM 데이터를 기반으로 활용할 수 있는 스마트건설기술로 적절하지 않는 것은?

① 사물인터넷(IoT)
② 머신가이던스(MG) & 머신컨트롤(MC)
③ 3D프린터
④ AI 설계 자동화

설계단계의 스마트건설기술

05 BIM기반 공정관리의 목적으로 적절하지 않은 것은?

① 공정계획 검토 및 수정
② 진도관리
③ 3D 시뮬레이션
④ 장비배치 및 운영계획

BIM기반 시공관리 목적

06 시공단계의 스마트건설 기술 적용으로 적절하지 않은 것은?

① Drone을 활용한 현장 모니터링
② 스마트 건설장비 자동화 & 로봇 시공
③ 3D 프린터를 활용한 급속 시공
④ Drone을 활용한 시설물 모니터링

④ Drone을 활용한 시설물 모니터링 : 유지관리 단계
①②③ : 시공단계
 – Drone을 활용한 현장 모니터링
 – IoT기반 현장 근로자 안전관리
 – 스마트 건설장비 자동화 & 로봇 시공
 – 3D 프린터를 활용한 급속 시공

정답 01 ③ 02 ① 03 ① 04 ④ 05 ④ 06 ④

07 설계단계의 스마트건설 기술 적용으로 적절하지 않은 것은?

① IoT기반 현장 근로자 안전관리
② Lidar, Camera 등을 활용한 건설 현장 정보 수집
③ Big Data 활용 시설물 배치 계획
④ BIM기반 설계 자동화

① IoT기반 현장 근로자 안전관리 : 시공단계
②③④ : 설계단계
 – Lidar, Camera 등을 활용한 건설 현장 정보 수집
 – Big Data 활용 시설물 배치 계획
 – VR기반 대안 검토
 – BIM기반 설계 자동화

08 유지관리 단계의 스마트건설 기술 적용으로 적절하지 않은 것은?

① IoT 센서를 활용한 예방적 유지관리
② AR기반 시설물 운영
③ Lidar, Camera 등을 활용한 건설 현장 정보 수집
④ Drone을 활용한 시설물 모니터링

③ Lidar, Camera 등을 활용한 건설 현장 정보 수집 : 설계단계
①②④ : 유지관리 단계
 – IoT 센서를 활용한 예방적 유지관리
 – Drone을 활용한 시설물 모니터링
 – AR기반 시설물 운영

09 시공 중 설계지원 BIM 데이터 작성 및 활용의 경우가 아닌 것은 무엇인가?

① 정밀한 공정 관리가 필요
② 주요 시설물의 수량 검증
③ 토공 구간의 불확실성(토공량) 검증
④ 2차원 도면으로 현황 파악이 쉬운 경우

구조물의 형상이 복잡하여 2차원 도면으로 현황 파악이 어려운 경우

10 지하공간 공사의 BIM 기반 시공상세도 작성 시, 포함되어야 할 데이터의 성격과 가장 크게 다른 것은?

① 지하시설물　　　② 지하구조물
③ 지반정보　　　　④ 좌표정보

시공상세도 작성 시, 지하공간 공사의 경우는 지하시설물(상수도, 하수도, 통신, 난방, 전력, 가스), 지하구조물(지하철, 공동구, 지하상가, 지하도로, 지하보도, 지하주차장), 지반정보(시추, 지질, 관정)의 데이터를 포함하여야 하며, 지상공간 공사의 경우 발주자와 협의하여 지하시설물, 지하구조물 그리고 지반정보 데이터의 포함 여부를 결정한다.

11 스마트건설 기술의 활용에 대한 설명으로 적절하지 않은 것은?

① VR&AR : 건설 현장의 위험을 인지할 수 있도록 VR/AR기술을 통한 건설사고의 위험을 시각화한 안전교육 프로그램에 활용
② 3D 스캐닝 : 건설장비, 의류, 드론 등에 센서를 삽입하여 건설현장에서 장비·근로자의 충돌 위험에 대한 정보 제공 및 건설장비의 최적 이동 경로를 제공하는 데 활용
③ 빅데이터 및 인공지능 : 건설현장에서 수집 가능한 다양한 정보를 축적하여 축적된 정보를 AI 분석을 통해 다른 건설현장의 위험도 및 시공기간 등을 예측하는 기술로 활용
④ 디지털 트윈 : 건설 현장을(On Site)직접 방문하지 않고 컴퓨터로 시공 현황을 3D로 시각화하여(Off-Site) 현실감 있는 정보를 제공하는 데 활용

• 3D 스캐닝 : 레이저 스캐너를 이용하여 건설 현장을 보다 정확하게 측량하고, 측량한 정보를 디지털화 하여 Digital Map을 구축하거나, 구조물 형상을 3D로 계측 및 관리
• IoT : 건설장비, 의류, 드론 등에 센서를 삽입하여 건설현장에서 장비·근로자의 충돌 위험에 대한 정보 제공 및 건설장비의 최적 이동 경로를 제공하는 데 활용

12 건설 부재를 공장제작을 통해 생산하여 현장 작업을 최소화하고 공사기간을 단축하는 기술을 의미하는 용어는 무엇인가?

① As-Built 모델
② 로보틱스(Robotics)
③ 프리팹(Prefabrication)
④ 탈 현장화(OSC : Off-Site-Construction)

> ① As-Built 모델 : 인시설물에 대한 준공 후 BIM 모델을 의미하며, 시공단계 BIM 모델에서 준공 후 변경사항이나 유지관리를 위해 필요한 정보를 반영한 BIM 모델
> ② 로보틱스(Robotics) : 사고 위험이 높은 환경에서 로봇을 통한 원격시공으로 안전 확보 및 공사기간 단축이 가능한 기술로 활용
> ④ 탈 현장화(OSC: Off-Site-Construction) : 현장에 자재를 조달하여 건설하는 기존 방식과는 다르게 모듈러 공법과 공장제작 등을 통해 현장작업을 감소시켜 현장에서 발생할 수 있는 리스크와 환경오염, 다양한 문제점의 최소화를 목적으로 하는 건설방식을 말한다.

13 통합검토용 프로그램의 조건으로 적절하지 않은 것은?

① 개방형 BIM 표준 및 BIM 저작도구와의 호환
② 공종별 모델 작성 및 협업
③ BIM 모델간 물리적 간섭 및 인터페이스/여유공간 검토
④ 검토의견 게시 및 공유

> ② : BIM 저작도구 조건
> ①③④ : 통합검토용 프로그램은 다음의 요구조건을 참고하여 선정해야 한다.
> – 개방형 BIM 표준 및 BIM 저작도구와의 호환
> – BIM 모델간 물리적 간섭 및 인터페이스/여유공간 검토
> – 길이, 면적, 부피 등의 측정
> – 검토의견 게시 및 공유
> – 공종별 데이터 통합을 위한 대용량 데이터 처리 기술

14 공정(4D) 시뮬레이션 수행 절차로 올바른 것은?

① 대표공정 BIM 모델작성 → 시공 공정관리 계획 수립 → BIM 모델과 공정 Task 연결 → 공사 시작일과 종료일 수정보안
② 대표공정 BIM 모델작성 → BIM 모델과 공정 Task 연결 → 시공 공정관리 계획 수립 → 공사 시작일과 종료일 수정보안
③ 시공 공정관리 계획 수립 → 공사 시작일과 종료일 수정보안 → 대표공정 BIM 모델작성 → BIM 모델과 공정 Task 연결
④ 시공 공정관리 계획 수립 → 대표공정 BIM 모델작성 → BIM 모델과 공정 Task 연결 → 공사 시작일과 종료일 수정보안

15 프로젝트의 효율적인 수행을 위한 BIM 생애주기 관리방식을 도입할 때 도입 순서와 가장 적합한 것은?

① 계획-모델링-확인-조치
② 계획-확인-모델링-조치
③ 확인-모델링-계획-조치
④ 확인-계획-모델링-조치

> 프로젝트의 수행 전략은 계획-모델링-확인-조치(Plan-Model-Check-Action)의 효과적이고 효율적인 BIM의 생애주기관리방식을 보조하여 궁극적인 목표를 달성할 때까지 반복 Cycle에 맞추어 리스크를 최소화 할 수 있는 전략을 수립해야 한다.

16 BIM 기반의 시공상세도에서 제작도면과 관련된 내용으로 가장 적절하지 않은 것은?

① 철근 가공   ② 건설장비 제작
③ 철골 제작   ④ 거푸집 제작

> 제작도면은 주로 철근 가공, 거푸집 제작, 철골 제작을 위한 용도로 사용되며, 시공상세도의 범위에 포함될 수 있다. 구조물의 실제 시공과 직결되는 사항으로, 거푸집 제작, 철근 가공도 등의 도면 제작을 위해서는 거푸집 및 철근의 가공, 이음을 고려하여 높은 상세수준의 BIM 데이터를 작성해야 한다.

17 시공단계 BIM에서 주체별 협업 기준이 잘못 설명된 것은?

① 발주자 : BIM 모델 변경 결과 승인
② 설계자 : 수행계획서 변경에 따른 BIM 모델 업데이트
③ 시공자 : BIM을 활용한 공사 수행
④ 건설사업관리자 : BIM 모델 운용 및 관리

④ BIM 모델 운용 및 관리 : 시공자
건설사업관리자
– BIM을 활용한 회의 주관
– BIM을 활용한 공사 수행지도
– BIM 모델 변경결과 검토

18 As–Built 모델 작성기준으로 적절하지 않은 것은?

① 유지관리단계 활용을 위한 시설물 정보를 COBie 데이터 또는 발주자가 제시한 포맷으로 작성한다.
② 3D 스캐닝을 통한 포인트 클라우드 자료를 통하여 As–Built 모델을 작성한다.
③ BIM 상세수준은 LOD 400 이상으로 적용할 수 있으나 프로젝트의 특성 및 발주자 요구에 따라 달라질 수 있다.
④ 인접공구와 겹치는 부분에 대하여 인접공구는 As–Built 모델에 포함하지 않도록 한다.

프로젝트 주변에 인접공구가 있을 경우(예: 도로 프로젝트, 터널 프로젝트, 교량프로젝트 등) 수급인(시공자)은 인접공구와 겹치는 부분에 대하여 인접공구와 협의하여 As–Built 모델에 포함한다.

19 글로벌 경제 선도를 위한 디지털 국가발전략 중 한국판 뉴딜 정책 내용이 아닌 것은?

① 디지털 뉴딜   ② 그린 뉴딜
③ 스마트 뉴딜   ④ 안전망 강화

한국판 뉴딜 국가발전전략은 디지털 뉴딜, 그린 뉴딜, 안정망 강화의 3가지로 구분됨.

20 건설 현장을(On Site)직접 방문하지 않고 컴퓨터로 시공 현황을 3D로 시각화하여(Off–Site) 현실감 있는 정보를 제공하는 데 활용되는 가장 적합한 기술은?

① 디지털 트윈
② 3D 스캐닝
③ VR&AR
④ Digital Map

• 디지털 트윈 : 건설 현장을(On Site)직접 방문하지 않고 컴퓨터로 시공 현황을 3D로 시각화하여(Off–Site) 현실감 있는 정보를 제공하는 데 활용
• 3D 스캐닝 : 레이저 스캐너를 이용하여 건설 현장을 보다 정확하게 측량하고, 측량한 정보를 디지털화하여 Digital Map을 구축하거나, 구조물 형상을 3D로 계측 및 관리
• VR&AR : 건설 현장의 위험을 인지할 수 있도록 VR/AR기술을 통한 건설사고의 위험을 시각화한 안전교육 프로그램에 활용, 시공 전/후 건설현장을 VR을 통해 현실감 있는 정보제공 가능
• Digital Map : 정밀한 전자지도 구축을 통해 측량오류를 최소화하여 재시공 및 작업 지연을 방지할 수 있는 기술로 활용

21 BIM 데이터의 품질검토를 진행할 때 검토해야 하는 항목과 가장 성격이 다른 것은?

① 물리적 품질
② 논리적 품질
③ 속성데이터 품질
④ 시공적 품질

BIM 데이터 품질검토는 물리적 품질검토, 논리적 품질검토, 속성데이터 품질검토 3가지로 구분된다.
• 물리적 품질검토 : 물리적 품질 검토 항목으로는 간섭검토와 모델 객체의 위치 및 형상 검수가 있다.
• 논리적 품질검토 : 논리적 품질검토 항목으로는 설계법규와 기준에 부합여부, 인터페이스, 작업공간 확보, 건설장비 운영공간 확보, 이동 동선 확보 등이 이에 해당된다.
• 속성데이터 품질검토 : 속성데이터 품질 검토 항목으로는 공종 객체에 따른 속성정보 부여 정합성, 형상 및 LOD 수준 검토, 물량산출 결과, 데이터 용량 검토 등이 있다.

22 프로젝트 성과 검증을 위해 필수로 제출되어야 하는 BIM 성과품이 아닌 것은?

① BIM 수행계획서
② 간섭검토 보고서
③ BIM 중간보고서
④ BIM 결과보고서

> 필수 BIM 성과품의 예시로는 BIM 수행계획서, BIM 결과보고서 등이 있으며, 발주자가 입찰안내서 등에 명시한 경우, 간섭검토 보고서, 수량산출 보고서 등이 추가로 요구될 수 있다.

23 3D모델에 공정 일정 정보를 추가한 모델을 무엇이라 하는가?

① 4D모델
② 5D모델
③ 6D모델
④ BIM 모델

> nD BIM
> 3D 형상정보에 비형상정보(시간, 비용, 조달, 유지관리)를 연결하여 BIM 정보로 활용 수 있는 것을 의미하며 4D(객체+시간정보), 5D(객체+비용정보), 6D(객체+조달정보), 7D(객체+유지관리정보)등과 같이 연속된 상수로 표현할 수 있다.

24 시공 중 설계지원 BIM 데이터작성시 활용되는 데이터 파이프라인의 구축 순서는?

① 설계−계획−시공−유지관리
② 계획−설계−시공−유지관리
③ 설계−시공−유지관리−계획
④ 설계−시공−계획−유지관리

> 시공 중 민원으로 인한 발주자의 계획 변경, 공법 개선을 위한 시공자의 공법 개선 등 현장의 여건 변화에 의하여 설계가 변경될 경우 시공성 검토, 설계의 완성도 검토를 위하여 BIM을 활용할 수 있다. 계획−설계−시공−유지관리에 이르는 데이터 파이프라인 구축해 설계변경 이력 데이터를 작성한다.

25 Auto mated Machine Guidance(AMG) 기술과 거리가 가장 먼 것은?

① 시공 중 중장비의 위치, 중장비 버켓의 위치와 각도 등을 GPS를 통해 추적함으로써 계획고 등이 3차원 설계모형을 따라 작업이 정밀하게 이루어지고 있는지를 확인하는 기술임
② 적용 중장비로는 그레이더, 굴삭기, 롤러 등이 있으며, 장비에 대한 BIM 모델 구축 시 높은 LOD 수준을 요구함
③ AMG 장착 그레이더는 말뚝 없이도 설계계획면의 위치정보가 제공되며, GPS와 RTS(Robot Total Station)을 활용하여 작업 중인 3D 정보가 운전자에게 실시간으로 제공됨
④ 날씨에 따른 처짐, 센서 접촉오류에 따른 시공오차, 곡률조정의 어려움 등 기존 Stringline 방법의 한계를 극복하기 위해 AMG 기술을 적용한 Stringless 포장 기술을 개발하여 활용한 사례가 있음

26 BIM 공정관리에 대한 설명으로 적절하지 않은 것은?

① BIM 공정관리는 BIM의 3D 모델 데이터와 공정계획 데이터를 연계하여 시공과정을 4D(x, y, z, t(시간)) 데이터로 구성하고 이를 공정관리의 효율성 제고를 위해 사용하는 과정을 말한다.
② BIM 공정관리를 위해서는 3차원 객체모델의 작성 및 수정, 공정데이터의 작성, 객체모델과 공정데이터의 연계 및 구현을 위한 S/W를 활용하여 작성한다.
③ BIM 공정관리에 표현될 객체모델의 상세정도는 LOD 500 수준으로 공정(activity)별 데이터를 고정한다.
④ 4D 시뮬레이션을 위해서는 3차원 모델 데이터와 공정 데이터의 연계가 필요하다.

> BIM 모델의 상세수준은 프로젝트의 특성 및 발주자의 요구에 따라 달라질 수 있다.

27 BIM 기술이 건설 산업내 협력업체와 부재 제작 사에서 린 방식으로 프로세스를 도입하는데 도움을 줄 수 있는 방안이 아닌 것은?

① 자재공급 체계와 연계하고 변수모델 기반의 설계변경 반영이 용이하여 유연성이 개선됨
② 가상건설을 통해 사전 오류 수정을 통해 수준 높은 사전 조립 및 선 제작이 가능함
③ 계획된 공정의 공간적, 논리적, 조직적인 오류를 발견하여 업무 흐름의 안정성을 개선함
④ 샵 드로잉 작업 시간 단축으로 부재 제작 업체의 주문 후 납품 소요 시간을 절감함

> Lean Construction의 접근 방식에서 프리팹 시공을 접근하여 활용한다면, 건설 생산성의 향상, 노동력 절감 및 부품 수 감소에 의한 낮은 시공(조립)비용, 더 높은 품질과 지속 가능성 확보, 구성 요소의 개소 감소에 의한 유지관리 용이 등 건설현장의 수많은 장점들을 극대화 할 수 있다.

28 BIM 데이터의 품질검토 원칙으로 볼 수 없는 것은?

① 물리적 품질
② 보고서 품질
③ 논리적 품질
④ 속성데이터 품질

> BIM 데이터 품질검토의 기준으로는 물리적 품질, 논리적 품질, 속성데이터 품질 세 가지 방법이 있다.

29 BIM 모델의 품질 검토 (Validation Checks)에 해당하는 항목이 아닌 것은?

① Geometry Checks
② Data Checks
③ Coordination Checks
④ Communication Checks

> BIM 성과품 체크리스트 중 모델 확인단계 검토 항목
> • 모델의 단위 및 축척, 좌표 및 표고는 기준에 부합하는가?
> • 모델의 아이템은 기준에 맞게 구분되어 있는가?
> • 모델의 속성과 COBie 데이터는 기준에 부합하는가?
> • 모델에 필요 없는 뷰, 범례, 표, 이미지 등은 삭제되었는가?

30 BIM 품질검토에는 물리정보 품질, 논리정보 품질, 데이터 품질 등으로 나누어 검토할 수 있다. 아래 내용 중 데이터 품질 검토 내용이 아닌 것은?

① BIM 객체 형상 및 LOD 수준 검토
② 물량 산출 결과 검토
③ 데이터 용량 검토
④ 간섭 검토

> 대표적인 속성데이터 품질 검토 항목으로는 공종 객체에 따른 속성정보 부여 정합성, 형상 및 LOD 수준 검토, 물량산출 결과, 데이터 용량 검토 등이 있다.

31 BIM 프로젝트의 수행계획서(BEP)에 들어가는 주요 내용이 아닌 것은?

① 프로젝트 정보
② 프로젝트의 주요 목표 및 목적
③ 협업 체계
④ 설계 기준

> BIM 수행계획서에는 프로젝트 정보, 프로젝트 참여자, 프로젝트의 각 단계별 BIM 활용, 단계별 BIM 활용에 따른 BIM 성과물 정의, BIM 성과물에 대한 모델 요소, 상세 정도와 속성정보, 협업 절차, 작업 수행 환경 등이 반드시 포함되어야 한다.

32 BIM 활용분야 중 3차원 BIM 모델에 공정관리 정보를 입력하여 업무에 활용하는 단계는?

① 4D 활용분야
② 5D 활용분야
③ 6D 활용분야
④ 7D 활용분야

> nD BIM
> 3D 형상정보에 비형상정보(시간, 비용, 조달, 유지관리)를 연결하여 BIM 정보로 활용 수 있는 것을 의미하며 4D(객체+시간정보), 5D(객체+비용정보), 6D(객체+조달정보), 7D(객체+유지관리정보)등과 같이 연속된 상수로 표현할 수 있다.

33 공정관리를 위한 4D 시뮬레이션 절차를 올바른 순서로 나열한 것을 고르시오.

① 3차원 모델링 시 시공순서 및 분할 → 자동 연결 → 3차원 모델 적용 → 표준 코드 정의 → 스케줄 작성 및 적용 → 공정협의 → 4D 시뮬레이션

② 3차원 모델링 시 시공순서 및 분할 → 표준 코드 정의 → 3차원 모델 적용 → 공정협의 → 자동 연결 → 스케줄 작성 및 적용 → 4D 시뮬레이션

③ 3차원 모델링 시 시공순서 및 분할 → 3차원 모델 적용 → 스케줄 작성 및 적용 → 공정협의 → 표준 코드 정의 → 자동 연결 → 4D 시뮬레이션

④ 3차원 모델링 시 시공순서 및 분할 → 공정협의 → 표준 코드 정의 → 3차원 모델 적용 → 스케줄 작성 및 적용 → 자동 연결 → 4D 시뮬레이션

시공 순서에 따른 BIM 객체를 작성하기 위한 시공순서 및 분할에 따른 공정협의를 진행하고 BIM 객체와 연동하기 위한 표준 코드를 정의하여 모델에 적용한다. 공정에 BIM 객체를 연결하여 시뮬레이션을 진행한다.

공정 시뮬레이션 수행 절차

시공 공정관리 계획 수립	소프트웨어 선정	대표공정 BIM 모델작성	BIM 모델과 공정Task 연결	공사 시작일과 종료일 수정보안

34 기 구축된 시설물을 레이저 스캐너를 이용하여 실제 시설물에 대하여 그대로 재현하는 방법은?

① 공사 시퀀스
② Big Data
③ 3D Printer
④ 3D Scanning

3D 스캐닝 : 레이저 스캐너를 이용하여 건설 현장을 보다 정확하게 측량하고, 측량한 정보를 디지털화 하여 Digital Map을 구축하거나, 구조물 형상을 3D로 계측 및 관리한다.

35 BIM모델을 활용하여 컴퓨터상의 객체와 실제 영상이 합성된 영상을 의미하는 용어는 무엇인가?

① VR(Virtual Reality)
② AR(Augmented Reality)
③ 5D Simulation
④ 3D CG(Computer Graphic)

AR은 현실세계에 가상의 콘텐츠를 겹쳐 디지털체험을 가능케 하는 기술을 말한다.

36 WBS에 의한 4D BIM 모델 작성시 유의사항으로 올바르지 않은 것은?

① 객체 기반을 가지지 않은 항목에 대한 정의로 연동할 수 있게 한다.
② 모델작성 전 각 객체에 대한 WBS code생성, 그에 따른 분류체계 생성해야 한다.
③ 분류체계에 및 산출항목 따른 모델을 생성한다.
④ 각 객체에 대한 수량산출항목을 정의해야 한다.

공정계획 데이터는 시설물, 공종, 위치, 방향, 작업단위 등을 고려하여 작성하여야 하며, 공정관리 BIM 데이터 제외항목은 공정관리 계획서 작성 시 별도 구분하여 관리하여야 한다.

37 건설 분야의 업무 프로세서의 흐름과 상호 연관성을 규정하는 절차는 무엇인가?

① IFC(Industry Foundation Classes)
② PDM(Product Data Management)
③ PBS(Product Breakdown Structure)
④ WBS(Work Breakdown Structure)

작업분류체계(WBS) : 건설사업의 업무를 분야별로 분류한 것으로 업무 역할과 BIM 모델작성의 영역을 구분하는 기준이 된다.

38 건설CALS/EC(Continuous Acquisition and Life—Cycle Suport/Electronic Commerce)에 대한 설명으로 바른 것은?

① 기획, 설계, 발주, 시공, 유지관리 등 건설 생산 활동 전 과정에 걸쳐 발주자, 시공업체, 건설관련 기관이 전산망을 통해 건설 정보를 전자적으로 교환, 공유 및 활용 하여 건설 사업을 지원하는 건설통합정보시스템

② 계층화된 형태를 독립적으로 구성할 수 있는 형상 모델이 결합되어 시스템을 형성할 수 있고 각 모델은 메타데이터의 형태로 형상, 위치, 속성 정보를 담을 수 있는 정보 모델

③ 기술적으로 시설물의 한 부위를 구성하는 작업단위로서 제반 자원을 동원하여 고안된 기능을 가지도록 하는 작업 및 작업결과를 말하며, 원가관리를 위한 물량산출 분절 객체 및 공정관리를 위한 분절 객체 최소 작업단위로 구성함을 의미

④ 3차원 BIM 모델이 가질 수 있는 정보 형태로 재료성질, 제품명, 단가 등의 정보를 표현한 문자 혹은 숫자 등의 데이터

> 건설 사업의 모든 과정에서 발생되는 정보를 관련 주체가 정보통신망을 통해 교환 및 공유하는 통합정보시스템

39 BIM 품질검토에는 물리정보 품질, 논리정보 품질, 데이터 품질 등으로 나누어 검토할 수 있다. 아래 내용 중 물리정보 품질에 대한 내용은?

① 공종 객체에 따른 속성정보 부여 정합성 검토

② 물량산출 비교표

③ 간섭 검토 및 BIM 객체 형상 검토

④ IFC 변환 데이터 검토

> 대표적인 물리적 품질검토 항목으로는 간섭검토와 모델 객체의 위치 및 형상 검수가 있다.

40 다음 중 Computational Design의 장점으로 가장 적절하지 않은 것은?

① 신속한 설계변경

② 정확한 형상 데이터

③ 다양한 업무 간 호환성 지원

④ 전체 공사비 예측

> 주요 객체에 대한 대략적인 공사비 예측이 가능하다.

41 다음 중 모델 품질관리에 대한 설명이 잘못된 것은?

① 시각적 검토 : 네비게이션 소프트웨어 혹은 뷰어를 통한 시각적 모델 검토

② 간섭 검토 : 간섭검토 기능을 이용한 객체 간 간섭 여부 검토

③ 물리적 검토 : 사용자가 직접 검토

④ 논리적 검토 : 검토 기준에 따른 전문 소프트웨어 사용

> 물리적 검토의 경우 최근 대부분의 소프트웨어에서 기능을 제공하므로 각 사용주체별로 편의에 따라 적용하여 검토하도록 한다.

42 다음 중 특정 컨텍스트 내에서 데이터 캡쳐, 통신, 저장, 해석 또는 처리를 지원하는 자산, 프로세스 또는 시스템의 디지털 표현으로 정의되는 최신 개념으로 가장 적절한 것은?

① Digital Twin

② DfMA(Design for Manufacture and Assembly)

③ OSC(Off—Site Construction)

④ BIM

> 디지털 트윈은 물리적 객체의 가상 모델로 객체의 수명 주기에 걸쳐 지속되며 객체의 센서에서 전송된 실시간 데이터를 사용하여 동작을 시뮬레이션하고 작업을 모니터링한다. 디지털 트윈 기술을 사용하면 자산의 성능을 감독하고 잠재적 결함을 식별하며 정보를 바탕으로 유지 관리 및 수명 주기에 대한 결정을 내릴 수 있다.

43 시공계획이 포함된 4D모델의 장점으로 볼 수 없는 것은?

① 시공계획 담당자가 프로젝트 참여자들에게 진행 내용을 시각적으로 보여줄 수 있다.
② 건설사의 시공 지식에 관계없이 임의로 시공계획을 수립해 볼 수 있다.
③ 공정 담당자들이 자재적재, 현장 접근방법, 큰 장비나 트레일러 등의 위치를 검토해볼 수 있다.
④ 프로젝트 관리자들이 서로 다른 공정들을 쉽게 비교해 볼 수 있다.

현실 가능한 시공계획을 수립하기 위해서는 전문가의 시공 지식을 기반으로 한다.

44 드론 등으로 촬영된 2차원 사진을 3차원 모델링으로 변환할 때 장점이 아닌 것은?

① 비접근 지역에서 작업 가능
② 균일한 측량의 정확도
③ 경제적임
④ 피사체의 식별이 난해할 경우에도 사용 가능함

드론 측량 후 모델 변환 시 피사체의 식별이 난해한 경우에는 정확도가 저하되며 후처리 작업에 많은 시간이 소요된다.

45 BIM 수행계획서에서 포함하는 KPI(Key Performance Indicators)가 아닌 것은?

① Number of clash detections
② Number of construction clashes
③ Delivery timescale
④ Number of drawings

프로젝트 핵심수행지표로 Number of drawings는 포함되지 않는다.

46 BIM 품질검토에는 물리정보 품질, 논리정보 품질, 데이터 품질 등으로 나누어 검토할 수 있다. 아래 내용 중 논리정보 품질에 대한 내용은?

① 설계법규 기준 부합 여부 검토
② IFC 변환 데이터 검토
③ 간섭 검토
④ BIM 객체 형상 및 LOD 수준 검토

대표적인 논리적 품질검토 항목으로는 설계법규와 기준에 부합여부, 인터페이스, 작업공간 확보, 건설장비 운영 공간 확보, 이동 동선 확보 등이 이에 해당한다.

47 현실의 계획도시를 가상화하고, 실제 현상 및 실시간 도시 데이터를 수집·연계·통합하여 시각화·분석, 예측을 통해 도시문제를 해결할 수 있는 의사결정지원 체계를 의미하는 용어는?

① 도시 디지털 트윈
② 건설정보분류체계
③ 공통정보관리환경
④ 속성분류체계

디지털 트윈은 물리적 객체의 가상 모델로 객체의 수명 주기에 걸쳐 지속되며 객체의 센서에서 전송된 실시간 데이터를 사용하여 동작을 시뮬레이션하고 작업을 모니터링한다. 디지털 트윈 기술을 사용하면 자산의 성능을 감독하고 잠재적 결함을 식별하며 정보를 바탕으로 유지 관리 및 수명 주기에 대한 결정을 내릴 수 있다.

48 현장에 자재를 조달하여 건설하는 기존 방식과는 다르게 모듈러 공법과 공장제작 등을 통해 현장작업을 감소시켜 현장에서 발생할 수 있는 리스크와 환경오염, 다양한 문제점의 최소화를 목적으로 하는 건설방식은?

① MG(Machine Guidance)
② CDE(Common Data Environment)
③ WBS(Work Breakdown Structure)
④ OSC(Off-Site-Construction)

8

BIM
소프트웨어

1 개요

Building Information Modeling(이하 BIM) 소프트웨어는 토목 및 건축, 도시 기반 인프라, 구조, 기계설비 분야와 같이 건설사업 전 단계에서 3D 모델링뿐만 아니라 프로젝트 검토 및 관리, 협업 등을 디지털화하여 사업 수행 과정의 협업을 촉진하고 의사결정과정의 합리성을 제공하는 획기적인 도구이다. BIM 소프트웨어는 3D 형상 및 속성 데이터를 중심으로, 프로젝트 초기 단계인 개념 설계부터 시공, 운영 및 유지보수 단계까지 모든 단계에서 활용된다. 이를 통해 건설사업 수행 주체들은 전 생애주기에 걸쳐 발생하는 다양하고 풍부한 데이터를 중앙 집중화하고, 갱신·재생산·공유·교환하여 효율성을 향상시킨다.

BIM 데이터는 건축물 또는 구조물의 디지털 표현으로, 3D 형상화뿐만 아니라 4D(공정관리), 5D(원가관리), 6D(공장 자동화·자재 조달 관리), 7D(시설물 유지관리), 8D(안전) 단계까지 영역이 확장되어 다차원으로 구성되기 때문에, 여러 단계에서 다양한 소프트웨어를 선정하여 활용해야 한다.

건설 프로젝트에서의 BIM의 역할이 더욱 중요해짐에 따라 BIM 소프트웨어 시장은 지속해서 성장하고 있으며, 수많은 개발사가 다양한 솔루션을 제공하고 있다.

2 | BIM 소프트웨어 환경 구축을 위한 소프트웨어 선택 기준

건설사 및 설계사 등 건설 산업의 각 주체들은 BIM 설계가 가능한 환경 구축을 위해 많은 관심과 노력을 들이고 있다. 하지만, 높은 도입 비용과 전문가 인력 확보, BIM 소프트웨어 교육·훈련 등과 같은 많은 초기 투자가 따르며 잘못 구축하였을 때 그만큼의 리스크가 따르므로 국내 특성과 각 주체가 필요로 하는 기능을 파악하여 적합한 소프트웨어를 선정하여 구축해야 한다.

BIM 소프트웨어 환경을 구축하기 위해서는 다양한 측면을 고려해야 한다.

각 BIM 소프트웨어가 제공하는 기능과 특징이 다르며, 각 주체마다 필요로 하는 기능과 업무 프로세스가 다르다. 그러므로, 각 주체가 필요로 하는 적합한 소프트웨어를 선정하기 위해서는 각 소프트웨어의 장·단점과 기능을 파악하고 성능을 분석하여 선택해야 하며, 조직의 요구사항 및 수행 내용을 정확히 이해하여 도입해야 한다.

표 8-1 기술 환경 확보 – BIM 도구의 확보

기본사항
업무조직의 역할에 따라 각각 필요한 BIM 저작 소프트웨어, BIM 응용 소프트웨어 및 이를 무리 없이 작동시킬 수 있는 업무용 장비를 확보한다. 조직 및 팀을 구성하는 경우 작업자 별로 필수 BIM 도구를 구비해야 한다. 이는 발주자와 협의하여 수행계획서 내에 장비 확보 및 활용계획을 수립해야 한다.
BIM 저작도구의 확보
시설물 모델의 작성업무를 수행하는 조직은 BIM 저작도구를 확보한다. BIM 저작도구는 국제 건설정보표준(ISO 16739, IFC)을 지원하는 도구를 우선적으로 선정한다. 다만 적용되는 사업과 관련된 BIM 표준이 마련되지 않은 경우 발주자(건설사업관리자)와 협의하여 관련 저작도구를 선정한다.
3차원 모델 저작도구의 확보
특정 BIM 모델의 작성업무에 적합한 저작도구를 선정하지 못한 경우, 이를 대체할 수 있는 임의의 3차원 모델 저작도구를 확보한다. 이때 BIM 적용 업무의 수행에 필요한 데이터의 변환, 활용 및 관리방안을 마련한다.
BIM 응용도구의 확보
업무조직의 역할에 따라 용도별로 BIM 모델 활용에 필요한 도구를 확보한다. 발주처는 국제 건설 정보표준(ISO 16739, IFC)을 지원하는 도구를 우선적으로 선정한다. 다만 적용되는 사업과 관련된 BIM 표준이 마련되지 않은 경우 발주자(건설사업관리자)와 협의하여 관련 응용도구를 선정한다.

[출처] 건설산업 BIM 기본지침, P.37, "2.2.8.BIM 기술 환경 확보 – (1)BIM 도구의 확보"

또, BIM 소프트웨어에서 지원하는 기능 중 아직 실무에 적용하기 힘든 기능들이 있는가 하면 모든 요구사항이나 필요 기능에 부합하지 않는다거나, 여러 소프트웨어의 연계와 조합을 통해 진행해야 하므로 여러 사항을 확인하여 소프트웨어를 선택해야 한다. 이러한 고려 사항은 프로젝트 생산성에 사용자들의 작업성과 효율성에 큰 영향을 미친다.

BIM 수행 체계의 환경을 구축하기 위해서는 크게 '소프트웨어 환경', '하드웨어 환경', '네트워크 시스템 환경'으로 나눌 수 있고, 각 환경 구축 시 고려해야 할 사항은 다음과 같다.

(1) 소프트웨어 환경 구축

① 목적성
BIM 소프트웨어 도입 목적에 합당하여야 한다. 각 프로젝트는 고유한 특성과 요구사항을 가지고 있으므로 목적에 맞는 소프트웨어를 선택함으로써 프로젝트의 특수성에 적합한 기능과 성능을 활용할 수 있다.

② 사용성
소프트웨어 사용이 편리하게 구성되어야 한다. 사용자가 쉽게 학습하고 사용할 수 있는 직관적인 인터페이스와 기능들을 제공해야 한다. 사용성이 좋은 소프트웨어는 작업의 간소화와 효율적인 기능 활용을 가능하게 하여 의사 결정 속도를 높이고 프로젝트나 업무의 흐름을 원활하게 하여 생산성을 향상시킨다.

③ 기능성
BIM 설계 구현이 잘 되어야 한다. BIM 소프트웨어는 디지털화된 설계와 건설 프로세스를 지원하고 최적화하기 위해 데이터 작성과 활용 등이 잘 기능해야 한다.

④ 상업성
소프트웨어 도입 후 지속적인 기술 지원 및 성능 업데이트, 교육 및 컨설팅 등의 지원을 받을 수 있어야 한다. 도입 이후에도 발생하는 문제를 신속하게 해결하고 성공적인 구현과 원활한 지원을 통해 효과적으로 활용할 수 있도록 해야 한다.

⑤ 경험성
다양한 분야의 소프트웨어 성공 사례가 있어야 한다. 다양한 사례를 살펴봄으로써 프로젝트의 다양한 요구사항에 대한 부합 여부와 다양한 기능 활용에 대한 효율성 검증을 할 수 있으며, 결과적으로 실제로 얼마나 효과적으로 활용되고 있는지에 대한 이해를 확인할 수 있다.

이 외에도

⑥ 보안성

건설 분야에서의 데이터 보안은 항상 고려해야 할 사항이다. BIM은 계획 및 선정 단계에서
운영 단계까지 프로젝트와 관련된 모든 데이터를 담고 있다. 이런 데이터는 기업의 경쟁
우위성과 프로젝트의 성공적인 진행에 있어 매우 중요하다. 중요한 BIM 데이터를 안전하
게 활용 및 저장해야 하며, 많은 관계기관과 안전하게 공유되어야 한다. 보안이 취약하면
건설 프로세스의 안전성을 저해할 수 있다.

⑦ 성능

소프트웨어의 성능은 기본이자 핵심이다. 프로젝트 진행에 있어 효율과 정확도, 협업
가능성, 상호호환성은 시간 및 비용 절감에 직결되기 때문이다. 빠른 작성 시간과 효율적
인 사용을 보장해야 한다.

⑧ 호환성

다른 시스템 또는 소프트웨어와의 호환성을 고려해야 한다. 다양한 소프트웨어의 사용과
다양한 이해관계자들로 구성되는 건설 프로젝트에서의 협업을 지원하고 데이터를 통합 및
교환할 수 있도록 해야 한다.

등의 사항들을 고려하면 소프트웨어 환경을 효율적으로 구축하고 건설사업의 목표를 달성
하는 데 도움이 된다.
그리고 소프트웨어뿐만 아니라 소프트웨어를 사용하는 데에 큰 영향을 끼치는 하드웨어와
다수의 인원이 함께 작업할 수 있는 네트워크 환경 구축에 대한 요구사항은 다음과 같다.

(2) 하드웨어 환경 구축

① 목적성 : 하드웨어 도입 목적에 맞아야 한다.
② 기능성 : BIM 소프트웨어를 사용하는데 하드웨어 성능이 충분하여야 한다.
③ 지속성 : 하드웨어 도입 후 장기간 사용할 수 있는 성능을 가지고 있어야 한다.
④ 상업성 : 하드웨어 도입 후 지속적인 기술 지원을 받을 수 있어야 한다.
⑤ 확장성 : 기능의 요구에 따라 하드웨어 확장이 가능하여야 한다.

(3) 네트워크(Network) 시스템 환경 구축

① 목적성 : 네트워크 시스템 도입 목적에 맞아야 한다.

② 기능성 : BIM 소프트웨어 및 하드웨어를 사용하여 팀으로 작업하는 데 있어서 성능 문제가 없어야 한다.

③ 지속성 : 네트워크 도입 후 장기간 사용할 수 있는 체계를 가지고 있어야 한다.

④ 상업성 : 도입 후 지속적인 기술 지원을 받을 수 있어야 한다.

⑤ 확장성 : 사용자 추가에 따른 네트워크 확장이 가능하여야 한다.

[표 8-2]은 소프트웨어 선정 요인 중, 상위요인을 '사용성'과 '기능성', '상업성', '경험' 측면으로 분류하여 각 하위요인 및 설명을 나타낸 것이다.

표 8-2 BIM 소프트웨어 선정 요인

상위요인	하위요인	상세 설명
사용성	표준화 및 일관성 있는 인터페이스	• 사용자에게 친숙하고 일관된 인터페이스 • 중복성을 제거한 최소한의 인터페이스
	작업에 대한 상세한 피드백	• 실행 및 입력에 대한 실시간 설명 • 변경 사항 적용 전의 미리보기 기능 • 오류 발생 시, 오류에 대한 설명의 제공
	풍부하고 명료한 도움말	• 사용자를 위한 실시간 온라인 도움말 • 명료한 설명의 도움말
	메뉴의 사용자 정의	• 단축키 및 메뉴 구성의 사용자 정의 가능 여부 • 사용자에게 친숙한 환경을 만드는 능력
	필요한 명령 탐색의 용이성	• 필요한 명령을 쉽게 찾을 수 있는지 여부
	오류 시, 수정의 용이성	• 오류가 발생할 경우, 쉽게 수정이 가능 여부
상업성	시장 점유율	• BIM 시장에 해당 제품이 사용되는 비율
	회사의 재무적 안정성	• 장기적인 회사 존립의 여부와 지속적인 제품개발 가능성을 판단할 수 있는 회사의 재무적 지표들
	교육 및 훈련의 제공 정도	• 소프트웨어사에서 제공하는 교육과 훈련의 내용
	소프트웨어 및 하드웨어 가격	• 구입 비용 및 연간 이용료, 업데이트 비용
	교육 비용	• BIM 전문가를 양성하기 위한 비용
	기술 지원 및 컨설팅 비용	• 프로젝트 수행 시, 발생되는 컨설팅 비용

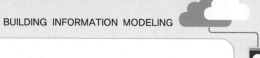

상위요인	하위요인	상세 설명
기능성	객체 간 또는 도면과 객체 간의 상호 연계성	• 객체가 변경되었을 때, 변경 사항이 자동으로 관련된 객체에 반영되어 오류가 없는 모델이 유지되는 능력 • 모델 변경이 설계에 직접적으로 전달될 수 있는 강력한 연계
	표현력	• 복잡한 형태의 건물을 모델링 하는 능력 • 렌더링의 신속성과 사실적 표현 능력
	파라메트릭 객체의 사용성	• 사용자를 위한 파라메트릭 객체 개발 용이성 • 객체들의 파라메트릭 조합의 지원 정도
	속성 정보의 관리 능력	• 공정, 견적, 구조 등의 정보를 추가하거나 관리하는 능력
	범위성(Scalability)	• 대규모의 프로젝트나 높은 수준의 상세를 가진 프로젝트를 시스템의 성능 저하 없이 다룰 수 있는 능력
	상호운용성(Interoperability)	• 다수의 시스템 간에 데이터의 교환 및 상호간에 교환된 데이터의 사용 가능성 정도
	확장성(Extensibility)	• 프로그래밍을 통하여 새로운 추가 시스템을 개발할 수 있는 환경제공 여부 • 매크로 등의 간단한 스크립트 기능 유무
	다수의 사용자를 위한 환경	• 동일한 프로젝트에서 다양한 사용자가 각 부분을 작업하고 수정할 수 있는 능력
	라이브러리(Libraries)	• 라이브러리를 작성하고 관리할 수 있는 능력 • 소프트웨어 회사에서 제공하는 라이브러리 수준
경험	조직 내부의 사용 친숙성	• 현재 내부 직원들에게 익숙한 소프트웨어
	사업 파트너의 사용 친숙성	• 주요 사업파트너가 사용하는 소프트웨어
	BIM 성공 사례의 소프트웨어	• BIM 도입 성공 사례에서 사용한 소프트웨어

[출처] 이치주, 이강, 원종성. (2009). BIM 소프트웨어 선정 요인 분석. 대한건축학회 논문집 – 구조계, 25(7), 153–163.

3 소프트웨어 시장 동향 및 전망

국내외적으로 건설 산업에서의 디지털화와 스마트화의 중요성이 높아지고, 정부가 발표하는 BIM 정책들로 BIM 시장의 성장을 촉진함으로써 BIM 소프트웨어에 대한 필요성과 그에 따른 수요가 계속해서 증가하고 있다.

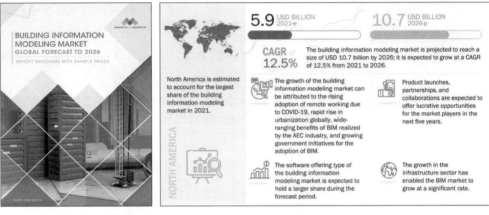

[출처] Annual Reports, Press Releases, Expert Interviews, and MarketsandMarkets Analysis, BIM Market with COVID – 19 Impact Analysis – Global Forecast to 2026

대표적인 시장 조사 및 연구 분야에서 활동하는 글로벌 컨설팅 회사인 Market and Market의 2023년 조사 결과에 따르면 BIM 시장 규모를 2023년 10.5조 원으로 추정하고 있으며, 5년 뒤 2028년에는 19.8조 원으로 예상한다.

기간 대비 성장률은 13.7%로 추정되며, 이 성장률은 2020년에 2025년에 10.56조로 추정했던 성장 속도보다 빠르게 성장하고 있는 것으로 확인된다고 한다.

현재 BIM 시장에서 가장 큰 규모는 국외에서는 북미 지역이며, 2028년에는 아시아 태평양 지역이 전체 BIM 시장에서 가장 큰 점유율과 가장 빠른 성장률을 차지할 것으로 예상된다고 한다.

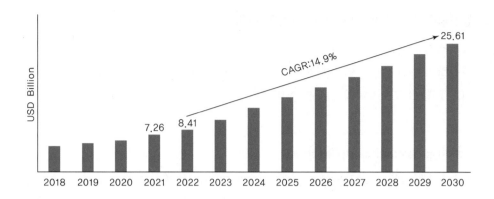

또 다른 다양한 산업 분야에 대한 시장 동향 및 예측에 관한 연구를 제공하는 Market Research Future (MRFR)의 시장 보고서에 따르면 2021년 BIM 소프트웨어 시장 규모는 9.5조 억으로 평가했으며, 2030년까지 33.4조 원으로 예상했다.

전 세계적으로 BIM 소프트웨어 시장을 주도하는 개발사로는 Trimble Inc, Autodesk Inc, Siemens AG, Dassault Systems SA, Oracle Corporation을 꼽았다.

4 BIM 소프트웨어 시장의 성장 요소

(1) 건설 산업의 디지털 변혁

건설 산업은 BIM을 통하여 프로젝트 관리 및 협업을 혁신하고 있다. 디지털화된 프로세스와 효율적인 데이터 공유는 프로젝트 비용을 절감하고 품질을 향상시키며, 이는 BIM 소프트웨어의 수요를 증가시킨다.

(2) 정부 규제 및 규정

많은 국가에서 건설 프로젝트에 대한 BIM 작성 및 활용을 의무화하고 있다. 이러한 규제 및 규정은 BIM 소프트웨어의 수요를 증가시키고, 프로젝트의 효율성 및 투명성을 향상시킨다.

(3) 지속 가능성 및 에너지 효율

지속 가능한 건축 및 에너지 효율성은 중요한 주제로 떠오르고 있다. BIM 소프트웨어는 건설 전 생애주기 속에서 지속 가능한 솔루션을 실현하는 데 도움을 주며, 이는 환경에 미치는 영향을 줄이고 비용을 절감할 수 있게 한다.

(4) 클라우드 서비스 및 협업 프로세스의 변화

클라우드 기술의 발전은 BIM 데이터를 더욱 쉽게 공유하고 협업하는 데 도움이 된다.
다양한 이해관계자 간의 원활한 데이터 공유와 협업은 프로젝트 효율성을 높이며, 클라우드
기반 BIM 소프트웨어의 수요를 높인다.

(5) 인공지능 (Artificial Intelligence)

인공 지능(이하 AI)과 자동화 기술은 BIM 소프트웨어에 통합되어 설계 및 분석 과정을 자동화
하고 최적화하는 데 사용된다. 이는 시간과 노력을 절감하며 정확성을 향상시킨다.

(6) 금융 및 투자

건설 및 부동산 산업에 대한 투자와 금융 지원이 늘어나면서 BIM 소프트웨어 시장도 성장하고
있다. 효율적인 프로젝트 관리와 데이터 기반 의사 결정은 투자자와 금융 기관에 더 많은 투자
기회를 제공한다.

(7) 글로벌 건설 프로젝트의 증가

다양한 지역에서 건설 및 인프라 프로젝트가 증가하고 있다. 이러한 프로젝트는 BIM 기술을
활용하여 관리되며, 이는 BIM 소프트웨어 시장의 성장을 촉진한다.

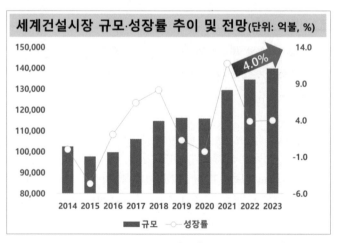

[출처] IHS Markit, ICAK 정책지원센터

위 요소들로 인해 BIM 소프트웨어 시장은 계속해서 성장하고 발전할 것으로 예상된다.
BIM 기술은 건설 및 설계 분야에서 더욱 중요한 역할을 할 것으로 예측되며, 기업들은 이러한
기술을 적극적으로 채택하여 경쟁력을 강화할 것으로 예상된다.

Finances Online에서 선정한 2023년 BIM Software Top 12

1. Autodesk Revit
2. Tekla BIMsight
3. Revit
4. Navisworks
5. BIMobject
6. BIMx
7. ArchiCAD
8. AECOsim Building Designer
9. Trimble Connect
10. Hevacomp
11. YouBIM
12. RhinoBIM

G2에서 선정한 2023년 BIM Software Top 21

1. BIMobject
2. RevitCity
3. MagiCAD
4. BIMsmith
5. BIMStore
6. Trimble MEP content
7. BIM&CO
8. NBS National BIM Library
9. Polantis
10. AVAIL
11. cove.tool
12. ARCAT
13. BIM catalogs
14. Bimetica
15. Concora SPEC
16. Familit
17. Modlar
18. Prodlib
19. RubySketch
20. SpecifiedBy
21. Syncronia

Software Connect에서 선정한 2023년 BIM Software Top 17

1. Revit
2. Autodesk BIM360
3. ArchiCAD
4. Vectorworks Architect
5. Tekla
6. Allplan
7. SketchUp
8. Viewpoint for Projects
9. Stratusvue System
10. CMiC Enterprise Planning
11. Project Management Software
12. Procore
13. Fusion 360 Manage
14. InEight
15. 3D Repo
16. Edificius
17. Plangrid

02 설계 및 모델링 소프트웨어

사용자들의 다양한 기능에 대한 개발 요청과 건설 산업에서의 소프트웨어 활용 요구사항들이 점차 증가하며 고도화되고 있다. 이에 따라, 소프트웨어 개발사들은 기능적 업데이트를 계속하고 있으며, 전문적인 활용과 다양한 기능의 탑재를 위해 지속해서 개발을 진행하고 있다. BIM 소프트웨어 시장의 발전에 따라 다양한 소프트웨어가 개발되고 있으며, 여러 기능이 융합된 소프트웨어도 많이 출시되고 있다.

본 교재의 본문에서는 대표적으로 널리 사용되는 기능들을 중심으로 분류하였다.

1 개념 설계 소프트웨어

'개념 설계' 또는 '계획 설계' 단계에서 활용되는 소프트웨어는 프로젝트의 초기 단계에서 프로젝트의 요구사항들을 파악하여 아이디어를 발전시키고 디자인을 구체화하는 데 사용되는 소프트웨어이다. 이러한 소프트웨어는 초기 단계에서 고려할 수 있는 다양한 대안에 대한 검토를 진행하며, 디자인 옵션을 시각화하고 분석하여 최적의 설계를 찾는 데 도움을 준다.

(1) Infraworks

Autodesk 사의 Infraworks는 건설 및 공공 인프라 프로젝트(도로, 다리, 공항, 철도 등)를 계획하고 시각화하는 데 유용한 소프트웨어로, 프로젝트 초기 단계부터 최종 설계 및 시공 단계까지 다양한 단계에서 활용된다.

초기 개념 설계 단계에서 다양한 설계 옵션을 변경해 가며 여러 설계 대안을 간단하게 비교 · 검토할 수 있어 최적의 결괏값을 도출하는 데 도움을 준다. 또, 다양한 시각화 옵션을 제공하며 다양한 컴포넌트들을 배치하여 빠르게 시각화 자료를 생성할 수 있다.

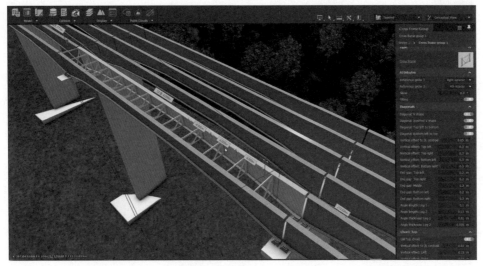

[출처] Autodesk 홈페이지

(2) Formit

Autodesk 사의 Formit은 건축 및 건설 디자인 단계에서 초기 개념 설계와 3D 모델링을 위한 클라우드 기반 소프트웨어이다.

직관적이고 간편한 스케치 도구를 활용하여 디자인 초기 개념을 잡고, Formit에서 작성한 모델을 Revit과 같은 상세 모델링 소프트웨어와의 상호운용을 통해 개념 설계에서 상세 설계를 이어 작성할 수 있다. 또한 태양 영향 및 전체 건물 에너지 분석을 통해 설계 초기 단계에서 평가하여 적용할 수 있다.

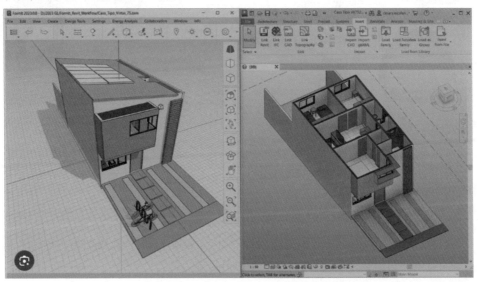

[출처] Autodesk 홈페이지

BIM에서의 구조 설계 소프트웨어는 건물 및 구조물의 구조적 요소를 모델링하고 분석하는 소프트웨어이다. 구조물의 사실적인 3D 형상 모델링뿐만 아니라 속성, 재료, 수량 등의 데이터를 모델에서 관리할 수 있다.

또, 구조물의 안정성을 분석하고 시뮬레이션할 수 있도록 여러 분석을 수행하고, 정적인 분석(하중, 응력, 변형 등) 및 동적인 분석(바람, 지진, 기타 동적 하중 등)에 대한 해석을 진행할 수 있다.

(1) Revit

Autodesk 사의 Revit은 건축, 구조, 기계 및 전기 시스템 분야에서의 설계 및 모델링을 위한 BIM 소프트웨어이다. 파라메트릭 설계를 통해 반복되는 작업 또는 데이터에 기반하는 3D 모델 작성이 용이하며, 모델과 도면이 연동되어 변경 사항이 자동으로 업데이트되므로 문서화 작업을 간소화하고 일관된 정보를 공유할 수 있다.

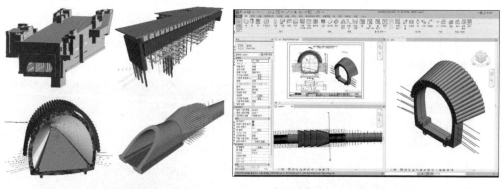

[출처] 스마트건설 챌린지2022, 동명기술공단, 다이나모를 활용한 설계BIM 수행(월곶~판교 복선전철 실시설계)

(2) Allplan

Nemetschek Group의 Allplan은 항만 및 댐, 도로, 터널, 교량에 이르기까지 토목 공학 및 인프라 프로젝트의 모든 프로젝트 단계에서 설계 및 시공 프로세스를 지원하고 통합하는 엔지니어링 산업을 위한 BIM 소프트웨어이다.

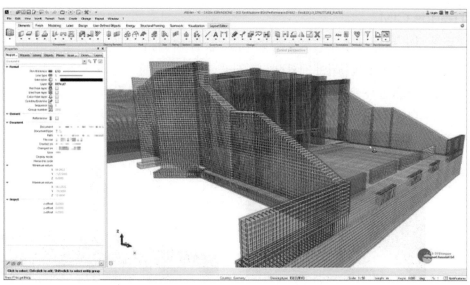

[출처] Allplan 홈페이지

(3) Tekla Structure

Trimble 사의 Tekla Structures는 주로 건설 업계에서 건축물, 교량, 타워, 터널 등 다양한 구조물을 설계하고 관리하는 데 활용된다. 구조물의 정확한 3D 형상 모델링을 지원하며 부분 및 상세 설계에 대한 모델링이 가능해 제조 및 시공에서 효과적으로 활용할 수 있다.

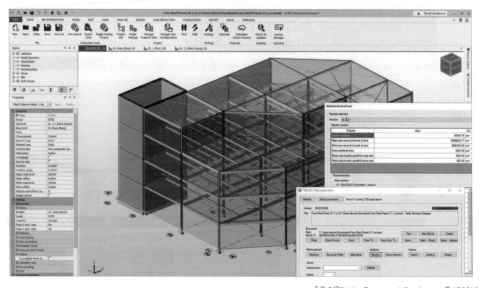

[출처]Tekla Structural Designer 홈페이지

(4) midas CIM

국내 구조 해석 및 설계 솔루션 업체인 midas IT 사의 midas CIM은 국내 개발사답게 국가 인프라 시설물에 특화되어 계획·설계·시공·유지관리까지 건설 프로세스 전 과정에 3D 정보 모델을 활용할 수 있는 소프트웨어이다. CIM은 토목 분야에 특화되어 도로 선형, 편경사 및 Skew 데이터를 반영하여 3D 정보 모델링을 할 수 있는 토목특화 BIM 소프트웨어이다. 또, 국내 범용 해석 소프트웨어와 연동한 구조/지반 안전성 검토가 가능하다는 특징이 있다.

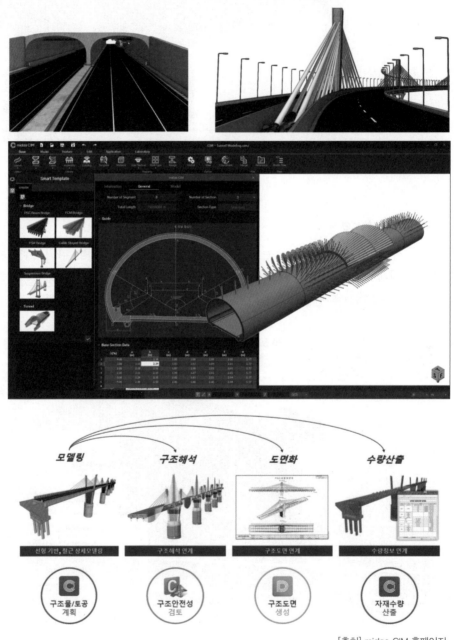

[출처] midas CIM 홈페이지

3   선형 설계 소프트웨어

토목 분야에서 선형 설계 소프트웨어는 도로, 철도, 다리, 터널 등과 같은 선형 구조물을 설계하고 모델링 하는 데 활용되는 소프트웨어이다. 선형 구조물은 길이가 있는 구조물로서 일반적으로 직선 또는 곡선의 형태를 가지고 있다. 이러한 소프트웨어는 BIM 설계 기준에 따라 선형 구조물을 모델링하고 인프라 시설물을 구축하는 프로젝트 수행에 필수적이다.

(1) Civil 3D

Autodesk 사의 Civil3D는 토목 및 지리 공학 분야에서 사용되는 소프트웨어로, 지형 데이터를 활용하여 3D 지형 데이터 작성과 코리더 모델링 작성 도구를 이용해서 도로 및 고속도로, 철도와 같은 3D 선형 데이터를 유연하게 작성할 수 있다. 코리더 생성은 선형, 계획 종단, 표준 횡단 구성 요소를 기반으로 작성되며, 동적으로 연동된다.

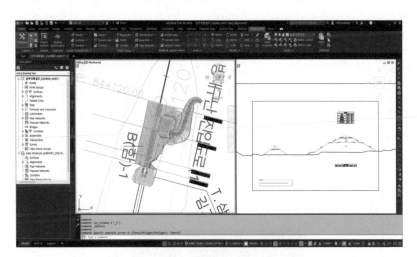

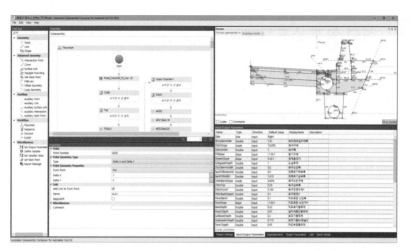

[출처] 동명기술공단

(2) OpenRoad, OpenRail

Bentley Systems 사의 OpenRoad와 OpenRail은 각각 도로와 철도설계를 위한 BIM 설계 데이터 작성 및 시뮬레이션, 협업 등의 솔루션을 제공하여 교통 인프라 프로젝트를 수행한다.

① OpenRoad

도로 및 교통, 교량 프로젝트를 관리하고 설계하기 위한 종합적인 소프트웨어로, 도로 및 차도, 나들목 및 회전식, 교량, 부지개발, 상하수도의 BIM 데이터 작성 및 시공 업무 보고서를 작성할 수 있다. 또, 교통의 원활한 흐름을 위한 시뮬레이션 및 분석 등 다양하고 복잡한 작업을 쉽게 처리할 수 있다.

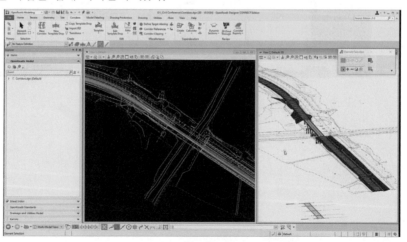

[출처] Bentley Systems Openroad Designer 홈페이지

② Open Rail

주로 철도 인프라 프로젝트에 활용되며, 궤도, 플랫폼, 정거장, 터널 등의 다양한 철도 구성
요소에 대한 BIM 데이터 작성 및 열차의 동작 및 철도 구조물 안전성에 대한 시뮬레이션
및 분석을 수행한다.

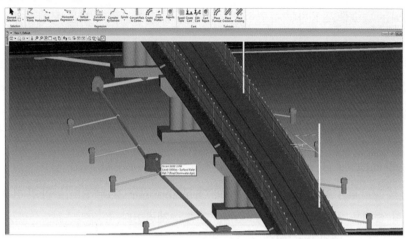

[출처] Bentley Systems Openrail Designer 홈페이지

(3) Trimble Novapoint

Trimble 사의 Trimble Novapoint는 도로 및 교통 인프라 프로젝트를 위한 종합적인 BIM
소프트웨어이다. 토목 및 교통 프로젝트의 도로, 교량, 철도, 터널 등의 토목 구조물의 3D
모델링 설계와 다양한 프로젝트 관계자 간의 협업을 쉽게 하며 소프트웨어 내에서 교통 흐름
시뮬레이션 및 토목 분석을 수행하여 프로젝트의 안전성 및 효율성을 평가할 수 있다.

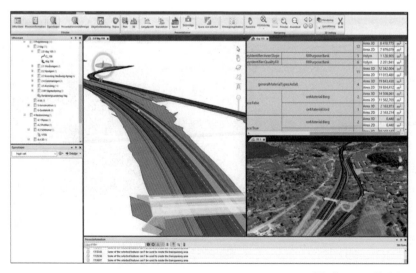

[출처] Trimble 홈페이지

BIM에서의 매개변수(Parameter) 설계란, 모델 객체에 대한 특성이나 속성을 결정하는 데 사용되는 변수를 활용하여 유연하고 동적인 설계를 가능하게 하는 모델링 방식이다.

사용자가 설정한 매개변수에 따라 모델에 반영되고, 설계 변경 및 다양한 설계 옵션을 통한 모델의 최적화, 반복적인 설계 작업에 대한 프로젝트 설계 및 분석 작업을 더 효율적으로 만든다.

(1) Grasshopper 3D

Robert McNeel and associates 사의 Grasshopper 3D는 Rhino의 플러그인으로, 파라메트릭 설계를 위한 비주얼 프로그래밍 환경을 제공한다.
Rhino는 3D 모델링 및 디자인 소프트웨어로, NURBS(곡면을 정의하고 표현하는 데 사용되며, 곡면의 형태를 조절하고 조작할 수 있는 개념) 기반의 고급 3D 모델링을 수행하는 소프트웨어로, 사용자는 Rhino를 통해 복잡한 3D 모델을 작성할 수 있다.

Rhino Script, Rhino. Python 등의 프로그램 언어와 달리, 프로그래밍 또는 스크립트 관련 사전 지식이 없이도 개발자와 디자이너가 Grasshopper를 사용하여 논리적, 기하학적 관계를 코딩 과정 없이 시각적으로 형상을 생성하는 알고리즘을 개발할 수 있다.

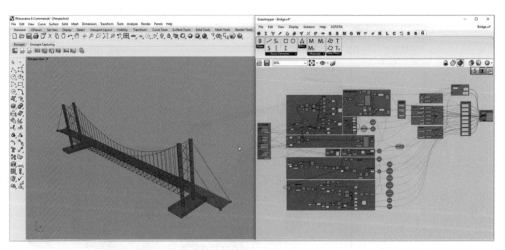

[출처] 유튜브, Exporting a Suspension bridge from grasshopper to Midas Civil (Panda Plugin)

(2) Dynamo

Autodesk 사의 Dynamo는 파라메트릭 설계 및 자동화를 위한 오픈 소스 그래픽 프로그래밍 도구이다. 사용자가 노드 및 워크플로우를 시각적으로 구축하여 로직을 만들고 활용할 수 있도록 하는 비주얼 프로그래밍 도구이다. Autodesk Revit뿐만 아니라 Civil3D, Rhino, SketchUp과 같은 다양한 디자인 및 BIM 소프트웨어와 통합되어 작동한다.

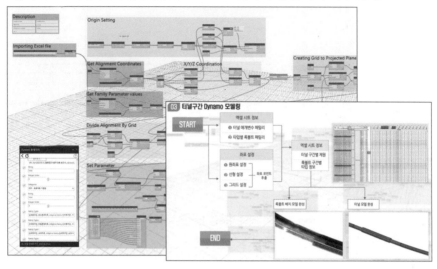

[출처] 스마트건설 챌린지2022, 동명기술공단, 다이나모를 활용한 설계BIM 수행(월곶~판교 복선전철 실시설계)

(3) Generative Components (GC)

Bentley Systems 사의 Generative Components는 건축 및 인프라 프로젝트 설계를 위한 파라메트릭 설계 소프트웨어이다. 이 소프트웨어는 사용자가 모델의 다양한 특성을 매개변수화하고, 여러 설계 옵션을 생성 및 조정하여 모델링 할 수 있도록 한다. 이를 통해 반복적인 작업을 자동화하고, 최적화된 설계 데이터를 생성할 수 있다.

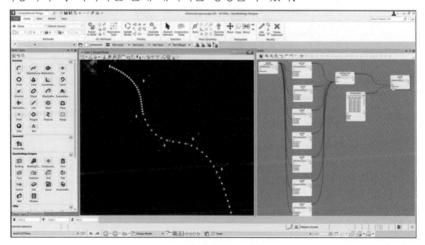

[출처] Bentley GenerativeComponents Communities Wiki

(4) Marionette

Nemetschek Group사의 Marionette는 Grasshopper 3D 또는 Dynamo와 마찬가지로 비주얼 스크립팅 인터페이스를 제공하므로 기존의 텍스트 기반 프로그래밍 스크립팅과 달리 기본으로 제공되는 노드를 통해 다양한 작업을 작성할 수 있다.

상위 설계 소프트웨어인 Vectorworks에서 복잡한 스크립트를 빠르게 이해하고 생성할 수 있다.

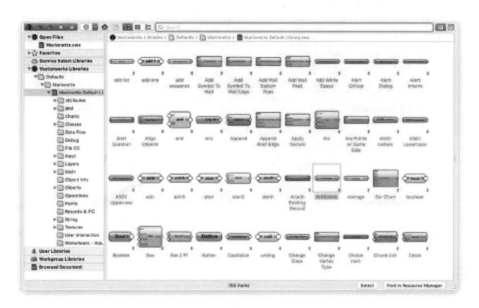

[출처] Marionette 기본 노드 라이브러리, Marionette 홈페이지

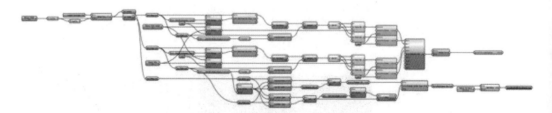

[출처] 선형 기반 경사로를 생성하는 Marionette 스크립트, Marionette 홈페이지

03 설계 분석 및 활용 소프트웨어

1 공정관리 및 간섭 검토 소프트웨어

공정관리는 건설 프로젝트의 효율성 향상과 협업, 시간 및 비용 절감 등의 많은 이유로 작업 일정을 작성하고 관리하는 데 필요하다. 일정과 연계된 BIM 데이터로부터 프로젝트의 상태 및 진행 상황을 파악하며, 이를 통해 데이터 기반의 투명성을 확보하고 프로젝트 진행 상황을 더욱 효과적으로 모니터링 할 수 있다.

(1) Synchro 4D

Bentley Systems 사의 Synchro 4D는 소프트웨어 명에서부터 알 수 있듯이 3D 데이터에 시간개념을 덧붙인 공정관리 소프트웨어이다. 기존 공정관리 소프트웨어에 BIM 데이터와 프로젝트 일정을 통합하여 건설 프로젝트의 4D 시뮬레이션을 제공하며 이를 통해 프로젝트 일정을 최적화하고 자원을 효율적으로 관리할 수 있다.

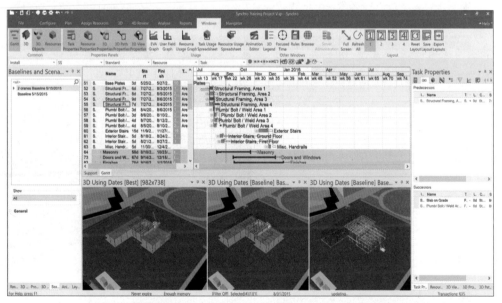

[출처] 유튜브, SYNCHRO Pro 2018: Successful 4D Construction, SYNCHRO Construction

(2) Navisworks

Autodesk 사의 Navisworks는 다양한 건설 분야의 3D 설계 데이터 통합, 간섭 검토, 공정관리 시뮬레이션, 물량산출 등의 여러 기능을 제공하는 3D 모델 검토 및 시각화 소프트웨어이다. 공사 일정과 연계하여 3D 모델을 효과적으로 시각화하여 프로젝트의 진행 상황을 이해하고 시뮬레이션을 통해 시공 과정을 사전 검토할 수 있다. 또, 간섭 검토 기능을 통해 건설 프로젝트의 품질을 향상시키고, 설계 오류로 인한 비용과 시간 절감에 효과적이다.

따라서, Navisworks는 설계 분석 및 활용 소프트웨어에도 해당하지만, 품질 관리 소프트웨어로도 볼 수 있다.

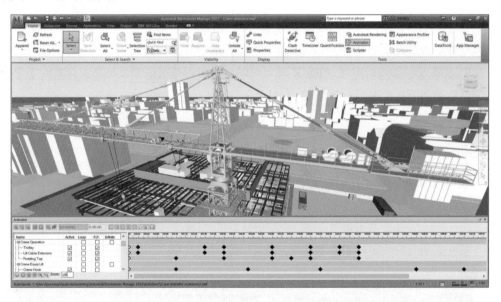

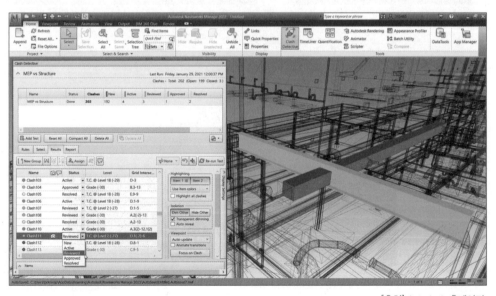

[출처] Autodesk 홈페이지

(3) Fuzor

Fuzor는 건설 및 건축 분야에서 사용되는 4D 및 가상현실 시뮬레이션 및 시각화 소프트웨어이다. Fuzor는 건설 프로젝트의 계획, 시뮬레이션, 협업, 시각화, 및 관리를 하나의 통합된 환경에서 수행할 수 있도록 도와주는 소프트웨어로, 가상 건설 현장을 구축하고 공사 일정과 연계하면 공정관리로도 활용이 가능하지만 장비와 시공을 위한 건설 작업 시뮬레이션으로도 강력한 기능을 제공한다. 이를 통해 프로젝트 효율성을 향상시키고 오류를 최소화하며, 현장 작업을 더욱 효율적이고 안전하게 관리하고 이해할 수 있는 기능을 제공한다.

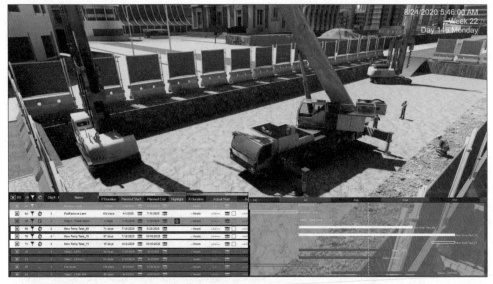

[출처] 유튜브, Fuzor 2024 Promo, Kalloc Tech

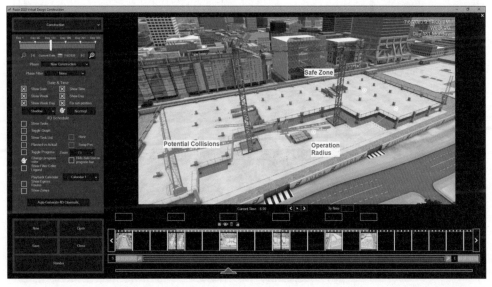

[출처] Fuzor 홈페이지

BIM은 건설 프로젝트의 모든 데이터를 디지털 3D 모델로 통합하는 프로세스이다. 이 모델은 구조 및 시설의 모든 요소를 포함하며, 이러한 요소들의 기하학적 정보와 연계되어 요소의 크기, 형태 및 위치를 정확하게 나타내고, 각 요소의 속성 및 규격(길이, 면적, 부피, 수량 등), 재료 데이터를 활용하여 물량을 계산하므로 정확하고 일관된 결과를 얻을 수 있다.

(1) Vico Office

VICO Office는 건설 프로젝트의 계획, 예산, 일정 및 리스크 관리를 지원하며, 5D BIM을 구현하는 데 중점을 둔 소프트웨어이다. 이는 3D 모델데이터에 일정(4D) 및 비용(5D) 정보를 통합하여 프로젝트를 종합적으로 관리하는 기능을 의미한다. VICO Office는 단순히 물량 산출 소프트웨어인 것뿐만 아니라 공정관리 기능을 모두 포함하는 통합적인 솔루션으로 예산 및 비용 관리(물량산출)과 일정 관리(공정계획 및 관리, 시각화)를 모두 지원한다.

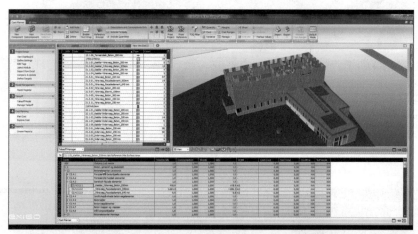

[출처] Vico office 홈페이지

(2) Tocoman BIM3

Tocoman BIM3은 토목 BIM 프로젝트의 효율성과 정확성을 향상하는 데 도움을 주는 다목적
소프트웨어로, 토목 분야의 다양한 프로젝트에서 활용된다.

건설 프로젝트에 저장된 IFC 파일을 수량 산출, 비용 계산 및 일정 수립 등의 다양한 단계
에서 사용할 수 있으며, Revit, ArchiCAD, Tekla Structure와 연계되며 높은 정확도로
일정, 비용 견적, 조달 및 위험평가를 쉽고 빠르게 생성할 수 있다.

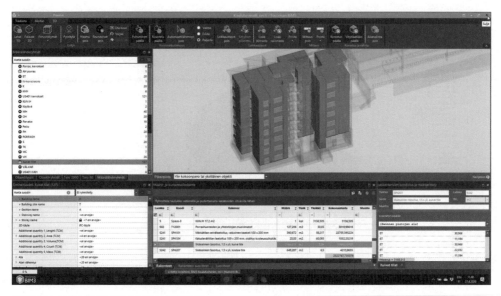

[출처] 유튜브, Vlogi | Tocoman BIM3 uudet päivitykset, Tovoman Oy

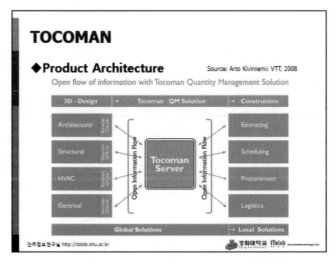

[출처] 건축정보연구실 PLCS Share-A-Space FIATECH TOCOMAN

(3) PriMus IFC

ACCA Software 사의 PriMus IFC는 BIM 데이터와 통합되어 BIM 데이터를 기반으로 개체 유형을 자동으로 식별하고, 프로젝트에 사용된 모든 BIM 객체로부터의 산출을 통해 수량 산출과 프로젝트 비용을 계산하고 추적하는 기능을 제공한다.

프로젝트 관리자와 비용 계획자가 프로젝트 비용을 효과적으로 추정, 관리 및 모니터링 할 수 있도록 프로젝트 진행 중의 비용을 분석하고 변경 사항을 추적할 수도 있다.

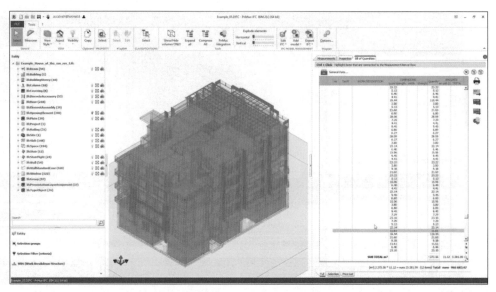

[출처] 유튜브, BIM Quantity Takeoff Software – Primus IFC, ACCA software –EN

04 데이터 관리 및 협업 소프트웨어

1 건설 협업 소프트웨어

BIM 데이터는 다양한 이해관계자의 참여로 수많은 데이터 공유, 전송, 검토, 인계 등이 이루어지는 프로세스로 이루어져 있다. 다양한 이해관계자 간의 효율적인 데이터 검토 및 활용이 이루어질 수 있도록 다양한 소프트웨어들을 통해 BIM 데이터를 공유하고 협업하는 데 활용할 수 있다.

다양한 이해관계자가 공통의 작업환경에서 BIM 데이터를 관리하고 공유할 수 있고, 효율적인 의사소통을 위하여 메시지, 마크업 등의 소통이 이루어지는 환경을 제공하며, 문서 및 파일, 모델의 버전을 관리하여 프로젝트가 원활하게 이루어질 수 있도록 한다.

(1) MS Project

Microsoft 사의 MS Project는 프로젝트 관리 및 협업 소프트웨어이다. 이 소프트웨어는 다양한 프로젝트 일정계획, 리소스 할당, 작업 추적 및 관리하기 위한 강력한 도구로 사용된다. 사용자가 프로젝트의 일정과 자원(인력, 장비, 재료 등)을 작성하고 관리할 수 있고, 보고서 및 대시보드 등을 생성하여 프로젝트의 상태와 진척 상황을 시각화하고 공유할 수 있다. 이를 통해 이해관계자에게 정보를 제공하고 의사 결정을 지원한다.

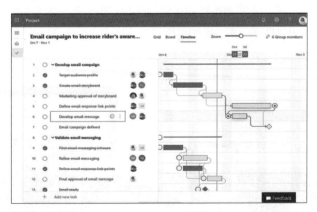

[출처] MS project 홈페이지

(2) Autodesk Construction Cloud

Autodesk 사의 Autodesk Construction Cloud에는 Autodesk Docs, Build, Takeoff, BIM Collaborate가 포함되어 있으며, 프로젝트의 전반적인 협업과 관리를 위한 포괄적인 솔루션이다. 이 솔루션은 다양한 건설 프로젝트 단계에서 협업을 위한 문서 관리, 시뮬레이션 및 분석과 수량 산출, 일정 및 데이터 관리, 시공 및 유지보수를 등 다양한 모듈과 기능이 포함되어 있다. BIM 데이터뿐만 아니라 건설 프로젝트 전반에 걸쳐 요구되는 모든 측면을 관리하고 협업하는 포괄적인 협업 플랫폼이다.

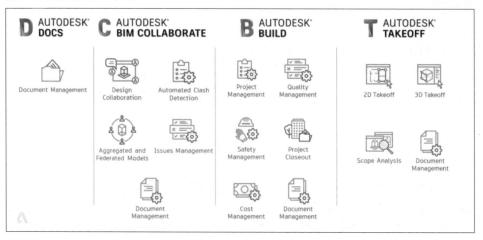

[출처] Autodesk 홈페이지

(3) Trimble Connect

Trimble 사의 Trimble Connect는 건설 산업을 위해 설계된 프로젝트 관리 및 협업을 위한 클라우드 기반의 공통정보관리환경(CDE)이자 협업 플랫폼이다. 3D BIM 데이터를 중앙 집중 플랫폼에 업로드하고 팀원과 공유하여 일정 및 프로젝트 관리, 모델 비교, 분석, 협업 및 검토를 할 수 있다. 또, 현장에서 사용할 수 있는 모바일 앱을 제공하며, 현장 정보 수집, 문서 열람, 모델 검토 및 현장 보고를 가능하게 한다.

[출처] Trimble 홈페이지

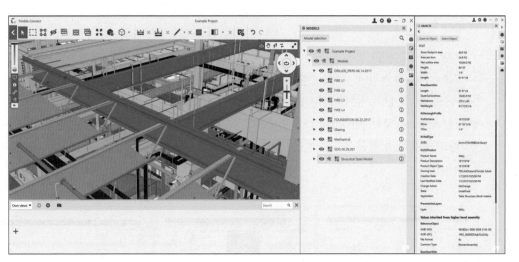

[출처] Trimble Connect 홈페이지

(4) ProjectWise

Bentley Systems 사의 ProjectWise는 주로 건설 및 인프라 프로젝트 분야에서 사용되며, 대규모 프로젝트의 관리, 문서화, 협업, 및 정보 공유를 지원하는 데 사용된다. 또한, 클라우드 기반 디지털 구성 요소 관리 및 라이브러리 서비스를 제공하여 결과물의 수준을 높이고, 스마트한 워크플로우와 템플릿을 제공하여 일관되고 정확한 데이터를 관리할 수 있다.

[출처] 유튜브, ProjectWise, powered by iTwin Digital Design Delivery, Bentley ProjectWise

(5) Procore

Procore Technologies 사의 Procore는 건설 산업에서 프로젝트 관리와 협업을 위한 클라우드 기반 소프트웨어이다. 건설 프로젝트의 각 단계에서 효율적인 협업, 문서 관리, 일정 관리, 예산 관리, 품질 관리, 안전 관리 등 다양한 관리 작업을 지원한다. 건설 프로젝트에서 중요한 계약서, 도면, 사양서, 변경 지시서, 보증서, 기술서 등 다양한 문서를 디지털화하여 중앙에서 관리하고 공유하며 접근을 제한하는 건설 산업 특유의 요구사항을 고려하여 개발된 포괄적인 솔루션이다.

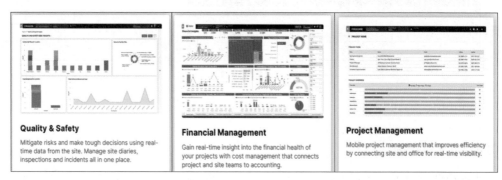

Quality & Safety

Mitigate risks and make tough decisions using real-time data from the site. Manage site diaries, inspections and incidents all in one place.

Financial Management

Gain real-time insight into the financial health of your projects with cost management that connects project and site teams to accounting.

Project Management

Mobile project management that improves efficiency by connecting site and office for real-time visibility.

[출처] Procore 홈페이지

이 외에도 BIMx, BIM Collab, Aconex, PlanGrid, Onuma, BIMCloud 등의 소프트웨어도 활용할 수 있다.

2 시각화 소프트웨어

BIM은 건축 및 건설 프로젝트를 디지털화 및 3D 데이터화 하는 프로세스이다. 이 프로세스에서 시각화 및 렌더링 소프트웨어는 BIM 데이터를 시각적으로 표현하고 현실적인 이미지 또는 시뮬레이션 영상 데이터를 얻는 것은 중요한 역할을 한다.

시각화된 BIM 데이터는 프로젝트의 설계 의도, 구조 및 디자인, 기타 세부 정보를 직관적으로 파악할 수 있으며, 이해관계자들의 이해도가 향상되고 의사 결정을 내릴 때 필요한 정보를 제공한다.

(1) Twinmotion

Epic Games 사의 Twinmotion은 건축 및 디자인 분야에서 사용되는 실시간 3D 시각화 및 렌더링 소프트웨어이다. 이 소프트웨어를 사용하면 3D 모델을 실시간으로 렌더링하고 시각화하여 디자인을 시각적으로 검토할 수 있다. 다양한 3D 모델 형식을 지원하며, 시뮬레이션, 가상투어, VR 경험 등 다양한 기능을 제공하여 프로젝트 시각화 및 디자인 향상을 지원한다.

[출처] 유튜브, Twinmotion for Revit: Real-time visualization for infrastructure projects, Autodesk Infrastructure Solutions

(2) Enscape

Enscape GmbH사의 Enscape는 건축 및 디자인 분야에서 사용되는 실시간 3D 시각화 및 렌더링 소프트웨어로, 플러그인 형태로 주로 Revit, SketchUp, Rhino 및 ArchiCAD와 통합되어 사용된다. Enscape를 사용하면 실시간으로 디자인을 탐색하고 클라이언트나 팀원과 협업할 수 있으며, 디자인 결정을 빠르게 내릴 수 있다. VR 경험을 통해 프로젝트를 더 생생하게 체험할 수 있으며, 고품질의 렌더링 이미지와 동영상을 생성할 수 있다.

[출처] 유튜브, Enscape VR for Construction Visualization, Jay Vaai

(3) Unity 3D

Unity Technologies 사의 Unity 3D는 BIM 분야에서 시각화와 협업을 위해 BIM 데이터를 연동하여 3D 시뮬레이션 및 가상현실 (VR) 환경으로 변환하는 데 사용된다. Unity를 활용하면 건축 및 건설 프로젝트의 디자인, 구조 및 기능을 더 잘 시각화하고 이해할 수 있다. 또한 다양한 이해관계자들 간에 협업을 촉진하고 프로젝트 의사 결정을 지원하기 위해 실시간 시뮬레이션 및 시각화를 제공한다.

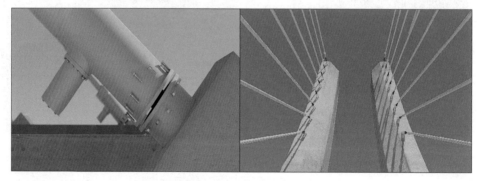

[출처] Unity 3D 홈페이지

그 외에도 3Ds Max, Cinema 4D, Accurender, Artlantis, Piranesi, Revitzo 등의 소프트웨어도 활용할 수 있다.

3 뷰어 소프트웨어

규모가 큰 건설 프로젝트에서의 BIM 데이터는 용량이 비교적 크기도 하고 특정 소프트웨어에서 작성되어 특정 소프트웨어가 없으면 데이터를 확인할 수 없다는 등의 제약이 있을 수 있다.

그러므로 다양한 이해관계자들이 BIM 데이터를 확인하고 협업하는 데에 모든 이해관계자가 모델을 공유하고 주석을 추가하여 의사소통하며 BIM 데이터를 확인할 수 있게 뷰어 소프트웨어가 필요하다.

(1) Solibri Model Viewer

Solibri 사의 Solibri Model Viewer는 건설 및 디자인 프로젝트에서 사용되는 BIM 데이터의 시각화 및 검토를 위한 소프트웨어이다. 이 무료 뷰어는 3D BIM 데이터를 가져오기하여 간섭 체크, 품질 검사, 규정 준수 검증 등 다양한 기능을 수행할 수 있다.

Solibri Model Viewer를 사용하면 건물 모델의 간섭을 식별하고 해결할 수 있으며, 설계 및 공종 팀 간의 협업이 가능하다. 사용자는 모델 형상뿐만 아니라 세부 정보를 확인할 수 있으며, 주석을 남기고 공유를 할 수 있다.

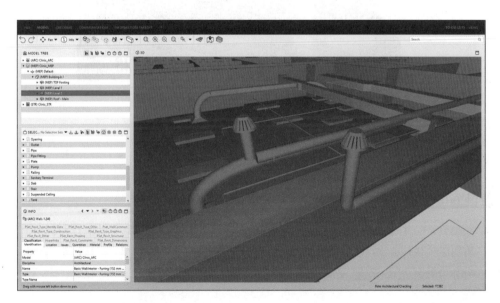

[출처] Solibri 홈페이지

(2) Open IFC Viewer

Open Design Alliance에서 개발한 Open IFC Viewer는 Industry Foundation Classes (IFC) 형식의 BIM 데이터를 시각적으로 검토하고 협업하는 데 사용되는 무료 오픈 소스 소프트웨어이다. 이 뷰어는 다양한 BIM 소프트웨어에서 생성된 IFC 파일을 열어 볼 수 있으며, 여느 BIM 뷰어처럼 3D 모델 탐색, 측정하고 주석을 추가하며 특정 요소를 선택하여 상세 정보를 확인할 수 있다. 또한 프로젝트 협업을 위해 다른 사용자와 모델을 공유하고 의견을 공유할 수 있다. Open IFC Viewer는 BIM 프로세스의 효율성을 향상시키고 프로젝트 관리를 간소화하는 데 도움이 된다.

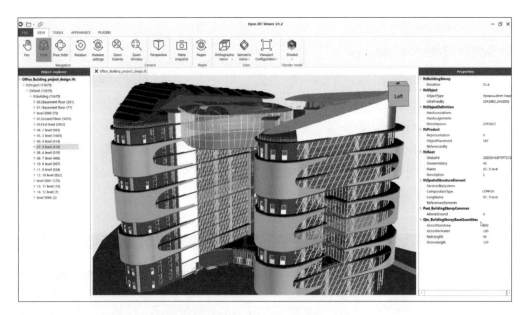

[출처] Open IFC Viewer 홈페이지

(3) Navisworks Freedom

Autodesk 사의 Navisworks Freedom은 3D 디자인 및 건설 프로젝트 데이터의 시각화 및 협업을 위해 제공된다. 이 무료 뷰어 소프트웨어는 다양한 BIM 데이터 형식을 지원하며, 사용자들은 건축 모델, 구조 모델, 시설물 관리 정보 등을 3D로 시각적으로 검토할 수 있다.

[출처] 유튜브, Navisworks 2023: Improved support for Revit parameters, Autodesk Building Solutions

(4) BIM Vision

Datacomp Sp. z o.o.사의 BIM Vision은 BIM 데이터 및 모델을 시각화하고 검토하기 위한 무료 소프트웨어이다. 다양한 BIM 데이터 형식을 지원하며, 사용자들은 3D 모델을 렌더링하고 회전, 확대/축소, 투명도 조절 등의 조작을 통해 모델을 자세히 검토할 수 있다. BIM Vision은 모델 내의 요소를 선택하고 속성을 확인하는 기능을 제공하며, 모델에 주석 및 메모를 추가하여 협업 및 의사소통을 개선한다.

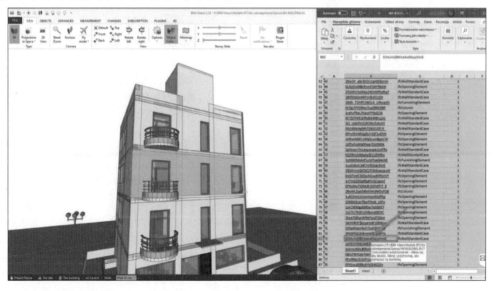

[출처] BIM Vision 홈페이지

01 Civil3D의 '점', '점 그룹', '지표면', '선형', '형상선', '부지', '유역', '관망', '코리더', '표준 횡단' 등 도면의 객체를 관리할 수 있는 공간으로 알맞은 것은 무엇인가?

① 통합관리 탭(Prospector)
② 설정 탭(Settings)
③ 도구상자 탭(Toolspace)
④ 도구 팔레트(Tool Palettes)

Civil3D에서 '도구 공간' 리본 탭을 통해 접근할 수 있는 '통합관리', '설정', '측량', '도구상자' 탭 중에서 '통합관리 탭'을 통해 프로젝트 및 도면 객체를 관리할 수 있다.

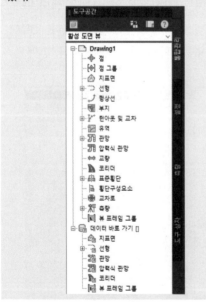

02 Civil3D에서 '정지 초기계획선', '지표면 브레이크라인' 및 '코리더 기준선'으로 사용될 수 있는 3D 객체로 알맞은 것은 무엇인가?

① 구획(Parcel)
② 형상선(Feature Line)
③ 네트워크(Network)
④ 참조선(Reference Line)

형상선은 정지 초기계획선, 지표면 브레이크라인 및 코리더 기준선으로 사용될 수 있는 3D 객체이다.

① 구획(Parcel) – 구획 객체는 일반적으로 닫힌 폴리곤으로, 단지 블록에서의 면적을 갖는 토지 구획을 표현하는 데 사용된다.

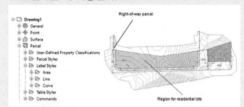

③ 네트워크(Network) – 관망 객체는 파이프 시스템을 나타내기 위해 서로 연관된 파이프 객체와 구조물 객체의 집합을 관리한다. 일반적으로 파이프와 구조물은 서로 연결되어 단일 파이프 또는 파이프 네트워크를 형성한다.

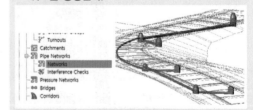

④ 참조선(Reference Line) – Civil3D가 아닌 Revit의 기능이며, 설계 요소의 정확한 위치와 배치를 위한 참조가 되는 선이다.

03 Civil3D에서 '코리더'의 설명으로 알맞은 것은 무엇인가?

① 도로 및 철도 등과 같은 연속 구조물을 지표면/선형/종단/표준횡단 기반으로 3차원 데이터를 작성한다.
② 통합관리 탭, 설정 탭 및 측량 탭을 관리할 수 있는 환경 요소이다.
③ 관망 요소를 만들고 수정할 수 있는 기능이다.
④ 점 번호, 점 이름, 점 표고, 초기(필드) 정보나 전체 설명 및 기타 특성을 정의할 수 있다.

> ② – 도구 공간(Toolspace)
> ③ – 관망 네트워크(Pipe Network)
> ④ – 점 그룹(Point Group)
> 에 대한 설명이다.

04 Civil3D의 '횡단 구성요소'를 정의할 때 사용되는 코드가 아닌 것은 무엇인가?

① Point 코드
② Link 코드
③ Solid 코드
④ Shape 코드

> 기본 횡단 구성요소 지오메트리 중에 Solid 코드는 제공하지 않는다.
> ① Point 코드 – 횡단 구성요소의 지오메트리 노드를 지정하려면 점을 사용한다.
> ② Link 코드 – 두 개의 연속되거나 연속되지 않은 점을 직선으로 연결하려면 링크를 사용한다.
> ④ Shape 코드 – 지정된 횡단 구성요소 영역에 사용되는 재료를 정의하는 닫힌 횡단 영역을 작성하려면 쉐이프를 사용한다.

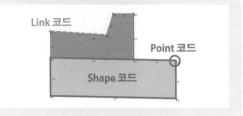

05 Civil3D에서 단면 검토 선(Sample Lines)이 작성되어야 할 수 있는 작업은 무엇인가?

① 횡단면 작성
② 코리더 작성
③ 관로 작성
④ 정지 작성

> 단면 검토 선은 선형으로 횡단면을 자르는 데 사용하는 선형 객체이다.
> 평면 선형에 단면 검토 선을 작성하면 각 단면 검토 선을 따라 지표면 세트는 절단되어 코리더 단면 검토 시 단면 검토 선을 따라 횡단이 작성된다.

06 Civil3D에서 할 수 있는 지표면 분석이 아닌 것은 무엇인가?

① 경사 분석
② 표고 분석
③ 구조 분석
④ 유역 분석

> 지표면에 대한 여러 지오메트리 데이터를 포함하고 있기에 Civil3D에서 여러 지표면 관련 분석을 수행할 수 있다. 대표적으로 표고, 경사, 유역 분석 등이 있다.

 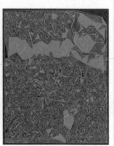

표고 분석   경사 분석

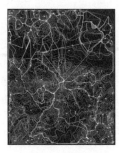

유역 분석

07 Civil3D에서 객체를 도면상에 표시 방식을 사용자가 정의할 수 있는 것으로 옳은 것은 무엇인가?

① 스타일
② 세팅
③ 패밀리
④ 레이어

> ② 세팅 – Settings에는 기본 스타일뿐만 아니라 도면 단위, 축척 및 좌표계와 같은 다양한 사전 설정값을 제어할 수 있는 광범위한 특성이다.
> ③ 패밀리 – 일반적으로 패밀리는 Revit에서 사용하는 개념이다.
> ④ 레이어 – 다양한 그래픽 요소를 포함하고, 각 요소에 대한 특정 설정을 적용 및 식별할 수 있는 특성이다.

08 Civil3D에서 객체 지향적 설계 환경을 제공하기 위해 수치 단위, 설계규칙, 좌표계 등을 설정하고 관리하는 특성은 무엇인가?

① 스타일(Style)
② 설정(Settings)
③ 어셈블리(Assembly)
④ 코리더(Corridor)

> Settings에는 기본 스타일뿐만 아니라 도면 단위, 축척 및 좌표계와 같은 다양한 사전 설정값을 제어할 수 있는 광범위한 특성이다.

09 Civil3D에서 모델링 환경을 정의하는 파일 유형은 무엇인가?

① DGN
② DWT
③ DWF
④ PDF

> DWT는 AutoCAD 도면 템플릿 확장자로, .dwg로 저장할 수 있는 도면을 작성하기 위한 도면 작성 및 모델링 환경을 정의하는 초기 설정값을 정의한 파일 형식이다.
> ① DGN – .dgn 확장자는 Microstation의 CAD 도면 파일이며, .dwg와 같은 파일 형식으로 간주한다.
> ③ DWF – .dwf 확장자는 Design Web Format 형식으로, CAD 응용 프로그램이 디자인 파일을 보거나 인쇄하기 위한 2D 및 3D 그래픽 리소스 파일 형식이다.
> ④ PDF – .pdf 확장자는 Adobe사가 개발한 Portable Document Format 파일 형식으로, 응용 프로그램 소프트웨어 및 하드웨어 또는 운영 체제에 독립적인 형식으로 문서 및 기타 참조 자료(텍스트, 이미지, 하이퍼링크 등)를 포함하는 형식이다.

10 Civil3D에서 '우수 흐름 분석'을 하기 위해 활성화해야 하는 화면표시 객체는 무엇인가?

① 경사 화살표
② 표고 레이어
③ 그리드
④ 사용자 등고선

> 우수 흐름 분석을 위해서는 '지표면 스타일' – 'Display (화면표시)' – 'Slope Arrows(경사 화살표)'를 활성화해야 지표면에서 '우수 흐름'이 화살표로 표시된다.

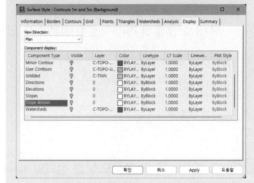

11 Civil3D에서 작업한 지형 데이터를 내보내기할 때 가장 적합한 파일 형식은 무엇인가?

① PDF
② RVT
③ LandXML
④ DWF

> Land eXtensible Markup Language 형식으로, 토지 및 지형 데이터를 교환하고 공유하기 위한 개방형 XML 기반 파일 형식입니다. 지형, 지형 특징, 도로 설계, 건물 및 배수 시스템과 관련된 다양한 데이터 요소를 포함할 수 있다.

12 Civil3D에서의 작업에 대한 설명으로 잘못된 것은 무엇인가?

① 선형의 작성 없이 형상선에서 종단 뷰를 작성하고 종단 계획을 입력할 수 있다.
② 형상선과 표준횡단을 이용해서 코리더를 작성할 수 있다.
③ 단면 검토 선을 작성해야 횡단면도를 추출할 수 있다.
④ 재료 리스트가 생성되어야 토량 테이블과 보고서를 작성할 수 있다.

> 종단 객체는 평면 선형의 하위 요소이므로, 종단 뷰 작성을 위해서는 선형(Alignment) 선택이 필수이다. 지형 모델에 종단 루트를 정의하려면 평면 선형이 있어야 한다. 평면 선형의 길이를 따라 지표면 종단을 작성한 후에 평면 선형을 편집하면 종단이 자동으로 변경된다.

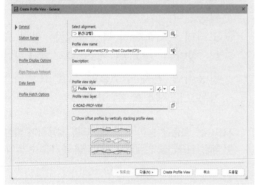

13 Civil3D의 기능으로 할 수 없는 것은 무엇인가?

① 패밀리 작성 : '미터법 구조 기초' 템플릿을 활용하여 교량 기초 라이브러리 작성
② 선형 작성 : 직선, 원곡선, 완화곡선의 자유로운 표현
③ 종단 작성 : 평면 선형 계획과 동시 지반고 자동 생성
④ 횡단 및 토공 물량산출 : 선형, 종단 변경 시 자동으로 데이터 수정

> 일반적으로 '미터법 구조 기초' 템플릿은 Revit에서 활용하는 템플릿이다.

14 Civil3D에서 사용자 정의 좌표계 설정 및 변경 등의 좌표계 관련 작업을 진행할 시에 어떠한 작업공간에서 진행되어야 하는가?

① Civil3D
② 제도 및 주석(Drafting & Annotation)
③ 3D 모델링(3D Modeling)
④ 계획 및 분석(Planning & Analysis)

> 작업공간은 사용자화된 도면 환경에서 작업할 수 있도록 그룹화 및 사전 구성된 리본 탭 및 패널, 도구 막대, 메뉴 등이 설정된 인터페이스 구성요소 세트이다.
> 기본적으로 Civil3D에는 작업공간 4개가 사전 설정되어 있으며 각각 고유한 도구 리본이 구성되어 있다.
>
> ① Civil3D – 토목 설계 및 측량과 관련된 사용자 인터페이스 구성요소가 표시된다. (토목 모델링 및 설계)
> ② 제도 및 주석(Drafting & Annotation) – AutoCAD 제도 및 주석과 관련된 사용자 인터페이스 구성요소가 표시된다. (2D 및 3D AutoCAD 제도)
> ③ 3D 모델링(3D Modeling) – AutoCAD 3D CAD 기능과 관련된 사용자 인터페이스 구성요소가 표시된다. (AutoCAD 3D 모델링)
> ④ 계획 및 분석(Planning & Analysis) – AutoCAD Map 3D와 관련된 사용자 인터페이스 구성요소가 표시된다. (GIS & Mapping)

15 Civil3D에서 지표면 작성을 위해 활용할 수 있는 데이터로 옳지 않은 것은 무엇인가?

① 수치지형도
② 등고선도
③ 지형 데이터
④ 2차원 일반도

> Civil3D에서 점, 브레이크라인, 경계 및 등고선의 데이터로 지표면을 작성할 수 있다.
> 지표면은 지형 데이터를 3D 형태로 나타내기 때문에 X, Y 좌표 데이터뿐만 아니라 Z값(표고)을 포함하고 있어야 지표면 작성이 가능하므로 Z(표고)값이 누락된 2차원 일반도로는 지표면을 작성할 수 없다.

16 Civil3D에서 토공의 절토 및 성토의 수량을 계산하기 위해 사전에 준비해야 하는 작업이 아닌 것은 무엇인가?

① 계획 지표면과 현황 지표면 모델링
② 어셈블리 작성 및 코리더 모델링
③ 수량 산출을 위한 규칙 모델링
④ 횡단계획 시 절토/성토 영역 표시

> 수량 산출 테이블 또는 보고서를 생성하기 위해 수량 산출 조건을 작성한다. 수량 산출 조건을 작성한 후에는 단면검토선 그룹에 적용하여 재료 및 쉐이프 리스트 등의 재료 리스트를 작성할 수 있다. 그러므로, 횡단계획 시에 절성토 영역을 표시한다는 것은 적합하지 않다.

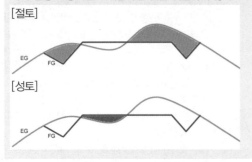

17 Civil3D에서 평면 선형을 얼마나 분할해 수량을 계산할 것인지 정의하는 객체는 무엇인가?

① 코리더 데이텀　　② 샘플라인
③ 스테이션　　　　　④ 특정 측점

> 단면 검토 선(Sample Line)은 평면 선형을 따라 지정된 측점에서 횡단면을 자르는 데 사용하는 선형 객체이다. 단면 검토 선의 스타일 및 주사 폭, 검토 증분값 등의 설정을 할 수 있다. 그중 검토 증분값을 증가하면 더욱 많은 측점으로 분할되어 선형을 더욱 세밀하게 검토할 수 있다.

18 Civil3D 소프트웨어의 구성 기능에 대한 각각의 설명이 옳지 않은 것은 무엇인가?

① 지표면 – 지표면은 표고 정보를 포함하고 있으며, 지형 데이터를 시각화하고 분석하는 데 사용된다. 측량 데이터를 활용하여 작성할 수 있으며. 측량 데이터의 신뢰성 확보를 위해 지표면에 사용자의 임의 편집은 불가능하다.
② 종단 뷰 – 선형을 따라 수평 거리에 따른 높이 변화를 나타내며, 종단 뷰 내에서 다른 선형의 종단을 겹칠 수 있다.
③ 단면검토선 – 종단뷰의 횡단면을 생성하기 위해 선형에 따라 지정된 거리 간격으로 배치되며, 단면 검토 선을 통해 다양한 위치에서 횡단면을 확인하고 분석하는 데 활용된다.
④ 코리더 – 기하학적 특성을 갖는 선형 요소와 횡단면 설계를 정의하는 표준횡단을 활용하여 연속 구조물에 설계 프로세스를 자동으로 생성할 수 있다.

> 지표면은 측량을 통한 표고 데이터를 활용하여 작성되며 해당 지표면을 편집하고 데이터를 추가할 수 있다.

19 다음 중 Civil3D에서 횡단 수량 속성이 아닌 것은 무엇인가?

① 재료명　　　　　② 측점
③ 데이터 유형　　　④ 조건

> Civil3D에서 횡단 속성을 확인할 수 있는 단면검토선 그룹 속성 중 '재료 리스트 탭(수량 산출 기준 대화상자)'를 활용하면 수량 산출 기준을 정의할 수 있다.
> 설정할 수 있는 '재료 리스트 탭' 속성으로는 데이터 형식, 지표면 선택, 재료명, 수량 유형, 쉐이프 스타일 등이 있다.

20 Civil3D에서 표준횡단에 필요한 '차선', '연석', '측면 경사', '배수로' 등의 횡단 구성요소를 제공하는 기능은 무엇인가?

① 통합관리 탭　　② 설정 탭
③ 도구상자 탭　　④ 도구 팔레트

21 Civil3D의 선형 배치 도구에서 두 도면 요소 사이에 지정한 각도 범위와 반지름으로 정의된 자유 원곡선을 추가하는 것은 무엇인가?

① 자유직선
② 자유 원곡선 모깎기
③ 자유 완화곡선 – 원곡선 – 완화곡선
④ 자유 완화곡선

① 자유직선
　자유 직선을 추가하여 두 원곡선 사이에 접선을 유지해야 하는 설계 영역의 구속조건 기반 선형 지오메트리를 구성한다.

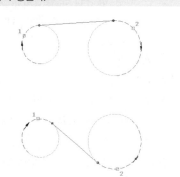

② 자유 원곡선 모깎기
　지정된 각도 범위 및 반지름을 사용하여 두 도면 요소 사이에 자유 원곡선을 추가한다.

③ 자유 완화곡선 – 원곡선 – 완화곡선
　두 도면 요소 사이에 반지름으로 자유형 원곡선을 추가하는 명령과 비슷하다. 그러나 이 명령은 변환 완화곡선 진입부와 변환 완화곡선 진출부를 추가한다.

④ 자유 완화곡선
　반지름이 서로 다른 두 원곡선 사이에 단일 복합 완화곡선을 변환으로 작성해야 할 때 이 명령을 사용한다.

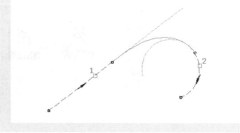

22 Navisworks 소프트웨어의 기본 파일 형식에 대한 설명으로 적절한 것은 무엇인가?

① NWD : Navisworks 관련 데이터와 함께 모든 모형 형상을 포함한다.

② NWC : Navisworks 관련 데이터와 함께 Navisworks에 나열된 대로 원래 기본 파일에 대한 링크를 포함한다.

③ NWF : Navisworks 캐시 파일로써 BIM 원본 파일보다 작으며 이 파일을 사용하면 일반적으로 사용되는 파일보다 신속하게 액세스할 수 있다.

④ NWC : 모든 모형 형상을 포함하며 CAD 데이터의 최대로 원래 크기의 80%까지 압축하기 때문에 파일 크기가 매우 작다.

- nwf – NWF 파일에는 선택 트리에 나열된 대로 기본 모든 모형 파일의 색인이 들어 있다. 다른 모든 Navisworks 데이터도 저장하며, 진행 중인 프로젝트로 작업할 때는 원본 CAD 도면에 대한 업데이트가 다음에 모형을 열 때 반영되므로 NWF 파일 형식을 사용하는 것을 권장한다.

- nwd – 이 파일 형식은 NWF 파일 형식이 저장하는 모든 Navisworks 관련 데이터와 모형의 형상을 저장한다. NWD 파일은 일반적으로 원본 CAD 파일보다 더 압축된 형태로 Navisworks로 보다 빠르게 로드할 수 있다.
  이러한 파일은 다른 사람이 검토할 수 있도록 현재 프로젝트의 컴파일된 버전을 게시 및 배포하는 데 사용되고, 모든 원본 도면을 다른 사람에게 보낼 필요는 없으며, 안전한 NWD 파일 하나만 사용하면 된다.

- nwc – NWC 파일은 기본적으로 Navisworks에서 기본 CAD 또는 레이저 스캔 파일을 열거나 추가하는 경우 원래 파일과 동일한 이름의 캐시 파일이 원래 파일과 동일한 경로에 작성되지만 파일 확장자는 .nwc이다. NWC 파일은 원래 파일보다 작으며 이 파일을 사용하면 일반적으로 사용되는 파일에 보다 신속하게 액세스할 수 있다.

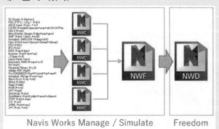

Navis Works Manage / Simulate   Freedom

---

23 Navisworks에서 활용할 수 있는 기능은 무엇인가?

① 관측점 저장   ② 패밀리 작성
③ 유역 분석   ④ 구조 응력 해석

관측점은 장면 뷰에 표시되는 모형의 스냅샷을 작성한다. 관측점은 모형 뷰에 대한 정보를 저장하는 작업뿐만 아니라 관측점에 수정 지시 및 주석을 추가할 수 있기 때문에 관측점을 모델 검토 및 추적으로 사용할 수 있다.

▶ 관측점에 함께 저장할 수 있는 설정값
- 카메라 위치
- 투영 모드 및 조명 모드, 렌더 모드, 다른 형상 유형 (표면, 점, 선) 표시/숨기기
- 단면 처리 구성
- 가시성(숨김/ 필수)
- 모양(색상 및 투명성)
- 사실감 설정(충돌, 중력, 3인칭, 숙임)
- 마크업 및 주석

---

24 Civil3D에서 객체 종류 중에서 표면을 계획 구배 등에 따라 정지한 객체 그룹은 무엇인가?

① 정지 그룹(Grading Group)
② 구획(Parcel)
③ 형상선(Feature Line)
④ 포인트 그룹(Point Group)

정지 그룹은 지표면 작성 및 토량 계산에서 정지 작업을 명명된 집합으로 구성하는 데 사용된다.
정지 그룹에서 지표면을 자동으로 작성하거나 토량 계산을 위해 기준 지표면을 식별할 수 있다. 정지 그룹에서 지표면을 작성하면 정지 토량 도구를 사용하여 정지 그룹의 표고를 조정하여 절성토 토량의 균형을 조정할 수 있다.

25 통합된 Navisworks 모델에서 사람 형상의 캐릭터가 모델의 안쪽이나 바깥쪽을 자유자재로 돌아다니면서 모델을 검토 할 수 있는 기능은 무엇인가?

① Clash Detection(간섭 검토)
② Vehicle Tracking
③ Walk Through(보행 시선)
④ View Point(관측점)

보행 시선 도구를 사용하면 걸어서 이동할 때처럼 모형 내부를 탐색할 수 있다. 보행시선 도구를 시작하면 뷰의 기준 근처에 중심 원 아이콘이 표시되고 커서가 변경되어 일련의 화살표가 표시된다. 모형을 보행 시선으로 보려면 원하는 이동 방향으로 클릭하면 해당 방향으로 뷰가 이동하며 모델을 검토할 수 있다.

[참고]
Vehicle Tracking – Autodesk 사의 차량 스윕 경로 분석 및 차량 주행 궤적 해석 소프트웨어이다.

26 토목 설계 용어와 Civil3D에서 사용되는 용어가 잘못 연결된 것은 무엇인가?

① 횡단계획 – 코리더
② 표준횡단 – 어셈블리
③ 표준횡단 요소 – 서브 어셈블리
④ 횡단계획표면 – 격자 서페이스

도로, 고속도로 및 선도와 같은 연속 구조물을 지표면, 선형, 종단, 표준횡단 기반으로 3D 데이터를 작성하는 기능이다.

27 BIM 모델 통합 및 각 공정 간 간섭 검토를 수행하려고 한다. 다음 중 어떤 소프트웨어를 활용해야 하는가?

① Navisworks Manage
② Navisworks Simulate
③ Infraworks
④ Twinmotion

② Navisworks Simulate – Navisworks Simulate에도 모델 파일 및 데이터 통합, 사실적 모델 렌더링, 수량 산출 등이 가능하지만 간섭 검토는 Navisworks 소프트웨어 중 Manage 버전에서만 활용할 수 있는 기능이다.
③ Infraworks – 개념 설계 소프트웨어로써, 대규모 인프라 프로젝트에 대한 개념 설계를 시각화할 수 있는 소프트웨어이다.
④ Twinmotion – Twinmotion은 FBX, SKP, C4D 및 OBJ 형식으로 가져온 거의 모든 모델 작성자의 3D 디자인을 지원하여 렌더링 및 영상 작성을 할 수 있는 소프트웨어이다.

28 Civil3D에서 코리더의 설명으로 알맞은 것은 무엇인가?

① 관망 요소를 만들고 수정할 수 있는 기능이다.
② 통합관리 탭, 설정 탭 및 측량 탭을 관리할 수 있는 환경 요소이다.
③ 도로 및 철도 등과 같은 연속 구조물을 지표면/ 선형/ 종단/ 표준횡단 기반으로 3차원 데이터를 작성한다.
④ 점 번호, 점 이름, 점 표고, 초기(필드) 정보나 전체 설명 및 기타 특성을 정의할 수 있다.

① – '관망(Pipe Network)'에 관한 설명이다.
② – '도구 공간(Toolspace)'에 관한 설명이다.
④ – '점 그룹(Point Group)'에 관한 설명이다.

29 Navisworks에서 보행시선 기능으로 모델을 검토하던 중, 객체를 장애물로 인식하여 통과할 수 없게 하는 기능의 명칭은 무엇인가?

① 충돌
② 중력
③ 숙임
④ 장애물

> 3D 모형을 탐색하는 경우 관측점 탭 〉 탐색 패널에서 사실감 도구를 사용하여 탐색 속도 및 사실감을 제어할 수 있다.

> ① 충돌 – 이 기능은 사용자를 충돌 볼륨, 즉 모형 내에서 물리적 규칙을 준수하면서 모형을 탐색하고 상호 작용할 수 있는 3D 객체로 정의한 매스이므로 뷰에서 다른 객체, 점 또는 선을 통과할 수 없다.
> ② 중력 – 충돌은 매스를 제공하고, 중력은 무게를 제공합니다. 따라서 충돌 볼륨인 경우 사용자는 보행시선으로 장면을 보는 동안 아래쪽으로 당겨진다.
> ③ 숙임 – 충돌을 활성화하여 모형을 보행시선으로 보거나 조감하는 경우 너무 낮아서 아래로 걸어갈 수 없는 객체(예: 낮은 파이프)가 있을 수 있다. 이 기능을 사용하면 이러한 객체 아래에 숙임을 지정할 수 있다.
> 숙임을 활성화하면 지정한 높이에서 아래를 걸어갈 수 없는 객체 아래에 자동으로 숙임이 지정되므로 모형 탐색에 방해받지 않는다.
> ④ 장애물 – 존재하지 않는 기능이다.

30 Civil3D의 횡단 설계에서 지정된 지표면의 세트에 대해 절토한 방향을 나타내는 선형 평면 객체는 무엇인가?

① 횡단 시트
② 횡단 뷰
③ 횡단면
④ 단면검토선 객체

> 종단뷰의 횡단면을 생성하기 위해 선형에 따라 지정된 거리 간격으로 배치되며, 단면 검토 선을 통해 다양한 위치에서 횡단면을 확인하고 분석하는 데 활용된다.

31 BIM 데이터를 다른 형식으로 내보내기하여 3D 프린팅을 하고자 할 때, 3D 프린팅 슬라이서 소프트웨어에서 바로 활용하기에 가장 적합하지 않은 형식은 무엇인가?

① IWM
② OBJ
③ STEP
④ STL

> IWM 형식은 Infraworks 모델을 클라우드 저장소에 올릴 때 저장되는 파일 포맷이다.
>
> ② OBJ(Wavefront OBJ) – 3D 모델 데이터를 저장하는 데 사용된다. 3D 메쉬 및 텍스쳐 정보를 저장할 수 있다.
> ③ STEP – STEP 파일 형식은 3D CAD 데이터 교환 및 저장을 위한 업계 표준 형식 중 하나이다. 이 형식은 다양한 CAD 소프트웨어 및 시스템 간에 3D 모델 데이터를 교환하는 데 사용된다.
> ④ STL – STL 파일 형식은 3D 프린터 및 CAD 소프트웨어에서 가장 일반적으로 사용되는 파일 형식 중 하나이다. 이 형식은 3D 모델의 표면을 삼각형 메시로 표현하여 모델을 근사화한 메시 데이터를 저장한다. STL 파일은 주로 3D 프린터에 대한 출력을 생성하는 데 사용되며, 단순한 형태의 3D 모델을 저장하는 데 적합하다.

32 Navisworks에서 4D 시뮬레이션을 다루는 기능의 명칭은 무엇인가?

① Autodesk Rendering
② TimeLiner
③ Scripter
④ Animator

> TimeLiner 도구를 사용하면 시각적 시간 및 비용 기반 계획을 위해 모델을 외부 건설 일정에 연결할 수 있다. TimeLiner는 다양한 소스에서 일람표를 오고, 일정의 작업을 모델의 개체와 연결하여 시뮬레이션을 만들 수 있으며, 이를 통해 일정이 모델에 미치는 영향을 확인하고 계획된 날짜를 실제 날짜와 비교할 수 있다. 일정 전체에 걸쳐 프로젝트 비용을 추적하기 위해 작업에 비용을 할당할 수도 있다. TimeLiner를 사용하면 시뮬레이션 결과를 기반으로 이미지와 애니메이션을 내보낼 수도 있다.

정답 29 ① 30 ④ 31 ① 32 ②

33 Navisworks에서 모델 검토 중 오류 사항을 발견했을 때 관측점 뷰에 직접 오류 내용을 작성할 수 있는 도구의 명칭으로 올바른 것은?

① 태그 ② 측정
③ 주석 ④ 문자

검토 탭의 수정 지시 도구 패널을 사용하면 관측점 및 간섭 결과를 수정 지시 주석으로 표시할 수 있다. 수정 지시를 작성하면 연관된 관측점이 자동으로 저장된다.

34 Navisworks에서 모델의 특성 조건을 검색해 선택할 수 있는 도구의 이름은 무엇인가?

① 선택 세트 ② 모두 찾기
③ 항목 찾기 ④ 선택트리

'항목 찾기' 기능은 공통된 특성 또는 특성 조합을 가진 항목을 검색할 수 있는 기능이다. 검색을 시작할 항목 수준을 선택하여 조건 및 특성, 대소문자 구분 등의 여러 옵션을 설정하여 해당하는 객체들을 찾을 수 있다.

35 Navisworks에서 객체의 변형을 조작할 수 있으며, 객체의 모양도 변경할 수 있다. 이에 해당되지 않는 항목은 무엇인가?

① 색상 ② 투명도
③ 회전 및 축적 ④ 분할

Navisworks는 통합 및 검토 소프트웨어로, 데이터의 수정 및 작성이 불가능하다.

36 Navisworks에서 모델을 검토하던 중 수정이 필요한 객체를 선택하여 Revit 소프트웨어에서 같은 객체를 찾아 확대해 볼 수 있는 기능의 명칭은 무엇인가?

① 링크 편집 ② 스위치백
③ 변형 재설정 ④ Clash Detective

스위치백을 사용할 경우, Navisworks의 객체를 선택하면 기본 CAD 패키지에 있는 같은 객체를 찾아 확대해 볼 수 있다.

37 Navisworks의 '단면 처리 도구'에 대해 옳지 않은 것은 무엇인가?

① 모델의 내/외부를 동시에 볼 수 있다.
② 평면 모드에서는 최대 5개의 단면 뷰를 저장할 수 있다.
③ 애니메이션을 활용하여 동적으로 단면 처리된 모형을 표시할 수 있다.
④ 기즈모를 사용해 표현하고자 하는 단면의 위치를 조정할 수 있다.

평면 모드를 사용하면 장면 주위를 탐색할 수 있는 동안 최대 6개의 단면 컷을 작성할 수 있으므로 사용자가 항목을 숨기지 않고도 모형 내부를 볼 수 있다.

38 클라우드 기반으로 프로젝트의 데이터 공유 및 협업하는 상업용 CDE(Common Data Environment) 제품이 아닌 것은 무엇인가?

① Projectwise
② Trimble Connect
③ Synchro 4D
④ Autodesk Docs

Synchro 4D는 4D 공정 관리 및 시뮬레이션, 모델 기반 QTO 및 건설 관리를 지원하는 소프트웨어이다.

① Projectwise - 중앙 집중형 클라우드 기반 저장소를 통해 설계 및 엔지니어링에 참여하는 모든 실무자 및 이해 관계자가 정보를 공유하고 찾을 수 있도록 하며, 협업 디자인 리뷰를 수행하고 계약 교환을 더 효율적으로 관리할 수 있도록 한다.
② Trimble Connect - 클라우드상에 프로젝트를 생성하고 3D 모델, 2D 도면, 일반문서, 이미지 파일 등의 통합관리가 가능하며, 3D 모델 측정, 단면 보기, 간섭체크 등의 검토가 가능하며 이슈관리 및 보고서 생성 등의 기능을 지원한다.
④ Autodesk Docs - 프로젝트 데이터 구성, 공동 작업 및 실시간 협업을 지원하는 클라우드 기반의 설계 공동 작업 소프트웨어이다.

39 Constructive Solid Geometry (CSG) 모델링에서 사용하는 방법이 아닌 것은 무엇인가?

① Intersection
② Union
③ Difference
④ Layer

Union   Intersection   Difference

솔리드 모델링에 의한 물체의 표현 방식 중 CSG 방식은 Constructive Solid Geometry 방식으로써, 형상을 서로 조합하는 방식으로 형상을 합치고, 빼는 등의 작업은 크게 3가지의 작업인 합집합(Union), 차집합(Difference), 교집합(Intersect)으로 이루어져 있다.

40 Navisworks에서 특정 속성 정보를 가진 객체들을 하나의 세트로 구성하는 기능으로 가장 적절한 것은 무엇인가?

① 항목 찾기
② 동일 항목 선택
③ 선택하지 않은 항목 숨기기
④ 검색 세트

Navisworks에서는 유사한 객체 세트를 작성하고 사용하여 보다 쉽게 모형을 검토하고 분석할 수 있다.

선택 세트는 나중에 검색하기 위해 항목 그룹을 저장한다. 검색 세트는 선택 결과 대신 검색 조건을 저장한다는 점을 제외하고 이와 유사한 방식으로 작동한다.
현재 검색을 리스트에 검색 세트로 저장한다. 검색 세트에는 현재 검색 조건이 포함된다.

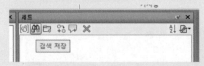

① 항목 찾기 - '항목 찾기' 기능은 공통된 특성 또는 특성 조합을 가진 항목을 검색할 수 있는 기능이다. 검색을 시작할 항목 수준을 선택하여 조건 및 특성, 대소문자 구분 등의 여러 옵션을 설정하여 해당하는 객체들을 찾을 수 있다.
② 동일 항목 선택 - 현재 선택된 객체와 동일한 이름, 유형, 재질 등의 다양한 특성에 따라 객체를 선택할 수 있는 기능이다.
③ 선택하지 않은 항목 숨기기 - 현재 선택된 객체를 제외한 모든 객체가 뷰에서 숨겨진다.

41 Civil3D에서 지표면을 삼각망으로 설정할 때 삼각형 모서리를 따라가는 선으로 수치 지형의 정밀도에 직접적인 영향을 미치는 것은 무엇인가?

① 브레이크라인 ② 등고선
③ 3D 폴리선 ④ 격자선

브레이크라인은 지표면을 삼각망으로 설정할 때 삼각형 모서리를 따라가는 선으로, 지형의 쉐이프를 결정하는 데이터의 보간이기 때문에 정확한 지표면 모형을 작성하는 데에 중요한 역할을 한다.

42 Revit의 패밀리에 대한 설명으로 알맞은 것은 무엇인가?

① 시스템 패밀리 : 창, 문, 가구 및 수목과 같은 일반적인 패밀리로 "*.rfa" 파일로 저장이 되며, 재사용이 가능하고 Revit에서 직접 작성 및 수정하는 패밀리이다.

② 로드할 수 있는 패밀리 : 벽, 바닥, 천장 및 계단과 같은 기본 건물 요소를 작성하는 데 사용되고 Revit에 미리 정의된 패밀리이다.

③ 프로젝트 패밀리 : 모델 설계에 사용된 구성요소, 프로젝트 뷰, 설계 도면 등의 정보를 구성한다.

④ 내부 편집 패밀리 : 일반적으로 프로젝트에서 재사용이 필요하지 않을 고유한 요소가 필요한 경우 사용하는 패밀리이다.

① 시스템 패밀리 : 시스템 패밀리는 Revit 프로젝트 또는 프로젝트 템플릿 내에서 정의된다. 즉, Revit 프로젝트 또는 프로젝트 템플릿이 있는 경우 시스템 패밀리는 해당 파일 내에 정의된다. 대표적인 시스템 패밀리로는 벽, 지붕, 바닥, 덕트 및 파이프가 있다.
② 로드할 수 있는 패밀리 : 로드할 수 있는 패밀리는 .rfa 패밀리 파일에 정의된다. 이러한 파일은 Revit 패밀리 편집기에서 작성 및 수정된다. Revit 프로젝트 외부에서 따로 작성이 되어 .rfa 패밀리 파일을 건물 정보 모델을 작성하는 데 사용하려면 먼저 프로젝트에 로드해야 하기 때문에 '로드할 수 있는 패밀리'라고 한다. 대표적인 로드할 수 있는 패밀리로는 창, 문, 기둥, 보, 배관 설비 및 조명 설비가 있다.
③ 프로젝트 패밀리 : Revit 패밀리 종류에는 시스템 패밀리, 로드 가능한 패밀리, 내부 편집 패밀리가 있다.

43 Revit의 기본 기능을 활용하여 할 수 없는 작업은 무엇인가?

① 일람표 작성   ② 렌더링
③ 4D 시뮬레이션   ④ 시트 작성

일반적으로 4D 시뮬레이션과 관련된 기능으로는 Navisworks의 Timeliner라는 기능이 대표적이며, Revit에서 공정과 관련된 시뮬레이션 기능은 없다.

44 건물의 구조, 내부 및 외부 요소, 시설 시스템 등을 통합하여 다양한 BIM 데이터를 작성 및 관리하고 시각화할 수 있는 Revit의 파일 형식 중 .rvt 파일 형식에 대한 설명으로 옳지 않은 것은 무엇인가?

① Revit의 기본 파일 포맷인 .rvt는 건물의 구성요소, 도면, 3D 모델, 시스템 설정 등 Revit 소프트웨어에서 작성된 모든 프로젝트의 데이터가 저장되는 파일 형식이다.

② .rvt 파일은 Revit의 기능에 따라 여러 뷰를 포함할 수 있다. 이러한 뷰를 활용하여 도면을 작성할 수 있다.

③ .rvt 파일은 Revit 패밀리 파일의 형식으로 벽, 문, 창문, 기둥, 계단 등과 같은 구성요소를 포함하며, Revit의 프로젝트에 로드되어 활용할 수 있다.

④ Revit 소프트웨어에서 열 수 있으며, 프로젝트를 편집하거나 다른 사용자와 공유하거나 협업하는 데 사용할 수 있다.

Revit 패밀리 파일의 형식은 .rfa 포맷이며, Revit의 프로젝트에 로드되어 활용할 수 있다.

45 Inroads 소프트웨어를 활용하여 BIM 설계할 때 생성되는 파일 형식과 연결된 내용이 일치하지 않는 것은 무엇인가?

① dtm파일 : 지형 및 계획 지표면 정보를 포함한 파일
② alg파일 : 선형정보를 포함한 파일
③ til파일 : 템플릿에 대한 정보를 포함한 파일
④ ird파일 : 각 객체의 속성값 및 표시형식에 대한 정보를 가지는 파일

.ird 파일은 InRoads 소프트웨어에서 도로 및 교량 설계 프로젝트의 메인 작업 파일로 사용한다. 이 파일 형식은 InRoads 프로젝트의 설정, 지오메트리, 교차로 및 교량 설계 정보, 지형 및 지형 모델링, 교통 데이터, 그리고 다른 관련 정보를 저장한다.

46 BIM 소프트웨어와 기능의 연결이 적절하지 않은 것은 무엇인가?

① Synchro 4D - 4D 시뮬레이션 및 시각화
② OpenRoads Designer - 도로 계획 및 설계
③ Fuzor - 기계, 전기 및 배관(MEP)시스템 설계
④ Projectwise - 프로젝트 관리 및 협업

실시간 양방향 동기화를 통해 설계 검토, 분석, 4D뿐만 아니라 5D 시뮬레이션, 건설장비 및 차량 이동 시뮬레이션 등 다양한 현장과 비대면 다중 네트워크 통합 협업을 제공하는 소프트웨어이다.

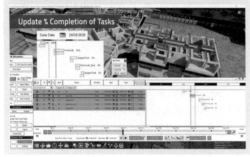

47 Revit에 미리 정의되어 템플릿 및 프로젝트에 저장되어 있으며, 패밀리를 작성, 복사하거나 수정 또는 삭제할 수 없지만 패밀리에 있는 유형을 복제(복사) 및 수정하여 사용자 패밀리 유형을 작성할 수 있는 패밀리를 일컫는 말에 해당되는 것은 무엇인가?

① 로드할 수 있는 패밀리
② 시스템 패밀리
③ 내부 편집 패밀리
④ 매스 패밀리

시스템 패밀리는 Revit에 미리 정의되어 템플릿 및 프로젝트에 저장되어 있으며 외부 파일로부터 템플릿 및 프로젝트에 로드되지 않는다. 시스템 패밀리를 작성, 복사하거나 수정 또는 삭제할 수 없지만, 시스템 패밀리에 있는 유형을 복제(복사) 및 수정하여 사용자 시스템 패밀리 유형을 작성할 수 있다.

48 Revit에서 3D 모델의 표시 부분(볼 수 있는 영역)을 잘라서 단면 형상을 확인할 수 있는 도구는 무엇인가?

① 단면도   ② 단면 상자
③ 콜아웃   ④ 드래프팅

단면 상자를 사용하여 3D 뷰의 표시 부분을 잘라낼 수 있다.

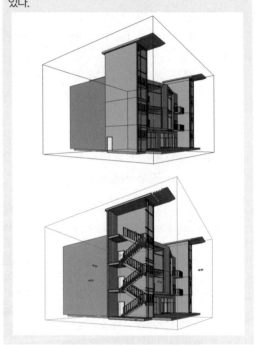

49 Revit에서 주석 리본 메뉴에 포함되지 않은 것은 무엇인가?

① 문자   ② 치수
③ 태그   ④ 프로젝트 단위

프로젝트에서 여러 수량의 표시형식을 지정할 수 있는 '프로젝트 단위' 기능은 '관리' 리본 메뉴에 포함되어 있다.

50 Revit에서 공동 작업을 위한 마스터 프로젝트 파일로 모델의 모든 요소에 대한 현재 소유권 정보를 저장하며 파일에 게시된 모든 변경 사항의 분배점 역할을 하는 것은 무엇인가?

① 로컬 파일
② 서버 파일
③ 중앙 파일
④ 공유 매개변수

서버 기반 작업 공유를 사용할 경우, 중앙 모델을 관리하는 일부 작업은 파일 기반 작업 공유와 다른 접근방식이 필요하다.

중앙 모델은 작업 공유 프로젝트의 마스터 프로젝트 파일이다. 중앙 모델은 프로젝트의 모든 요소에 대한 현재 소유권 정보를 저장하며 파일에 게시된 모든 변경 사항의 분배점 역할을 한다.
모든 팀원은 중앙 모델의 개인 로컬 사본을 저장하고, 로컬에서 작업한 다음 중앙 파일과 동기화 명령을 통해 모델의 편집 내용을 중앙 모델과 동기화한다.

51 Revit에서 렌더링에 대한 적절한 설명이 아닌 것은 무엇인가?

① 색상 또는 패턴의 복잡성과 크기는 렌더 속도에 영향을 끼친다.
② 렌더링 시간을 줄이기 위해선 불필요한 모델 요소를 숨겨야 한다.
③ 렌더링 영역을 설정하지 않으면 카메라 뷰에 보이는 모든 모델을 렌더링 대상으로 인식한다.
④ 렌더링이 완료된 이미지의 노출 조정은 사용자의 기호에 맞춰 조절할 수 없다.

렌더가 완료된 이미지에서도 조명 제어가 가능하여 태양광 또는 인공조명을 사용하는 조명 구성표에서 설정할 수 있다.

52 Revit의 프로젝트 탐색기에 대한 설명으로 알맞은 것은 무엇인가?

① 현재 프로젝트의 모든 뷰, 일람표, 시트, 패밀리 등의 요소에 대한 논리적 계층 구조를 표시하는 창이다.
② 치수 입력, 문자 입력 등 각종 태그 등을 달아줄 때 사용하는 기능을 모아둔 탭이다.
③ Revit의 장점인 공동 작업 기능을 위한 도구들을 모아둔 탭이다.
④ 요소의 특성을 정의하는 매개변수를 확인하고, 수정할 수 있는 대화상자이다.

프로젝트 탐색기는 현재 프로젝트의 모든 뷰, 일람표, 시트, 그룹 및 기타 부분에 대한 논리적 계층 구조를 표시한다.

② - '주석' 리본 메뉴에 대한 설명이다.
③ - '공동 작업' 리본 메뉴에 대한 설명이다.
④ - '특성' 창에 대한 설명이다.

53 Revit에서 관리 탭의 구성요소가 아닌 것은 무엇인가?

① 프로젝트 정보   ② 프로젝트 매개변수
③ 공유 매개변수   ④ 사용자 인터페이스

'프로젝트 탐색기', '특성 창', 'View Cube' 등의 창을 나타나게 할 수 있는 '사용자 인터페이스'는 '뷰' 탭에 위치한다.

54 Revit의 기본 기능을 활용하여 할 수 없는 작업은 무엇인가?

① 시트 작성   ② 유역 분석

③ 지형면 작성   ④ 구조 응력 해석

일반적으로 '유역 분석'은 Civil3D 소프트웨어의 대표 기능이다.

① 시트 작성

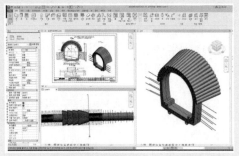

③ 지형면 작성

④ 구조 응력 해석

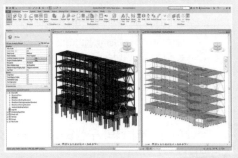

55 Revit 프로젝트의 뷰 및 라이브러리를 관리할 수 있는 도구는 무엇인가?

① 특성 창   ② 프로젝트 탐색기

③ 옵션 막대   ④ 뷰 큐브

프로젝트 탐색기는 현재 프로젝트의 모든 뷰, 일람표, 시트, 그룹 및 기타 부분에 대한 논리적 계층 구조를 표시한다.

```
프로젝트 탐색기 - RST_basic_sample_project.rvt
⊟ 뷰 (all)
  ⊞ 구조 평면 (Structural Plan)
  ⊞ 3D 뷰 (3D View)
  ⊞ 입면도 (Building Elevation)
  ⊞ 단면 (Building Section)
  ⊞ 상세도 (Detail)
  ⊞ 렌더링 (Rendering)
  ⊞ 드래프팅 뷰 (Detail)
  ⊞ 그래픽 기둥 일람표 (Graphical Column Schedule)
  ⊟ 범례
  ⊟ 일람표/수량 (all)
     How Do I
     Structural Column Schedule
  ⊟ 시트 (all)
     ⊞ S001 - Title Sheet
     ⊞ S101 - Framing Plans
     ⊞ S201 - Upper House Framing
     ⊞ S202 - Wall Section
     ⊞ S203 - Central Pile Section
     ⊞ S204 - Footing Detail
     ⊞ S205 - Column Schedules
     ⊞ S206 - Elevations
  ⊞ 패밀리
  ⊞ 그룹
  ⊟ Revit 링크
     rac_basic_sample_project.rvt
```

프로젝트 탐색기에서 관리 및 확인할 수 있는 요소는 아래와 같다.

- 뷰(구조평면도, 평면도, 3D 뷰, 입면도, 단면 등)
- 시트
- 범례
- 패밀리
- 그룹
- Revit 링크
- 뷰 참조
- 시트에 배치된 일람표
- 시트에 배치된 분전반 일람표

56 Infraworks로 초기 설계를 완료한 다음 Infraworks 데이터를 Civil3D로 가져와서 상세 설계를 계속할 수 있다. 이와 같은 설계 프로세스 진행함에 있어 필요한 Infraworks Export 파일 형식은 무엇인가?

① RVT   ② IMX

③ NWD   ④ CityGML

IMX 파일은 Civil3D와 Infraworks 간에 인프라 데이터를 교환하는 데 사용된다.
IMX 파일 형식의 코드 세트를 기준으로 코리더에 대한 범위 데이터를 교환할 수 있다.

정답 54 ② 55 ② 56 ②

57 Revit에서 수정 탭의 '코너로 자르기/ 연장' 도구의 기능을 설명한 것으로 옳은 것은 무엇인가?

① 선택된 요소를 자르거나 연장하여 코너를 형성한다.
② 대칭축으로 사용할 임시 선으로 그린다.
③ 하나 이상의 선택한 요소에 맞춰 정렬한다.
④ 해당 도구를 사용할 수 있는 요소는 벽, 선, 보, 가새에 적용할 수 있으며, MEP 설계 요소인 덕트나 파이프에는 적용되지 않는다.

> 서로 평행하지 않은 요소를 연장하여 코너를 만들거나, 교차하는 경우 자르기하여 코너를 만들 수도 있다.

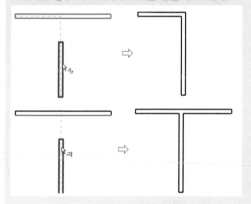

58 Navisworks의 기본 기능을 활용하여 할 수 없는 작업은 무엇인가?

① 둘러보기 : 자유롭게 뷰를 조정하여 모델의 카메라 뷰 저장
② 설계 검토 : 거리, 면적, 각도 측정 및 뷰에서 주석 작성
③ 지형 데이터 활용 : 지형 데이터를 활용하여 지형의 경사 및 표고에 대한 분석을 진행
④ 간섭 검토 : 시공 전 여러 공정 간의 간섭을 체크하여 사용자 간 공유

> 지형 데이터에서 경사 및 표고 등의 분석을 진행하는 소프트웨어로는 Civil3D가 적합하며, Navisworks에는 지형 데이터에 대한 분석 기능은 없다.

59 Revit에서 일람표를 활용한 물량산출에 관한 설명으로 적절한 것은 무엇인가?

① 일람표에서는 치수가 부여된 모델링만 표시가 된다.
② 프로젝트 모델에서 일람표에 영향을 미치는 변경 사항이 발생하는 경우, 자동으로 업데이트가 되지 않으므로 업데이트 기능으로 일람표에 반영한다.
③ 일람표가 작성되면 필드, 필터, 정렬/그룹화, 형식, 모양 등을 사용해서 수정/편집이 가능하다.
④ 엑셀로 내보낸 일람표는 Revit과 항상 연결되어 있다.

> 일람표의 데이터 행에 대한 추가 형식 도구는 일람표 특성 대화상자에 있다.
>
> • 필터 탭 – 일람표의 콘텐츠를 필터링한다.
> • 정렬/그룹화 탭 – 일람표의 데이터를 정렬하고 그룹화한다.
> • 형식 탭 – 헤더 및 조건부 데이터의 형식을 지정한다.
> • 모양 탭 – 그리드 선 및 문자의 기본 모양을 설정한다.
> 모델에서 일람표에 영향을 미치는 변경 사항이 발생하는 경우, 일람표는 자동으로 업데이트되어 변경 사항을 반영한다.

60 Civil3D에서 '파일에서 측량점 가져오기' 등 다양한 옵션을 사용하여 측량 점을 작성할 수 있는 도구상자는 무엇인가?

① '점 작성' 도구상자
② '점 스타일' 도구상자
③ '점 파일 형식' 도구상자
④ '점 레이블' 도구상자

> 이 대화상자를 사용하면 파일에서 점 데이터 가져오기 등 다양한 옵션을 사용하여 점을 작성할 수 있다.
> 점 작성 대화상자를 확장하여 점 작성 설정을 표시하고 편집할 수 있다.

61 비주얼 코딩(visual coding) 기법을 활용하여 선형기반의 비정형 모델링을 수행하기 위한 적절한 소프트웨어의 조합으로 알맞은 것은 무엇인가?

① OpenRoads Designer + Generative Component(GC)
② Revit + Grasshopper
③ LumenRT + Dynamo
④ Civil3D + Generative Component(GC)

Generative Components는 Betley사에서 개발한 소프트웨어로, 같은 개발사 제품인 OpenRoads와 같은 소프트웨어와 함께 사용된다. 건축가와 엔지니어가 설계 프로세스를 자동화하는 파라메트릭 모델링 시스템으로써 이는 설계자와 엔지니어에게 각 시나리오에 대한 상세 설계 모델을 수동으로 구축하지 않고도 대체 건물 형태를 효율적으로 탐색할 수 있는 새로운 방법을 제공한다.

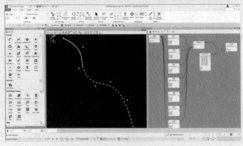

62 Revit에서 특성 팔레트의 구성요소가 아닌 것은 무엇인가?

① 상세 수준
② 뷰 축척
③ 분야
④ 프로젝트 탐색기

프로젝트 탐색기는 현재 프로젝트의 모든 뷰, 일람표, 시트, 그룹 및 기타 부분에 대한 논리적 계층 구조를 표시한다. 특성 창과는 별개의 창으로 확인할 수 있다.

63 Revit의 프로젝트 탐색기에 대한 설명으로 알맞은 것은 무엇인가?

① 현재 프로젝트의 모든 뷰, 일람표, 시트, 패밀리 등의 요소에 대한 논리적 계층 구조를 표시하는 창이다.
② 치수 입력, 문자 입력 등 각종 태그 등을 달아줄 때 사용하는 기능을 모아둔 탭이다.
③ Revit의 장점인 공동 작업 기능을 위한 도구들을 모아둔 탭이다.
④ 요소의 특성을 정의하는 매개변수를 확인하고 수정할 수 있는 대화상자이다.

프로젝트 탐색기는 현재 프로젝트의 모든 뷰, 일람표, 시트, 그룹 및 기타 부분에 대한 논리적 계층 구조를 표시한다.

프로젝트 탐색기에서 관리 및 확인할 수 있는 요소는 아래와 같다.
• 뷰(구조평면도, 평면도, 3D 뷰, 입면도, 단면 등)
• 시트
• 범례
• 패밀리
• 그룹
• Revit 링크
• 뷰 참조
• 시트에 배치된 일람표
• 시트에 배치된 분전반 일람표

64 Revit에서 일람표를 활용한 물량산출에 관한 설명으로 적절하지 않은 것은 무엇인가?

① 일람표는 프로젝트의 요소 특성에서 추출 된 정보를 표 형식으로 표시한 것이다.
② 부재별 일람표 카테고리는 매우 다양하다.
③ 일람표가 작성되면 필드, 필터, 정렬/그룹 화, 형식, 모양 등을 사용해서 수정/편집 이 가능하다.
④ 엑셀로 내보낸 일람표는 Revit과 항상 연 결되어 있다.

> 엑셀로 내보낸 데이터는 단방향 데이터로써 내보내기 이후의 데이터는 모델과 연관되어 작용하지 않는다. 모 델이 변경되어도 내보내기가 완료된 데이터는 변경되 지 않아 항상 연결되어 있다는 문구는 적합하지 않다. 별도의 애드인(Autodesk Revit DB Link 등)을 활용하 여 데이터를 편집할 수 있는 데이터베이스로 Revit 모 델 데이터를 내보내고 이 데이터를 다시 모델로 가져올 수는 있다.

65 Revit의 뷰 조절 막대(View Control Bar)에 대한 설명 중 옳지 않은 것은 무엇인가?

> 1 : 50   ▨ ⬡ ⚙ ⚙ ⚙ ⚙ ⚙
> ⚙ ⚙ ◦ ⚙ ⚙ ⚙ ⚙

① 뷰 조절 막대는 현재 뷰에서 보이는 요소 의 형태만을 변경하며, 다른 뷰에는 전혀 영향을 주지 않는다.
② 1 : 50 (축척) : 레벨, 그리드, 치수, 태그 를 포함하는 주석 요소와 모델 요소의 크 기를 조정하는 비율이다.
③ ⚙ (자르기 영역 표시/숨기기) : 모델과 주석 요소를 자를 수 있는 뷰 영역 박스를 숨기거나 표시한다.
④ ⚙ 구속조건 표시 : 정렬 후 잠김 처리 하거나 잠긴 치수나 균등 배부 치수 등으 로 요소가 구속되어 있는 부위를 표시한다.

> 주석 요소의 크기를 조정하는 비율이며, 모델 요소에는 적용되지 않는다.

66 Revit의 '보이드양식'에 대한 설명으로 올바른 것은 무엇인가?

① 형상 절단 도구를 사용하여 솔리드를 절단 할 수 있다.
② 현재 작업 기준면 지정을 위한 참조할 수 있는 평면이다.
③ 건물 모델의 3D 문자를 지정할 수 있는 기 능이다.
④ 뷰의 요소를 가리는 데 사용할 수 있는 그 래픽 표시 요소이다.

> 보이드 양식이란, 보이드 작성 노구로 솔리드 형상을 잘라내는 음수 형상(보이드)을 작성하는 것이다.

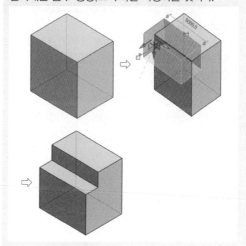

67 다음 중 3D 레이저 스캐너로 촬영한 포인트 클라우드 그룹의 정보를 포함하고 있는 표준 파일 형식은 무엇인가?

① E57   ② LIDAR
③ LandXML   ④ IFC

> 확장자가 .e57인 파일은 점 구름, 이미지 및 메타데이 터와 같은 3차원(3D) 이미지 처리 데이터를 저장하고 교환하는 데 사용되는 중립적인 파일 형식이다. 이러한 데이터는 종종 레이저 스캐너와 같은 시스템으로 생성 된다. E57은 오픈 소스이며 3D 이미지 처리 시스템에 서 캡처한 3D 포인트 데이터, 속성(예: 색상 및 강도) 및 2D 이미지를 저장한다.

68 Revit 프로젝트에서 모델 요소를 배치하거나 스케치 할 때, 모델의 프레임워크를 설정하는 데 사용되는 비물리적 항목인 프로젝트 기준 요소가 아닌 것은 무엇인가?

① 그리드   ② 레벨
③ 참조 평면   ④ 프로젝트 기준점

> Revit 프로젝트에 추가하는 모든 요소는 패밀리로 구성된다.
> Revit의 프로젝트에서는 세 가지 유형의 요소인 '모델 요소', '기준 요소' 및 '뷰별 요소'를 사용한다. 그 중 '기준 요소'는 BIM 모델 작성 시 모델의 프레임워크를 설정하는 데 사용되는 비물리적 항목이며, 그리드, 레벨 및 참조 평면과 같은 프로젝트 기준 요소를 정의한다.
> 모델 요소는 건물의 실제 3D 형상을 나타내며 모델의 관련 뷰에 표시된다.
> 뷰 특성 요소는 치수, 태그, 심볼 등 배치된 뷰에만 표시되는 요소를 말한다. 이 요소는 모델을 설명하거나 문서화하는데 도움이 된다.

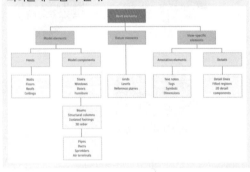

69 다음 BIM 저작도구 중 철근 상세 모델 작성 소프트웨어에 속하지 않는 것은 무엇인가?

① Navisworks   ② Allplan
③ Tekla Structure   ④ Revit

> Navisworks는 설계 의도 가시화 및 시공성에 대한 5D 시뮬레이션, 조정, 분석 및 협업을 지원하는 포괄적인 프로젝트 검토 소프트웨어이다.
>
> 광범위한 설계 소프트웨어에서 작성된 다양한 분야의 설계 데이터를 하나의 통합 프로젝트 모형으로 결합할 수 있다. 포괄적인 일람표, 수량화, 수량 산출, 애니메이션 및 시각화 기능은 설계 의도를 나타내고 공정 시뮬레이션이 가능하다.

70 Revit의 공유 매개변수의 특징이 아닌 것은 무엇인가?

① 공유 매개변수 정의는 패밀리 파일이나 Revit 프로젝트에 독립적인 파일에 저장되므로, 다른 패밀리나 프로젝트에서 파일에 액세스할 수 있다.
② 공유 매개변수는 여러 패밀리 또는 프로젝트에서 사용할 수 있는 정보에 대한 컨테이너의 정의이다.
③ 매개변수의 정보를 태그에서 사용하려면 공유 매개변수여야 한다.
④ 공유 매개변수를 사용하여 하나의 패밀리 또는 프로젝트에 정의된 정보는 동일한 공유 매개변수를 사용하는 다른 패밀리나 프로젝트에 자동으로 적용된다.

> 공유 매개변수는 여러 패밀리 또는 프로젝트에서 사용할 수 있는 매개변수의 정의이다.
>
> 공유 매개변수 정의는 패밀리 파일이나 Revit 프로젝트에 독립적인 파일에 저장되므로, 다른 패밀리나 프로젝트에서 파일에 액세스할 수 있다. 공유 매개변수는 여러 패밀리 또는 프로젝트에서 사용할 수 있는 정보에 대한 컨테이너의 정의이다. 공유 매개변수를 사용하여 하나의 패밀리 또는 프로젝트에 정의된 정보는 동일한 공유 매개변수를 사용하는 다른 패밀리나 프로젝트에 자동으로 적용되지는 않는다.

71 다음 중 BIM 설계 데이터를 활용하여 4D를 구현하기 위한 소프트웨어로 가장 적절하지 않은 것은 무엇인가?

① Navisworks
② Vico Office
③ Synchro
④ Pix4D

> Pix4D는 드론 또는 항공기가 촬영한 이미지를 변환하여 정사 영사 데이터, 모자이크 및 3D 메쉬 모델로 작성할 수 있는 소프트웨어로, 설계 데이터를 활용한 4D 구현과는 적합하지 않다.

72 Revit의 프로젝트에서는 '모델 요소', '기준 요소', '뷰 특정 요소'로 세 가지 유형의 요소로 Revit의 동작 정보를 구분할 수 있다. 다음 중 '뷰 특정 요소'에 해당되지 않는 항목은 무엇인가?

① 그리드   ② 치수
③ 태그   ④ 2D 상세 구성요소

> Revit의 프로젝트에서는 세 가지 유형의 요소인 '모델 요소', '기준 요소' 및 '뷰별 요소'를 사용한다.
>
> 모델 요소는 건물의 실제 3D 형상을 나타내며 모델의 관련 뷰에 표시된다.
> 기준 요소는 그리드, 레벨 및 참조 평면과 같은 프로젝트 기준 요소를 정의한다.
> 뷰 특성 요소는 치수, 태그, 심볼 등 배치된 뷰에만 표시되는 요소를 말한다. 이 요소는 모델을 설명하거나 문서화하는데 도움이 된다.

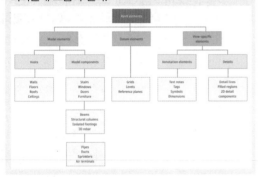

73 드론으로 촬영한 항공 이미지를 3D 메쉬 데이터로 생성할 수 있는 소프트웨어로 알맞은 것은 무엇인가?

① Contextcapture
② Civil 3D
③ OpenRoads Designer
④ Revit

> 드론 또는 레이저 스캔, 디지털 사진을 활용해 3D 모델을 제작할 수 있는 소프트웨어이다. 사실적인 3D 매쉬를 빠르고 쉽게 제작 및 조정할 수 있어 사실적인 데이터를 활용하여 현장의 효율적인 관리나 모니터링이 가능해져 생산성을 향상시킬 수 있다.

74 다음 중 BIM 도구 중 친환경 설계나 에너지 성능을 평가를 하는 소프트웨어가 아닌 것은 무엇인가?

① Insight   ② eQuest
③ EnergyPlus   ④ Rhino

> ① Insight – 건물 성능 분석 소프트웨어로써, Revit에 통합된 고급 시뮬레이션 엔진과 건물 성능 분석 데이터를 사용하여 더욱 에너지 효율적인 건물을 설계할 수 있도록 지원한다.
> ② eQuest – the Quick Energy Simulation Tool로써, 건물 에너지 사용 시뮬레이션 소프트웨어이다.
> ③ EnergyPlus – EnergyPlus는 엔지니어, 건축가, 연구원이 난방, 냉방, 환기, 조명, 플러그 앤 프로세스 부하 등의 에너지 소비와 건물의 물 사용을 모두 모델링하는 데 사용하는 전체 건물 에너지 시뮬레이션 소프트웨어이다.

75 다음 BIM 소프트웨어에서 기본적으로 생성되는 자체 기본 파일 형식으로 연결이 적절하지 않은 것은 무엇인가?

① Civil 3D – .dwg
② Infraworks – .sqlite
③ OpenRoads Designer – .dgn
④ Navisworks – .fbx

> Navisworks의 기본 파일 형식으로는 .nwd, .nwf, .nwc가 있다.

76 다음 중 렌더링 시간을 줄이는 방법으로 적절하지 않은 것은 무엇인가?

① 해상도 설정값 높이기
② 불필요한 모델 요소 숨기기
③ 상세 수준의 변경
④ 렌더링 뷰 영역 줄이기

> 일반적으로 해상도와 렌더링 시간은 비례하므로 해상도의 설정값을 내릴수록 렌더링 시간을 줄일 수 있다.

77 Civil 3D로 가져올 수 있는 Infraworks 모델 객체 유형과 해당 객체가 변환되는 Civil 3D 도면 객체 유형 중 알맞지 않은 것은?
(순서 : Infraworks 모형 객체를 Civil 3D 도면 객체로 가져오기)

① 지형 지표면 – TIN 지표면
② 계획도로 – 선형
③ 교량 – 코리더
④ 원형 교차로 – 원형 교차로

Infraworks에서 작성된 모델 데이터를 Civil3D에서 Infraworks 모형 열기("Open Infraworks Model")로 가져오면 교량 데이터는 '교량(Bridge) 데이터 세트'로 가져올 수 있다.

78 다음 소프트웨어 중 3D 모델 작성 도구를 지원하지 않는 소프트웨어는 무엇인가?

① Revit
② BIM Vision
③ AutoCAD
④ Allplan

BIM vision은 프리웨어 IFC 모델 뷰어이다. Revit, Archicad, BricsCAD BIM, Advance, DDS–CAD, Tekla, Nemetschek VectorWorks, Bentley, Allplan, Strakon 등과 같은 설계 소프트웨어에서 작성한 데이터를 상용 라이선스 및 소프트웨어 구매 없이 뷰잉 또는 검토가 가능하다.

79 Revit에서 치수 기능이 위치한 탭은 무엇인가?

① 건축 탭   ② 삽입 탭
③ 수정 탭   ④ 주석 탭

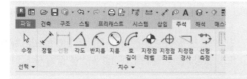

80 다음 소프트웨어 중 그 기능 및 역할이 다른 소프트웨어는 무엇인가?

① Primavera
② Projectwise
③ Autodesk Construction Cloud
④ Trimble Connect

Primavera는 프로젝트 일정 및 계획 관리 소프트웨어이다. 프로젝트 관리, 일정 관리, 위험 분석, 기회 관리, 자원 관리, 협업 및 제어 기능이 포함되어 있으며 Oracle 및 SAP의 ERP 시스템과 같은 다른 엔터프라이즈 소프트웨어와 통합된다.

81 지리정보시스템(GIS) 소프트웨어를 위한 지리 공간 벡터 데이터 형식으로 Esri사에서 개발하고 규격화한 파일 형식은 무엇인가?

① DXF
② IGS
③ IFC
④ SHP

SHP는 ESRI Shape file을 표현하는 데 사용되는 기본 파일 형식 중 하나의 파일 확장자이다. GIS(지리정보시스템) 애플리케이션에서 사용되는 벡터 데이터 형식의 지리 공간 정보를 나타낸다. 이 형식은 ESRI와 다른 소프트웨어 제품 간의 상호 운용성을 촉진하기 위해 개방형 사양으로 개발되었다.

82 활용도 측면에서 BIM Tool을 서로 연결하였을 때 같은 역할을 하는 것끼리 짝지은 것으로 적절하지 않은 것은 무엇인가?

① OpenRoads Designer – Civil3D
② Revit – Archicad
③ Infraworks – LumenRT
④ Twinmotion – Lumion

Infraworks는 인프라 프로젝트의 계획설계 단계에서 활용하는 소프트웨어이며, LumenRT는 인프라 디지털 트윈의 고화질 시각화가 가능한 시각화 소프트웨어이다.

9

BIM 용어

(1) BIM (건설정보모델링, Building Information Modeling)

시설물의 생애주기 동안 발생하는 모든 정보를 3차원 모델기반으로 통합하여 건설정보와 절차를 표준화된 방식으로 상호 연계하고 디지털 협업이 가능하도록 하는 디지털 전환 (Digital Transformation) 체계를 의미한다.

(2) BIM 활용 (BIM Use)

적용 시설물 자산에 대한 신뢰할 수 있는 디지털 표현을 설계, 시공 및 운영단계 의사결정의 근거로 사용하여 건설 관련 업무의 객관성, 효율성, 정확성 등을 극대화하는 것을 의미한다.

(3) BIM 설계 (BIM Design)

설계·시공 등 건설사업의 각종 업무수행에서 활용할 목적으로, BIM 저작도구를 통해 BIM 모델을 작성하고 도면 등 그 외 필요한 설계도서는 BIM 모델로부터 생성하는 것을 의미한다.
① BIM 전면수행 방식 : 원칙적으로 시설물의 모델을 BIM 저작도구로 작성하고, 이를 토대로 업무를 수행하는 방식을 적용한다.
② BIM 병행수행 방식 : 기존 2차원 설계방식과 3차원 설계방식인 BIM을 함께 활용하는 경우 병행수행 방식을 사용할 수 있다. 단, 전체공사 중 특정 부분만을 BIM을 적용하는 경우, 본 지침의 일부를 적용할 수 있다.
③ BIM 전환수행 방식 : BIM 데이터가 없는 2차원 방식으로 설계 또는 시공이 완료된 기존 시설물에 대하여 BIM 데이터를 확보하려는 경우 전환수행 방식을 사용할 수 있으며, 사전에 BIM 수행계획에 따라 적용한다.

(4) BIM 데이터 (BIM Data)

시설물의 3차원 형상과 속성을 포함하는 디지털 데이터를 의미한다.

(5) BIM 라이브러리 (BIM Library)

모델 안에서 시설물을 구성하는 단위 객체로, 여러 프로젝트에서 공유 및 활용할 수 있도록 제작한 객체 정보의 집합을 의미한다.

(6) BIM 성과품 (BIM Deliverables)

BIM 요구사항정의서 등의 요건에 의하여 납품 제출하는 BIM 데이터 및 관련 자료를 통칭하며, BIM 데이터, BIM 모델 사용에 필수적으로 필요한 외부 데이터, BIM 모델로부터 추출된 연관 데이터 및 디지털화된 도서 정보의 집합을 의미한다.

(7) 정보 (Information)

의사전달, 해석 또는 가공이 가능하도록 정형화된 방식으로 데이터를 표현한 것을 의미한다.

(8) BIM 과업지시서 (BIM Execution Instruction)

BIM 활용목적, BIM 적용대상 및 범위, BIM 데이터 작성 및 납품 요구사항 등 발주자가 BIM 과업에 필요한 필수사항을 정의한 문서를 의미하며, BIM 요구사항 정의서를 포함한다.

(9) BIM 요구사항 정의서 (BIM Requirements)

발주자가 BIM 적용 업무수행에 충족되어야 할 요구사항을 전체적으로 정의한 문서를 의미하며, BIM 정보요구 정의서(BIM Information Requirements)와 BIM 절차요구 정의서(BIM Process Requirements)가 포함된다.

(10) BIM 수행계획서 (BEP: BIM Execution Plan)

수급인이 과업지시서 및 요구정의서를 충족하기 위하여 BIM 적용업무의 수행계획을 구체적으로 제시한 문서를 의미한다.

(11) BIM 저작도구 (BIM Authoring Tool)

수급인이 BIM 모델을 작성하는 데 사용하는 범용 소프트웨어를 의미한다.

(12) BIM 응용도구 (BIM Application Tool)

BIM 성과품의 확인, 검토, 분석, 가공 등의 기능을 하나 이상 수행하도록 만들어진 소프트웨어를 의미한다.

(13) IFC (Industry Foundation Classes)

소프트웨어 간에 BIM 모델의 상호운용 및 호환을 위하여 개발한 국제표준(ISO 16739 −1:2018) 기반의 데이터 포맷을 의미한다. 공개된 표준규격의 범위 내에서 BIM 모델의 공유, 교환, 활용 및 보존 등에 사용된다.

(14) 개방형 BIM (Open BIM)

BIM 데이터의 상호운용성 확보를 위해 ISO 및 buildingSMART International에서 제정한 국제표준 규격의 BIM 데이터를 체계적인 절차에 따라 다양한 주체들이 서로 개방적으로 원활하게 공유 및 교환함으로써 BIM 도입 목적을 효과적으로 달성하는 데 활용하는 개념을 의미한다.

(15) 공통정보관리환경 (CDE: Common Data Environment)

업무수행 과정에서 다양한 주체가 생성하는 정보를 중복 및 혼선이 없도록 공동으로 수집, 관리 및 배포하기 위한 환경을 의미한다.

(16) 건설정보분류체계 (Construction Information Classification)

건설공사의 제반 단계에서 발생하는 건설정보를 체계적으로 분류하기 위한 기준을 의미한다.

(17) 작업분류체계 (WBS: Work Breakdown Structure)

프로젝트 팀이 프로젝트 목표를 달성하고 필요한 결과물을 도출하기 위해 실행하는 작업을 계층구조로 세분해 놓은 것을 의미한다.

(18) 객체분류체계 (OBS: Object Breakdown Structure)

작업 단위가 아닌 BIM 객체를 효율적으로 관리하기 위한 객체 관점의 공간−시설−부위 단위의 위계 구조를 의미한다.

(19) 비용분류체계 (CBS: Cost Breakdown Structure)

작업 단위가 아닌 BIM 객체를 효율적으로 관리하기 위한 비용(예산 or 원가) 관점의 공간-시설-부위 단위의 위계 구조를 의미한다.

(20) 공간객체 (Space Object)

물리적 또는 개념적으로 정의된 3차원의 부피를 표현하는 객체를 의미한다.

(21) 관리감독자 (Supervisor)

발주청 등의 소속으로 건설사업을 사업수행자에게 의뢰하고 관리·감독하는 자를 의미한다.

(22) 수급인 (Contractor)

관리감독자로부터 건설사업을 의뢰받아 수행하는 자를 의미한다.

(23) BIM 모델 상세수준 (LOD : Level of Detail)

기본지침에서 지시하는 BIM 모델의 상세수준에 대한 공통 용어이며, 100~500의 6단계로 구분하고 각 단계는 생애주기 단계별 모델 상세수준을 정의한 것이다.

(24) LOD (Level of Development)

국제적으로 통용되는 BIM 모델의 상세수준으로, 형상정보와 속성정보가 연계되어 단계를 거치면서 최종 준공(as-built) 모델로 생성되는 수준을 의미한다.

(25) 국제표준기구 (ISO: International Standardization Organization)

각종 분야 제품·서비스의 국제적 교류를 용이하게 하고, 상호 협력을 증진시키는 것을 목적으로 하는 국제 표준화 위원회를 의미한다.

(26) LandXML (Land eXtensible Markup Language)

토지 개발 및 운송 산업에서 일반적으로 사용되는 토목공학 및 조사 측정 데이터를 포함하는 특수 XML(eXtensible Mark-up Language)데이터 파일 형식을 의미한다.

(27) COBie (Construction Operations Building Information Exchange)

건설 자산의 유지관리에 필요한 공간 및 장비를 포함하는 자산정보를 정의한 국제표준 (ISO15686-4)을 의미한다.

(28) bSDD (buildingSMART Data Dictionary)

건설 객체의 개념, 속성, 분류체계를 다양한 언어로 정의한 것을 의미한다.

(29) 생애주기비용 (LCC: Life Cycle Cost)

시설물·건축물 등의 계획-설계-입찰-계약-시공계획-시공-인도-운영-폐기처분 단계 등의 전(全) 생애주기 단계에서 발생하는 모든 비용을 의미한다.

(30) 수치지형모델 (DTM: Digital Terrain Model)

식생과 건물 같은 물체가 없는 지표면을 표현하는 모델을 의미한다.

(31) 휴대용문서형식 (PDF: Portable Document Format)

전자문서 형식을 의미한다.

(32) BIMFORUM

건설시설물의 기본 LOD(Level of Development) 사양을 표시하는 BIM 규약에 따라 매년 발간하는 미국 AIA(The American Institute of Architects)에서 설립한 조직을 의미한다.

(33) 기본도면 (Basic Drawings)

BIM 모델로부터 추출하여 작성된 도면을 의미한다. 이는 BIM 모델에 포함하여 제출가능하다.

(34) 보조도면 (Supplementary Drawings)

BIM 모델로 표현이 불가능하거나 불합리한 경우 보조적으로 작성하여 활용하는 일부 상세도 등의 2차원 도면을 의미한다.

(35) 필수 성과품 (Mandatory Deliverable)

프로젝트 성과 검증을 위해 필수로 제출되어야 하는 도면, BIM모델 및 해석보고서, 수리계산서, 수량산출서 등의 성과품과 도면정보를 포함하고 있는 모델(원본, IFC)파일을 의미한다.

(36) 선택 성과품 (Optional Deliverable)

발주자가 입찰안내서 등에서 명시하지 않은 모든 성과품(추가성과품)을 의미한다.

(37) BCF (BIM Collaboration Format)

프로젝트 공동 작업자 간에 공유된 IFC 데이터를 활용하여 서로 다른 BIM 프로그램에서 모델 기반의 주요 이슈를 상호 전달하여 공유하고 협업할 수 있도록 하는 개방형 파일 형식이다.

(38) BIL (Building Information Level)

조달청의 시설사업 BIM 적용 기본지침서에서 제시한 개념으로 시설물 유형별 BIM 정보표현 수준을 표시하는 용어이며, 국내 건축 BIM의 경우 LOD대신 BIL을 적용한다.

(39) LOIN (Level of Information Need)

독일의 DIN EN 17412-1에서 정의한 것으로 기존의 LOD를 대체하는 용어로 사용된다. LOIN은 정보 요구수준에 따라 정보교환을 최적화하기 위한 목적으로 정의되었으며, 기하(형상) 수준을 나타내는 LOG(Level of Geometry)와 정보의 수준을 나타내는 LOI(Level of Information)의 범주로 구분된다.

(40) nD BIM

3D 형상정보에 비형상정보(시간, 비용, 조달, 유지관리)를 연결하여 BIM 정보로 활용 수 있는 것을 의미하며 4D(객체+시간정보), 5D(객체+비용정보), 6D(객체+조달정보), 7D(객체+유지관리정보)등과 같이 연속된 상수로 표현할 수 있다.

(41) DfMA (Design for Manufacturing and Assembly)

제품의 부품을 쉽게 생산하기 위한 설계와 제품을 쉽게 조립할 수 있는 설계를 말하며, 이를 위해 설계단계에서 생산 및 조립에 관한 정보를 도입하는 것을 의미한다.

(42) 시공상세도

건설공사 수급인(시공자)은 목적물의 품질 및 경제성, 안정성 확보를 위하여 공사 진행단계별로 현장여건에 적합한 시공방법, 순서 등을 구체적으로 작성하는 도면을 의미한다.

(43) 제작도면

제작에 필요한 모든 정보를 전달하기 위한 도면을 의미한다.

(44) BIG Room

프로젝트 이해관계자들이 한 공간에 모여 프로젝트에 관한 이슈를 함께 검토하고 논의하는 것으로, 이를 통해 원활한 상호협력 및 협업이 가능해지고, 최적의 일정관리와 빠른 의사결정을 가능하게 한다.

(45) 탈 현장화 (OSC: Off-Site-Construction)

현장에 자재를 조달하여 건설하는 기존 방식과는 다르게 모듈러 공법과 공장제작 등을 통해 현장작업을 감소시켜 현장에서 발생할 수 있는 리스크와 환경오염, 다양한 문제점의 최소화를 목적으로 하는 건설방식을 말한다.

(46) RFID (Radio Frequency IDentification)

무선주파수 인식시스템으로, 무선 주파수를 이용하여 물건이나 사람 등과 같은 대상을 식별하는 기술이다. 안테나와 칩으로 구성된 RFID 태그에 정보를 저장하여 적용 대상에 부착한 후, RFID 리더기를 통하여 정보를 인식한다.

(47) Zigbee

저속, 저비용, 저전력의 무선망 통신기술로 저전력으로 소량의 정보만 빠르게 소통시키는 특징이 있다.

(48) As-Built 모델

시설물에 대한 준공 후 BIM 모델을 의미하며, 시공단계 BIM 모델에서 준공 후 변경사항이나 유지관리를 위해 필요한 정보를 반영한 BIM 모델을 말한다.

(49) 레이저 스캐닝

레이저를 이용하여 3차원 대상물의 형상정보를 취득하여 디지털 정보로 전환하는 과정을 말한다.

(50) VR (Virtual Reality)

컴퓨터로 만든 가상공간을 사용자가 체험하게 하는 기술을 말한다.

(51) AR (Augmented Reality)

현실세계에 가상의 콘텐츠를 겹쳐 디지털체험을 가능케 하는 기술을 말한다.

(52) MR (Mixed or Merged Reality)

혼합현실 혹은 융합현실이라는 용어로 혼용되며, 현실공간에 가상의 물체를 배치하거나 현실의 물체를 인식해 가상의 공간을 구성하는 것을 말한다.

(53) XR (eXtended Reality)

확장현실이라는 용어로, XR는 VR, AR, MR을 모두 의미하며 미래에 등장할 모든 현실을 포괄하는 용어이자 MR의 확장된 개념이다.

(54) 주공정 (CP: Critical Path)

네트워크 공정표에서 시작과 종료가 연결되었을 때 가장 긴 경로로, 그 경로를 구성하는 공정들이 전체 공사일정에 가장 큰 영향을 미친다.

(55) MG (Machine Guidance)

건설장비에 센서를 부착하여 장비의 자세, 위치, 작업 범위 등을 수집하여 모니터를 통해 운전자에게 제공하는 시스템으로 생산성 향상 가능한 기술을 말한다.

(56) MC (Machine Control)

MG 보다 발전한 시스템으로, 숙련된 장비 운전자가 아니더라도 입력된 설계도면을 따라 자동으로 시공할 수 있도록 도와주는 시스템이자 생산성 향상 가능한 기술을 말한다.

- AIA, Integrated Project Delivery : A Guide, The American Institute of Architects, 2007.

- Allpan 홈페이지, https://www.allplan.com/index.php?id=13001

- Autodesk(2022), Revit IFC 매뉴얼 2.0

- Autodesk BIM Collaborate products 홈페이지, https://www.autodesk.com/learn/ondemand/curated/bim-collaborate-quick-start-guide/HPjdMSliR7EFlw8Su13Z9

- Autodesk Fomit 홈페이지, https://www.autodesk.com/products/formit/overview

- Autodesk Infraworks 홈페이지, https://www.autodesk.com/products/infraworks/features

- Autodesk Navisworks 홈페이지, https://www.autodesk.com/products/navisworks/features

- Betley Communities, An Overview of GenerativeComponents, https://communities.bentley.com/products/products_generativecomponents/w/generative_components_community_wiki

- Betley Systems Openrail Designer 홈페이지, https://ko.bentley.com/software/openrail-designer/

- Betley Systems Openroad Designer 홈페이지, https://ko.bentley.com/software/openroads-designer/

- BIM Vision 홈페이지, https://bimvision.eu/a-new-version-of-bimvision-2-24-is-now-available/

- Bolpagni, Marzia. The implementation of BIM within the public procurement, 2013.

- BS EN ISO19650-1:2018 Organization and digitization of information about buildings and civil engineering works, including building information modelling (BIM) - Information management using building information modelling - Part 1 : Concepts and principles

- BS EN ISO19650-2:2018 Organization and digitization of information about buildings and civil engineering works, including building information modelling (BIM) - Information management using building information modelling - Part 2 : Delivery phase of the assets

- BS EN ISO19650-3:2020 Organization and digitization of information about buildings and civil engineering works, including building information modelling (BIM) - Information management using building information modelling - Part 3 : Operational phase of the assets

- BS EN ISO19650-4:2022 Organization and digitization of information about buildings and civil engineering works, including building information modelling (BIM) - Information management using building information modelling - Part 4 : Information exchange

- BS EN ISO19650-5:2022 Organization and digitization of information about buildings and civil engineering works, including building information modelling (BIM) - Information management using building information modelling - Part 5 : Security-minded approach to information management

- BSI Korea(2021.03.17.), "ISO 19650(BIM 정보관리국제표준)인증 소개" 웨비나

- Candidate OpenGIS® CityGML Implementation Specification, Open Geospatial Consortium, 2006.07.28

- GSA: https://www.gsa.gov/cdnstatic/GSA_BIM_Guide_v0_60_Series01_Overview_05_14_07.pdf

- http://bsiblog.co.kr/archives/11165

- https://www.buildingsmart.or.kr/Home/Index

- https://www.ukbimframework.org/

- ISO 12911:2023 Organization and digitization of information about buildings and civil engineering works, including building information modelling(BIM) - Framework for specification of BIM implementation

- ISO 16739-1:2018 Industry Foundation Classes(IFC) for data sharing in the construction and facility management industries Part 1: Data schema

- ISO 16739-1:2018, Industry Foundation Classes(IFC) for data sharing in the construction and facility management industries — Part 1: Data schema

- ISO 22057:2022 Sustainability in buildings and civil engineering works — Data templates for the use of environmental product declarations(EPDs) for construction products in building information modelling(BIM)

| 참고문헌

- ISO 23387:2020 Building information modelling(BIM) – Data templates for construction objects used in the life cycle of built assets

- ISO 7817.2 Building information modelling – Level of information need – Concepts and principles

- ISO 7817.2 Building information modelling – Level of information need – Concepts and principles

- ISO/TR 23262:2021 GIS(geospatial) / BIM interoperability

- ISO/TS 19166:2021 Geographic information — BIM to GIS conceptual mapping (B2GM)

- Marketresearchfuture 통계자료 샘플 https://www.marketresearchfuture.com/reports/bim-software-market-8764

- Markets and Markets 통계자료 https://www.marketsandmarkets.com/Market-Reports/building-information-modeling-market-95037387.html

- Messner, John. Fundamentals of Building Construction Management. The Pennsylvania State University, 2022.

- midas CIM 홈페이지, https://cim.midasuser.com/ko/main.asp

- MS Project 홈페이지, https://www.microsoft.com/ko-kr/microsoft-365/project/project-management-software

- MURPHY, M. E. Implementing innovation: a stakeholder competency-based approach for BIM. Construction innovation, 2014, 14.4: 433-452.

- NBS : www.thenbs.com/topics/BIM/articles/bimInConstruction.asp

- NIBS : http://www.wbdg.org/building-information-modeling-bim

- OGC City Geography Markup Language(CityGML) 3.0 Conceptual Model Users Guide, Open Geospatial Consortium, 2021.09.13

- Open IFC Viewer 홈페이지, https://openifcviewer.com/

- PROCORE 홈페이지, https://www.procore.com/en-sg

- Solibri 홈페이지, https://www.solibri.com/solibri-anywhere

- SUCCAR, Bilal, et al. The five components of BIM performance measurement. In: CIB World Congress. Salford: United Kingdom, 2010.

- SUCCAR, Bilal; SHER, Willy. A competency knowledge-base for BIM learning. In: Australasian Journal of Construction Economics and Building-Conference Series. 2014. p. 1-10.

- SUCCAR, Bilal; SHER, Willy; WILLIAMS, Anthony. An integrated approach to BIM competency assessment, acquisition and application. Automation in construction, 2013, 35: 174-189.

- Tekla Structual Desaigner 홈페이지, https://www.tekla.com/products/tekla-structural-designer

- Trimble Connect, https://aecbytes.blog/2022/10/27/trimble-connect/comment-page-1/

- Trimble Novapoint & Quadri 홈페이지, https://www.novapoint.com/

- Unity 홈페이지, https://unity.com/solutions/architecture-engineering-construction

- Vico Office 홈페이지, https://vicooffice.dk/en/

- Youtube, ACCA software - EN, BIM Quantity Takeoff Software - Primus IFC

- Youtube, Autodesk Infrastructure Solutions, Twinmotion for Revit: Real-time visualization for infrastructure projects

- Youtube, Bentley ProjectWise, ProjectWise, powered by iTwin Digital Design Delivery

- Youtube, Drilion Shabani, Exporting a Suspension bridge from grasshopper to Midas Civil(Panda Plugin)

- Youtube, Jay Vaai, Enscape VR for Construction Visualization

- Youtube, Kalloc Tech, Fuzor 2024 Promo

- Youtube, SYNCHRO Construction, SYNCHRO Pro 2018 : Successful 4D Construction

- Youtube, Tocoman Oy, Tocoman BIM3 uudet päivitykset

- 강태욱 외 3인(2013. 1), BIM 상호운용성과 플랫폼, 씨아이알

- 국가철도공단(2018), 철도 인프라 BIM 가이드라인 VER1.0

- 국가철도공단(2021. 3), BIM 설계 및 시공관리

| 참고문헌

- 국토교통부(2016.12), 도로분야 발주자 BIM 가이드라인

- 국토교통부(2017.10), 도로·하천분야 전자설계도서 작성·납품 지침

- 국토교통부(2017.12), 제6차 건설기술진흥 기본계획

- 국토교통부(2023.12), 제7차 건설기술진흥 기본계획

- 국토교통부(2018. 9), 스마트건설기술 로드맵

- 국토교통부(2020. 9), 건설엔지니어링 발전 방안

- 국토교통부(2020.12), 건설산업 BIM 기본지침

- 국토교통부(2022. 7), 건설산업 BIM 시행지침(발주자, 설계자, 시공자)

- 국토교통부(2022. 7), 스마트건설 활성화 방안

- 국토교통부(2023. 10. 17.고시), 건설엔지니어링 대가 등에 관한 기준

- 국토교통부(2023. 3) 건설기술인협회. 건설기술인 등급 인정 및 교육·훈련 등에 관한 기준

- 국토교통부(2017.7.10), "국도 설계·시공·관리 전 과정에 3차원 건설정보모델 도입 재료·수량·공정·공사비 등 건설정보 자동 갱신 … 공사비 줄고 정확성 높인다." 보도자료

- 국토교통부, 한국건설기술연구원(2020), Smart Construction Report 월간 스마트건설 리포트, 2020, Vol.1.

- 국토연구원 국토용어해설, "CityGML 3.0" : https://library.krihs.re.kr/bbs/content/2_857

- 국토지리정보원(2021.12), 공간정보 표준 동향 이슈리포트, 12월호

- 김기평(2012), 건설 프로젝트 프로세스 관리 효율화를 위한 영국와 미국의 BIM 현황 분석. 한국프로젝트경영연구, 2012. 제2권 제2호, pp. 1-6

- 김성아(2012), Hype-Cycle을 통해서 본 국내 BIM 현황과 향후 발전 방향에 관한 연구, 한국BIM학회 정기학술발표대회 논문집, v.2 n.1, pp. 73-74

- 김인한(2010), BIM의 개념과 역사. 대한건축학회지, 54(1), 16-21.

- 김인한 외 2인(2015. 6), 개방형 BIM기반의 건축공사 개산견적을 위한 물량 산출 적용 지침 활용방안 기초연구, 한국 CAD/CAM 학회 논문집, Vol. 20.N 182~192.

- 문진석 외 2인(2012.11), BIM기반 공사비 관리를 위한 IFC 및 디지털 수량산출정보 교환표준 비교 분석, 한국정보처리학회, 학술발표논문 19권 2호,

- 산업통상자원부(2021. 1), BIM 기반 도로 표준품셈

- 심준기, 송혜금, 김선일(2023), "KEPIC-SND를 적용한 원자력 시설물의 BIM 적용성 검토", 2023년 한국BIM학술대회, 세션7, pp.6-7.

- 이상호, 김봉근(2014), 국내 토목분야 BIM 적용 사례 및 기술 동향

- 이일곤 외 2인(2022.12), BIM 공유·협업·관리를 위한 ISO 19650 기반의 한국형 공통 데이터환경(CDE) 요구사항 도출 연구, 한국BIM학회 논문집 12권 4호, 93~103

- 이치주, 이강, 원종성(2009), BIM 소프트웨어 선정 요인 분석. 대한건축학회 논문집 – 구조계, 25(7), 153-163.

- 조달청(2022.12), 시설사업 BIM 적용 기본지침서(ver 2.1)

- 천진호, 신태송, 엄진업(2011), 한국전산구조공학회 2011년도 정기학술대회, BIM 기반 구조 인터페이스의 적용성 검토

- 표준개발협력기관(2022. 3) ,공간정보표준 뉴스레터 Vol.17

- 한국건설관리학회(2013), 도로시설의 상세표준도 기반 BIM 라이브러리 개발 전략

- 한국건설기술연구원(2014), BIM 기술동향 조사 및 도로분야 도입방안 연구

- 한국건설기술연구원(2017.12), VR/AR 기반의 스마트 건설 가상화 시뮬레이션 기술 개발

- 한국건설기술연구원(2019.12), VR/AR 기반의 스마트 건설 가상화 시뮬레이션 기술 개발(2/3)

- 한국건설기술연구원(2020.12), VR/AR 기반의 스마트 건설 가상화 시뮬레이션 기술 개발(3/3)

- 한국건설기술연구원(2021. 9), BIM Trend Report, Vol.1

- 한국건설기술연구원(2021.11), 건설산업의 BIM 기반 디지털 전환 전략

- 한국건설기술연구원(2022. 6). BIM Trend Report, Vol.3

- 한국건설기술연구원 스마트건설기술마당(2022), 2022-4 "데이터 기반 Precom Girder 설계 관리 기술"

| 참고문헌

- 한국건설기술연구원, ㈜글로텍, ㈜에이티맥스(2015), 플랜트 인프라 시설물 설계정보 체계 및 건설 시뮬레이터 개발 기획(인프라 BIM기반 건설생애주기 정보 공유체계 구축 기획) 기획보고서(안)

- 한국건설산업연구원(2019. 5), 미래 건설산업의 디지털 건설기술 활용 전략

- 한국도로공사(2016. 6), EX-BIM 가이드라인 ver 1.0

- 한국도로공사(2018. 5), 전산설계도서 BIM표준지침서(안) ver 0.9

- 한국도로공사(2018.12), 시공단계 Ex-BIM 매뉴얼

- 한국도로공사(2020. 9), 고속도로 스마트 설계지침

- 한국도로공사(2020.12), 고속도로 BIM 데이터 작성기준(BIM 기반 수량산출기준)

- 한국도로공사(2021.12), BIM기반 고속도로 건설공사 공정 및 기성관리 실무매뉴얼

- 한국도로공사(2021.12), 고속도로 BIM 안전설계 메뉴얼

- 한국도로공사(2022. 8), 고속도로분야 BIM 정보체계 표준 지침서 v2.0

- 한국도로공사(2023. 9), 고속도로 BIM 적용지침(설계자편)

- 한국철도학회(2020. 7), 철도건설 안전교육에서의 VR(가상현실) 기술 적용 만족도에 관한 연구

- 한국토지주택공사(2018. 6), LH Civil-BIM 업무지침서(가이드라인) ver 1.0

- 한국토지주택공사(2018. 7), LH BIM 활용 가이드(공공주택) ver 1.0

- 한국토지주택공사(2022.12), 건설산업 BIM 적용지침(단지분야 토목부문)

- 국토교통부(2015.6), 건설사업정보 운영지침(국토교통부 고시 2015-469호)

- 국토교통부(2017.10), 전자설계도서 작성·납품지침 : 도로·하천분야

- 국토교통부(2023.12), 작업분류체계(WBS)적용 설계실무가이드라인(안) [국도 및 하천분야]

- 국토교통부(2016.12), 도로분야 발주자 BIM 가이드라인